CARBON

PEAK NEUTRALITY

碳达峰 碳中和

迈向新发展路径

王灿 张九天 编著

中共中央党校出版社

图书在版编目（CIP）数据

碳达峰 碳中和：迈向新发展路径/王灿，张九天编著．--北京：中共中央党校出版社，2021.7（2022.5 重印）
ISBN 978-7-5035-7118-3

Ⅰ.①碳… Ⅱ.①王… ②张… Ⅲ.①二氧化碳-排污交易-研究-中国 Ⅳ.①X511

中国版本图书馆 CIP 数据核字（2021）第 099073 号

碳达峰 碳中和——迈向新发展路径

策划统筹 任丽娜
责任编辑 任丽娜 桑月月 牛琴琴
责任印制 陈梦楠
责任校对 李素英
出版发行 中共中央党校出版社
地　　址 北京市海淀区长春桥路 6 号
电　　话 （010）68922815（总编室）　（010）68922233（发行部）
传　　真 （010）68922814
经　　销 全国新华书店
印　　刷 中煤（北京）印务有限公司
开　　本 710 毫米×1000 毫米 1/16
字　　数 293 千字
印　　张 21.75
版　　次 2021 年 7 月第 1 版　2022 年 5 月第 6 次印刷
定　　价 66.00 元

微 信 ID：中共中央党校出版社　**邮　箱：** zydxcbs2018@163.com

参编人员

张雅欣　宋香静　张诗卉　宋晓娜
陈艺丹　李明煜　张　璐　宋欣珂
罗荟霖　郭凯迪　李　晋　孙若水
董馨阳　王冰妍　林丽莉　郭　芳

序

2022年1月24日，习近平总书记在主持中共中央政治局就努力实现碳达峰碳中和目标进行第三十六次集体学习时强调，实现碳达峰碳中和，是贯彻新发展理念、构建新发展格局、推动高质量发展的内在要求，是党中央统筹国内国际两个大局作出的重大战略决策。我们必须深入分析推进碳达峰碳中和工作面临的形势和任务，充分认识实现“双碳”目标的紧迫性和艰巨性，研究需要做好的重点工作，统一思想和认识，扎扎实实把党中央决策部署落到实处。并指出，要把“双碳”工作作为干部教育培训体系重要内容，增强各级领导干部推动绿色低碳发展的本领。

碳中和已成为国际潮流和大势所趋。当前，全球2/3以上的国家和地区已经提出了碳中和目标，已经覆盖了全球二氧化碳排放和经济总量的70%以上。实现碳达峰碳中和意味着我国经济增长与碳排放的深度脱钩，需要推动产业结构、能源结构、生产方式、生活方式、空间格局等全方位的深层次的系统性变革。未来围绕碳达峰碳中和将掀起一场新的科技创新与产业变革的浪潮，先进低碳零碳技术将成为全球性新的主导标准，低碳零碳产业体系将成为各国经济发展新的核心竞争力，贸易和投资领域低碳零碳化的要求已初现端倪，围绕碳中和将出现一大批国际新规则。在向绿色低碳转型过程中，认识水平、治理能力、技术和产业转型深度等将进一步重塑各国和区域经济竞争格局。我们必须要充分认识碳达峰碳中和的战略意义和变革意义，把握好科技创新、产业升级、结构调整和生态优化等方面的重大机遇，推进生态文明建设和经济社会高质量发展。

实现碳达峰碳中和，我们需要付出艰苦卓绝的努力。我国当前和未来一段时期仍处于全面实现工业化和城镇化进程，工业体量大、能源结构重等现实条件决定了我国面临着减排总量大、减排时间更加急迫的压力。与发达国家相比，从二氧化碳排放达峰到实现碳中和，欧洲有 70 年左右的时间，美国有约 45 年的时间，而我国只有 30 年的时间，我国在达峰后碳排放总量的下降速度相比欧美等发达国家要更快、下降的绝对量要更大。这一过程中来自技术创新、资金支持、社会保障、国际合作等的多重挑战更是前所未有。目前，我国绿色低碳技术创新能力不足，重大战略技术储备尚存缺口，现有减排技术只能减少我国约 30%的碳排放，现有技术创新能力与碳中和愿景的实际需求之间还存在较大差距。即使现有技术可有力支撑面向 2030 年的减排目标，仍亟须以空前的力度推进清洁技术的投资应用。碳中和也不能忽视全社会的参与性联动性，面对低碳转型带来的巨大系统重构成本，公平合理的分担机制至关重要。此外，应对气候变化需要全人类的共同努力，仅靠中国和其他现有承诺国家的碳中和行动难以保证全球碳中和愿景的实现，必须引领全球进行更广泛深入的国际合作，通过协调的行动来应对全球挑战。确保如期实现碳达峰碳中和目标，实现较高发展水平上的绿色低碳转型，我们要以习近平生态文明思想为指导，坚决贯彻新发展理念，大力构建新发展格局。

《碳达峰　碳中和：迈向新发展路径》是一本按照习近平总书记要求，专门给各级领导干部编写的书。这本书从“怎么看”和“怎么办”两方面呈现了两位学者的相关研究成果，一是碳达峰碳中和的背景、内涵、意义和影响，为认识和理解碳达峰碳中和提供了较为全面和深入的见解；二是实现碳达峰碳中和的技术和政策体系，并从行业、区域和企业等角度介绍了实现碳达峰碳中和的战略和行动路径。本书是作者面向国家重大战略需求所做的及时探索，对于政府部门、产业部门和相关领域的科研工作者理解碳达峰碳中和战略、开展具体实践部署和科学研究工作具有参考价值。

落实碳达峰碳中和战略需要社会各界齐动员、共努力，希望未来有更多的研究为碳达峰碳中和战略和政策实施提供更多高质量的建议和参考，更加希望我们地方、行业和企业的实践和努力深入推进碳达峰、碳中和事业的开展！

李　高

生态环境部应对气候变化司司长

前　言

习近平总书记在2020年9月22日第七十五届联合国大会一般性辩论上向国际社会作出“碳达峰、碳中和”郑重承诺，在气候雄心峰会上提出了具体目标。党的十九届五中全会、中央经济工作会议、中央财经委会议、中央政治局集体学习会和碳达峰碳中和工作领导小组会议等一系列重要会议对我国推进落实碳达峰碳中和目标都提出了要求并作出了战略部署和工作安排。《中共中央国务院关于完整准确全面贯彻新发展理念 做好碳达峰碳中和工作的意见》和《2030年前碳达峰行动方案》为构建我国碳达峰碳中和政策体系擘画了路线图和总体部署。当前，有关部门和各地方正在根据方案部署和要求陆续制定具体行业和具体地区的碳达峰实施方案、碳中和战略研究，全国上下动员起来落实碳达峰碳中和战略。

30年来，全球应对气候变化的科学认知、政治进程和产业行动不断深入、持续推进。21世纪下半叶全球实现净零排放，是确保21世纪末相对于工业化革命前温升不超过2℃，并力争控制在1.5℃以内的必然要求。在全球气候治理的大背景大脉络下，陆续实现碳中和将是世界各国应对气候变化的必然选择。然而，也必须认识到，作为世界最大的发展中国家和全球第一碳排放大国，我国排放体量大，减排时间紧，低碳转型任务艰巨，碳中和愿景的实现必将依靠社会经济系统的深刻变革，需要在涵盖能源、建筑、工业、交通等关键部门的长期战略引导下，从政策创新、技术支撑、金融创新、生产和消费革新等多角度全方位探索实现路径。为此，迫切需要社会各界加强对碳达峰目标、碳中和愿景系统深入的认识，特别是在我们2030年前碳达峰和2060年前碳中和目标任务非常紧迫的形势下。

本书试图为读者较为全景式地展现碳达峰碳中和的有关认识，总体的逻辑结构如图1所示，第一、二章从气候变化国际治理演进、国际社会碳中和进展与动向、碳达峰、碳中和的重要概念和内涵等方面呈现总体的背景与内涵；在此基础上，第三章对我国实现碳达峰碳中和的挑战与机遇进行了分析，希望为读者从宏观和微观角度审视应该如何认识和看待碳达峰碳中和的问题；第四章和第八章从理论探讨的角度介绍了实现碳达峰碳中和所需的技术体系和政策体系；第五、六、七章从推进实践的角度分别提出了重点行业、地方和企业落实碳达峰碳中和的战略方向和实施路径，为三方面主体提供实践参考。

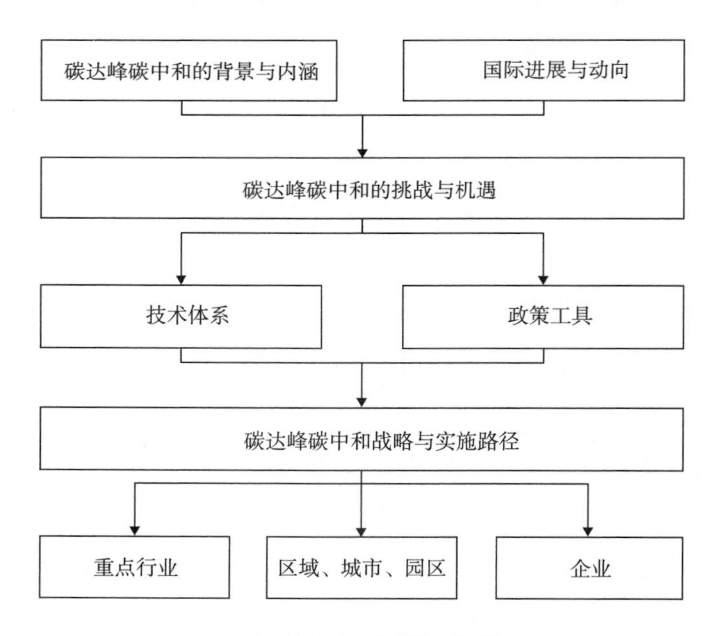

图1　本书内容安排结构图

各章主要内容包括：

第一章碳中和愿景：背景与内涵。对国际国内进程脉络进行了梳理，对碳中和有关内涵、范围和边界等基础性概念进行了分析，以期为认识碳中和的背景与内涵、为理解和落实碳中和愿景战略部署勾画基础性背景和框架。

第二章碳中和行动：国际进展与动向。对碳中和总体进展进行概述，并对欧盟、美国、日本以及其他4个国家的碳中和目标、政策内涵和技术重点进行介绍和分析；以加利福尼州、纽约市等次国家区域的碳中和计划和政策为例，介绍城市层面的碳中和进展；介绍全球重点行业和龙头企业的碳中和响应情况和整体路径。通过从宏观、中观和微观层面介绍全球碳中和技术路径、政策措施等方面的先进经验，形成对于碳中和行动动向的总体认识。

第三章碳中和影响：挑战和机遇。提出认识和理解碳中和的重大战略机遇，应从国际国内发展全局的高度出发，看到碳中和引领技术和产业变革、重塑经济和产业体系、重构能源资源和产业格局等方面的重大机遇，这对我国保障能源安全、经济安全和生态安全至关重要，是我国实现2035远景目标的重要推动力。认识和把握碳中和对于我国未来发展的战略性意义，我们就能够自然地提升贯彻落实碳中和战略部署的自觉性、主动性和创造性。然而要真正抓住这些机遇，还需要我们从细微处去发掘绿色低碳增长的机会，服务企业和产业的碳中和转型需求。本章分析了我国碳排放的特征和实现碳中和的挑战，从能源、产业、科技、生态环境等角度剖析了碳中和的变革意义和机遇，希望提供该“怎么看”碳中和的一些视角。

第四章碳中和的技术体系。支撑碳中和的技术主要分为零碳电力系统、低碳/零碳终端用能技术、负排放以及非CO_2温室气体减排技术四大类，本章对以上四大类碳中和支撑技术进行了梳理，对技术的概念、现状、减排潜力、成本、发展重点和挑战等进行了分析，较全面地展示了碳中和愿景下的净零排放技术体系。

第五章重点行业的碳中和路径。从自下而上的行业视角，聚焦电力、工业、交通和建筑四大重点领域，结合多源碳中和相关研究文献和报告，回顾并分析各行业碳排放的现状与变化趋势，关注行业的能源结构和技术特征，介绍近期和中长期重点行业实现双碳目标的排放路径、技术选择和投资需求，总结重点行业实现碳达峰和碳中和的“时间表”和“路线图”，展望各行业应当重点突破的“卡脖子”低碳技术领域。碳中和描述的是全经济体碳排放的总和达到净零状态，本章从行业的视角拆分并具化了这一目标，有助于读者从特定的行业视角理解碳中和愿景下未来中国经济社会发展的具体蓝图。

第六章区域、城市和园区如何实现碳中和。实现碳中和将从根本上重塑经济社会发展格局，引发新一轮的工业革命。这项系统性的社会工程需要社会各界共同参与、共同努力。为积极响应国家碳达峰碳中和的决策部署，相关部委及各地政府纷纷出台相关的决策行动，部分园区和企业等也纷纷探索面向2060年碳中和目标的发展路径，但目前的探索行动大多数还处于顶层战略部署和总体方向的理论研究层次，对于不同层级的管理者而言，如何分步骤实施具体措施、开展碳中和工作还在摸索中。本章探讨了区域、城市、园区三个层级的主体开展碳中和工作的必要性，阐述了当前的工作现状与开展碳中和工作时的主要步骤及措施，以期从不同行动主体的角度把握其碳中和工作的重要意义并为管理者提供行动决策方面的参考与借鉴。

第七章企业如何开展碳中和工作。企业既是经济增长的实现主体，也是碳达峰碳中和战略落实的主体，我国碳达峰碳中和进程在很大程度上取决于企业实施的进展。本章对企业制定碳中和战略和实施路径的现有依据和部分做法进行了介绍，以期为企业界的实践提供参考和指导。

第八章实现碳中和的政策工具。实现碳中和目标意味着我国将在经济、能源、技术等领域迎来重大变革和挑战，亟须健全配套相关保障、支持和激励机制，构建创新的政策体系。相比于已有的低碳政策体系，面向碳中和愿景的政策体系面临着执行主体更加多元、技术体系更加复杂、政策影响更加深远的挑战，对政策设计的科学性和系统性提出了更高的要求。碳中和目标的实现，需要多种政策工具的协调配合，以碳排放总量控制为纲领性目标，以面向碳中和的低碳排放标准作为监控和规制手段，配合碳税和碳市场等市场化管理机制，利用气候投融资撬动公共资本与社会资本的多元参与、保障碳中和路径的资金需求。本章围绕实现碳中和的政策工具，介绍了碳中和愿景下的政策体系，着重介绍了碳排放总量控制、碳排放标准、碳税、碳市场以及气候投融资机制等关键政策工具的基本原理和重要实践，并对其在碳中和路径中的预期作用进行了评述，以期为中国碳中和愿景的政策体系建设提供参考指导。

本书的编著得到了生态环境部应对气候变化司的支持。2019 年以来，本书作者带领的团队分别承担了气候司委托的“二氧化碳达峰行动方案研究”“碳中和目标国际动态及影响研究”“国家自主贡献项目库设计”“低碳绿色转型中 CCUS 的气候、环境和经济价值评估”等课题研究，研究过程为本书的形成积累了素材。来自清华大学环境学院的张雅欣、张诗卉、陈艺丹、李晋、李明煜、宋欣珂、董馨阳、罗荟霖、郭芳、郭凯迪、孙若水和来自北京师范大学中国绿色发展协同创新中心的宋香静、张璐、宋晓娜、王冰妍、林丽莉是上述课题的主要研究成员，也分别参与了本书部分章节的编写。

希望本书能够为政府、行业和企业的碳达峰碳中和工作提供一些参考和借鉴，由于研究水平不足和成书时间仓促，我们的工作还存在不少待完善的部分，希望大家不吝赐教予以指正，帮助和指导我们在未来的工作中进一步完善。

作　者

2022 年 2 月

目　　录

第一章

碳中和愿景：背景与内涵

本章导读

碳中和愿景对于大多数人来讲是个新提法、新概念，其实碳中和并不是凭空提出来的，既是全球气候治理进程发展的必然结果，也是我国经济社会发展和生态文明建设的必然需求。过去30年来，全球应对气候变化的科学认知、政治进程和产业行动不断深入和加速推进，在全球气候治理的大背景大脉络下，实现碳中和是全球各国应对气候变化的必然阶段。习近平主席于2020年9月22日在联合国大会上宣布我国新达峰目标和碳中和愿景之后，在一系列国际国内重要会议上多次谈到碳中和愿景，中央经济工作会议、中央财经委会议和中央政治局集体学习等重要会议对我国碳中和愿景的战略部署、总体路径和阶段工作重点等都作出了一系列部署安排。本章对以上国际国内进程脉络进行了梳理，对碳中和有关内涵、范围和边界等基础性概念进行了分析，以期为认识碳中和的背景与内涵、为理解和落实碳中和愿景战略部署勾画基础性概念和框架。

第一节 我国碳中和愿景的提出

我国首次向全球宣布新达峰目标与碳中和愿景。2020年9月22日，习近平主席在第七十五届联合国大会一般性辩论上首次对外宣布中国将提高国家自主贡献[①]力度，采取更加有力的政策和措施，二氧化碳排放力争于2030年前达到峰值，努力争取2060年前实现碳中和。这一重大宣示是中国基于推动构建人类命运共同体的责任担当和实现可持续发展的内在要求作出的重大战略决策，也是党中央、国务院统筹国际国内两个大局作出的重大战略部署。从国际上来看，“3060”目标的提出体现了中国对多边主义的坚定支持，并为各国携手应对气候变化挑战、共同保护好人类赖以生存的地球家园贡献中国智慧和中国方案，充分展现了中国作为负责任大国的担当。从国内来看，“3060”目标与我国21世纪中叶建成社会主义现代化强国目标高度契合，关乎中华民族永续发展，影响深远、意义重大，为我国当前和今后一个时期，乃至21世纪中叶应对气候变化工作、绿色低碳发展和生态文明建设提出了更高的要求、擘画了宏伟蓝图、指明了方向和路径。

我国继2015年巴黎峰会气候承诺后进一步更新国家自主贡献目标。2015年，中国在巴黎气候峰会召开前提交国家自主贡献文件，提出将于2030年左右使二氧化碳排放达到峰值，并争取尽早实现，2030年单位国内生产总值二氧化碳排放比2005年下降60%～65%，非化

---

① 国家自主贡献（NDC）［Nationally Determined Contributions（NDCs）］在《联合国气候变化框架公约》（UNFCCC）下使用的术语，已加入《巴黎协定》的国家通过国家自主贡献概述其减排计划。有些国家的NDC还涉及其如何适应气候变化的影响、需要其他国家给予何种支持或向其他国家提供何种支持来采取低碳路径并建立气候抗御力。根据《巴黎协定》第2段第4款，各缔约方须编制、通报并保持其力图实现的连续NDC。在筹备2015年巴黎第21次缔约方大会过程中，各国提交了国家自主贡献预案（INDC）。鉴于各国加入了《巴黎协定》，除非它们另有决定，否则该INDC将成为其首要的国家自主贡献（NDC）。

石能源占一次能源消费比重达到20%左右，森林蓄积量比2005年增加45亿立方米左右。“十三五”期间，我国通过采取调整产业结构、优化能源结构、节能提高能效，推进碳市场建设，增加森林碳汇等一系列措施，应对气候变化工作取得显著成效。截至2020年底，我国已提前完成向国际社会承诺的2020年碳减排目标。2020年12月12日，值《巴黎协定》签署5周年之际，习近平主席在气候雄心峰会上发表题为《继往开来，开启全球应对气候变化新征程》的重要讲话，并宣布到2030年，中国单位国内生产总值二氧化碳排放将比2005年下降65%以上，非化石能源占一次能源消费比重将达到25%左右，森林蓄积量将比2005年增加60亿立方米，风电、太阳能发电总装机容量将达到12亿千瓦以上等一系列国家自主贡献新举措。对比2015年国家自主贡献目标，新的自主贡献目标更有力度地提升2030年单位GDP二氧化碳排放下降强度、非化石能源占比、森立蓄积量等具体行动指标，并首次明确了2030年风电、太阳能发电装机容量的具体目标。

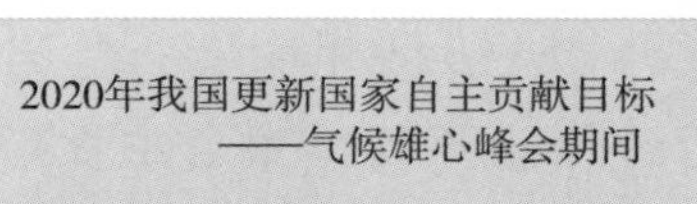

图1—1　2015年我国国家自主贡献目标与2020年我国国家自主贡献目标对比

中央经济工作会议首次将“碳达峰、碳中和工作”列入八大重点任务之一。2020年12月16日至18日，中央经济工作会议在京举行，会议确定了“要做好碳达峰、碳中和工作”在内的八项重点工作。并强调“我国二氧化碳排放力争 2030 年前达到峰值，力争 2060 年前实现碳中和。要抓紧制定 2030 年前碳排放达峰行动方案，支持有条件的地方率先达峰。要加快调整优化产业结构、能源结构，推动煤炭消费尽早达峰，大力发展新能源，加快建设全国用能权、碳排放权交易市场，完善能源消费双控制度。要继续打好污染防治攻坚战，实现减污降碳协同效应。要开展大规模国土绿化行动，提升生态系统碳汇能力”。中央经济工作会议的首次提出将碳中和工作摆在了史无前例的高度，也极大地调动了各地方政府、重点行业、重点企业等不同参与主体的积极性。

碳达峰碳中和被纳入生态文明建设整体布局。2021 年 3 月 15 日，习近平总书记主持召开中央财经委员会第九次会议并发表重要讲话强调，实现碳达峰碳中和是一场广泛而深刻的经济社会系统性变革，要把碳达峰碳中和纳入生态文明建设整体布局，拿出抓铁有痕的劲头，如期实现 2030 年前碳达峰、2060 年前碳中和的目标。“十四五”是碳达峰的关键期、窗口期，我们要抓住机遇、乘势而上，推动碳达峰目标任务稳步实现。要加强体系建设，构建清洁低碳安全高效的能源体系，完善绿色低碳政策和市场体系，以体系强基固本；要加强能力建设，既提升绿色低碳技术等创新能力，又提升生态碳汇能力，靠能力行稳致远；要加强行动建设，实施重点行业领域减污降碳行动，倡导绿色低碳生活行动，加强国际合作行动，用行动落实蓝图。

广泛深入开展碳达峰行动，加强非二氧化碳温室气体排放管控。2021 年 4 月 22 日，习近平主席应美国总统邀请参加领导人气候峰会发表题为“共同构建人与自然生命共同体”的讲话，提出中国将力争 2030 年前实现碳达峰、2060 年前实现碳中和。这是中国基于推动构建人类命运共同体的责任担当和实现可持续发展的内在要求作出的重大战略决策。中国承诺实现从碳达峰到碳中和的时间，远远短于发达国家所用时间，需要中方付出艰苦努力。中国将碳达峰碳中和纳入生态文明建设整体布局，正在制订碳达峰行动计划，广泛深入开展碳达峰行动，支持有条件的地方和重点行业、重点企业率先达峰。中国将严控煤电项目，"十四五"时期严控煤炭消费增长、"十五五"时期逐步减少。此外，中国已决定接受《〈蒙特利尔议定书〉基加利修正案》，加强非二氧化碳温室气体管控，还将启动全国碳市场上线交易。习近平主席在领导人气候峰会上的讲话也释放出非二氧化碳温室气体排放未来有可能纳入碳中和范畴内这一强烈信号。

"十四五"时期，我国生态文明建设进入以降碳为重点战略方向、促进经济社会发展全面绿色转型的关键时期。2021 年 4 月 30 日，中共中央政治局就新形势下加强我国生态文明建设进行第二十九次集体学习，习近平总书记在中共中央政治局第二十九次集体学习时强调，"十四五"时期，我国生态文明建设进入了以降碳为重点战略方向、推动减污降碳协同增效、促进经济社会发展全面绿色转型、实现生态环境质量改善由量变到质变的关键时期。要抓住产业结构调整这个关键，推动战略性新兴产业、高技术产业、现代服务业加快发展，推动能源清洁低碳安全高效利用，持续降低碳排放强度。要支持绿色低碳技术创新成果转化，支持绿色技术创新。实现碳达峰碳中和是我国向世界作出的庄严承诺，也是一场广泛而深刻的经济社会变革，绝不是轻轻松松就能实现的。各级党委和政府要拿出抓铁有痕、踏石留印的劲头，明确时间表、路线图、施工图，推动经济社会发展建立在资源高效利用和绿色低碳发展的基础之上。不符合要求的高耗能、高排放项目要坚决拿下来。

自我国对外宣布碳中和目标以来，国家领导人已在联合国生物多样性峰会、第三届巴黎和平论坛、金砖国家领导人第十二次会晤、二

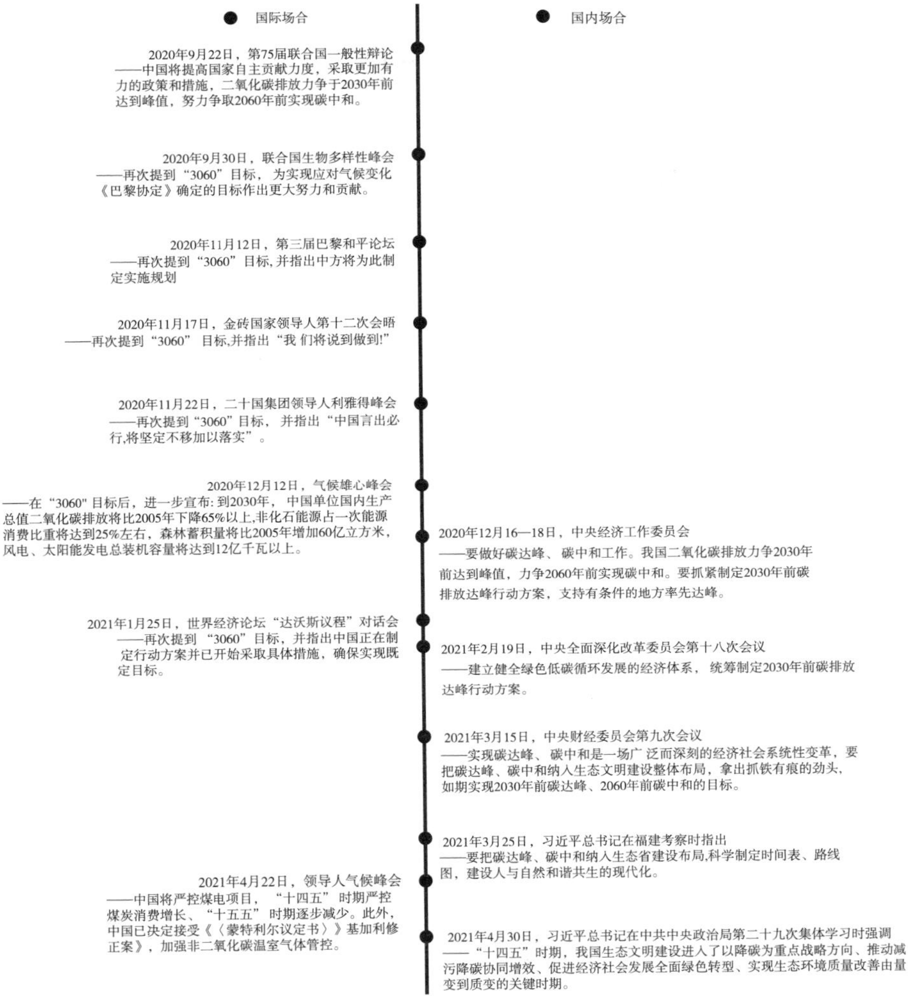

国际场合

国内场合

2020年9月22日，第75届联合国一般性辩论
——中国将提高国家自主贡献力度，采取更加有力的政策和措施，二氧化碳排放力争于2030年前达到峰值，努力争取2060年前实现碳中和。

2020年9月30日，联合国生物多样性峰会
——再次提到“3060”目标，为实现应对气候变化《巴黎协定》确定的目标作出更大努力和贡献。

2020年11月12日，第三届巴黎和平论坛
——再次提到“3060”目标，并指出中方将为此制定实施规划

2020年11月17日，金砖国家领导人第十二次会晤
——再次提到“3060”目标，并指出“我们将说到做到!”

2020年11月22日，二十国集团领导人利雅得峰会
——再次提到“3060”目标，并指出“中国言出必行，将坚定不移加以落实”。

2020年12月12日，气候雄心峰会
——在“3060”目标后，进一步宣布：到2030年，中国单位国内生产总值二氧化碳排放将比2005年下降65%以上，非化石能源占一次能源消费比重将达到25%左右，森林蓄积量将比2005年增加60亿立方米，风电、太阳能发电总装机容量将达到12亿千瓦以上。

2020年12月16—18日，中央经济工作委员会
——要做好碳达峰、碳中和工作。我国二氧化碳排放力争2030年前达到峰值，力争2060年前实现碳中和。要抓紧制定2030年前碳排放达峰行动方案，支持有条件的地方率先达峰。

2021年1月25日，世界经济论坛“达沃斯议程”对话会
——再次提到“3060”目标，并指出中国正在制定行动方案并已开始采取具体措施，确保实现既定目标。

2021年2月19日，中央全面深化改革委员会第十八次会议
——建立健全绿色低碳循环发展的经济体系，统筹制定2030年前碳排放达峰行动方案。

2021年3月15日，中央财经委员会第九次会议
——实现碳达峰、碳中和是一场广泛而深刻的经济社会系统性变革，要把碳达峰、碳中和纳入生态文明建设整体布局，拿出抓铁有痕的劲头，如期实现2030年前碳达峰、2060年前碳中和的目标。

2021年3月25日，习近平总书记在福建考察时指出
——要把碳达峰、碳中和纳入生态省建设布局，科学制定时间表、路线图，建设人与自然和谐共生的现代化。

2021年4月22日，领导人气候峰会
——中国将严控煤电项目，“十四五”时期严控煤炭消费增长、“十五五”时期逐步减少。此外，中国已决定接受《〈蒙特利尔议定书〉》基加利修正案》，加强非二氧化碳温室气体管控。

2021年4月30日，习近平总书记在中共中央政治局第二十九次集体学习时强调
——“十四五”时期，我国生态文明建设进入了以降碳为重点战略方向、推动减污降碳协同增效、促进经济社会发展全面绿色转型、实现生态环境质量改善由量变到质变的关键时期。

图 1—2　我国碳中和目标的逐步推进历程

十国集团领导人利雅得峰会、气候雄心峰会、世界经济论坛“达沃斯议程”、中央经济工作会议、中央财经委员会第九次会议、领导人气候峰会等国内外重要场合多次就碳中和目标发表系列重要讲话。国家领导人对碳中和的频繁提及且一次比一次更有力度，愈加表明了我国对2060 年实现碳中和的坚定决心和强有力信心；从 2060 年碳中和目标到进一步更新国家自主贡献目标再到加强非二氧化碳温室气体排放管

控的逐步提出，也表现出我国碳中和目标所纳入的管控范围正逐步扩大、具体工作在有序推进与落实。实现碳中和无疑是一场硬仗，也是对我们党治国理政能力的一场大考，所以碳中和工作需要稳步推进，更需要全体社会成员的共同参与。

第二节　碳中和：国际气候治理的必然进程

2020 年至 2021 年可谓国际碳中和元年，全球包括欧盟、中国、日本、美国在内的 120 多个国家纷纷宣布制定碳中和目标，其排放量约覆盖了全球总排放量的 65%。在全球气候治理的大环境下，各国碳中和目标的提出并非一蹴而就，而是有迹可循。碳中和话题涉及面较广，横跨政治、经济、社会、科学等众多领域，所以在政府间气候变化专门委员会气候变化科学评估结果、国际气候谈判多方博弈、新兴产业技术革新式发展等众多因素相互交织驱动下，碳中和受到前所未有的广泛关注和讨论，逐渐成为全球气候治理的焦点共识目标。

一、科学认知不断明确

政府间气候变化专门委员会（Intergovernmental Panel on Climate Change，IPCC）是在当今全球气候治理中牵头评估气候变化的国际组织。IPCC 的评估报告总结了气候变化科学上的最新进展，成为推动国际气候谈判的科学基础。IPCC 的历次报告不断明确了气候变化的客观性、人为活动对气候变化影响的显著性和气候变化影响的确定性，并且强调了全球合作的必要性。图 1—3 由 IPCC 前五次报告整理得到，列举了其关键结论不断明确的发展历程。1990 年 IPCC 发布的第一次评估报告①强调了"气候变化具有全球影响"，国际合作对于应对气候变化至关重要，同时也指出人类活动引起的排放对大气中温室气体浓

① IPCC. Climate Change 2014：Synthesis Report. https：//www. ipcc. ch/site/assets/uploads/2018/02/SYR _ AR5 _ FINAL _ full. pdf.

度增加的影响是显著的。第二次评估报告[①]（1995 年）进一步明确了人类活动“对全球气候系统造成了可辨识的影响”。第三次评估报告[②]（2001 年）进一步明确过去 50 年大部分变暖现象可能是由于温室气体浓度增加导致的，并开始重视气候变化的影响及适应。第四次评估报告[③]（2007 年）和第五次评估报告[④]提出将升温限制在 2℃以内的必要性和温升超过 2℃的风险。

	观测大气 CO_2浓度/ppm	平均温升范围/(℃/100年)	观测到的气候变化	气候变化的归因	气候变化的影响
第一次评估报告(1990)	353.0	0.45(0.3~0.6)	(全球变暖)既不是随时间增加而增加的，也不是在全球分布均匀的。	观测到的温度升高可能很大程度上是自然变化的结果。	综合估计区域性气候变化的物理和生物效应是困难的，关键气候因子的区域性估计的信度很低。
第二次评估报告(1995)	358.0	0.45(0.3~0.6)	气象和其他资料的分析已经提供了一些重要的系统变化的证据。	各种证据的对比表明了人类对全球气候有明显的影响。	人类引起的气候变化增添了一个新的重要胁迫，尤其是已经受到污染的.....生态和社会经济系统。
第三次评估报告(2001)	365.0	0.60(0.4~0.8)	前工业化时期以来，地球气候系统在全球和区域尺度上出现了可以证实的变化。	新的、更强的证据表明,过去50年观察到的大部分增暖可以归咎于人类活动。	观测的区域气候变化影响了许多物理生物系统，同时有初步证据显示，也影响了社会经济系统。
第四次评估报告(2007)	379.0	0.74(0.56~0.92)	气候系统变暖是毋庸置疑的……气候系统变暖是明显的。	20世纪中期以来全球变暖很可能是人类活动造成的。	人为变暖可能导致一些突变的或不可逆转的影响，这取决于气候变化的速率和幅度。
第五次评估报告(2013)	390.5	0.89(0.69~1.08)	气候系统变暖是毋庸置疑的。自20世纪50年代以来，许多观测到的变化在以前的几十年至几千年期间是前所未有的。	人为温室气体的排放极有可能是自20世纪中叶以来观测到变暖的主要原因。	持续的温室气体排放将会导致进一步变暖并出现长期变化，造成严重、普遍和不可逆影响的可能性。
整体趋势	浓度不断增加	温升不断增加	气候变化事实的客观性不断明确。	人为活动对气候变化影响的显著性不断明确。	气候变化危害的确定性不断明确。

图 1—3　IPCC 前五次报告关键结论不断明确的发展历程

政府间气候变化专门委员会（IPCC）的《IPCC 全球温控 1.5℃特别报告》（以下简称《1.5℃特别报告》）指出，“避免气候变化给人类社会和自然生态系统造成不可逆转的负面影响，需要各国共同

① IPCC. Climate Change 2007：Synthesis Report. https：//www. ipcc. ch/site/assets/uploads/2018/02/ar4 _ syr _ full _ report. pdf.

② IPCC. Climate Change 2001：Synthesis Report. https：//www. ipcc. ch/site/assets/uploads/2018/05/SYR _ TAR _ full _ report. pdf.

③ IPCC. Climate Change 1995：Synthesis Report. https：//www. ipcc. ch/site/assets/uploads/2018/05/2nd－assessment－en－1. pdf.

④ IPCC. Climate Change 1995：Synthesis Report. https：//www. ipcc. ch/site/assets/uploads/2018/05/ipcc _ 90 _ 92 _ assessments _ far _ full _ report. pdf.

努力在 2030 年实现全球净人为 CO_2 排放量比 2010 年减少约 45%，在 2050 年左右达到净零”。在此基础上，《1.5℃特别报告》针对 1.5℃目标给出了更具体的排放路径，如图 1—4 所示。图 1—4（a）表明，不论是否考虑减排富余量，想要实现 1.5℃目标需要全球在 2050 年左右实现 CO_2 的净零排放。图 1—4（b）表明，更积极的减排政策能够确保有更大可能达成 1.5℃目标。随着科学认知的不断明确，各国政府、国际组织、企业等在此基础上采取了更加积极的政策。[①]

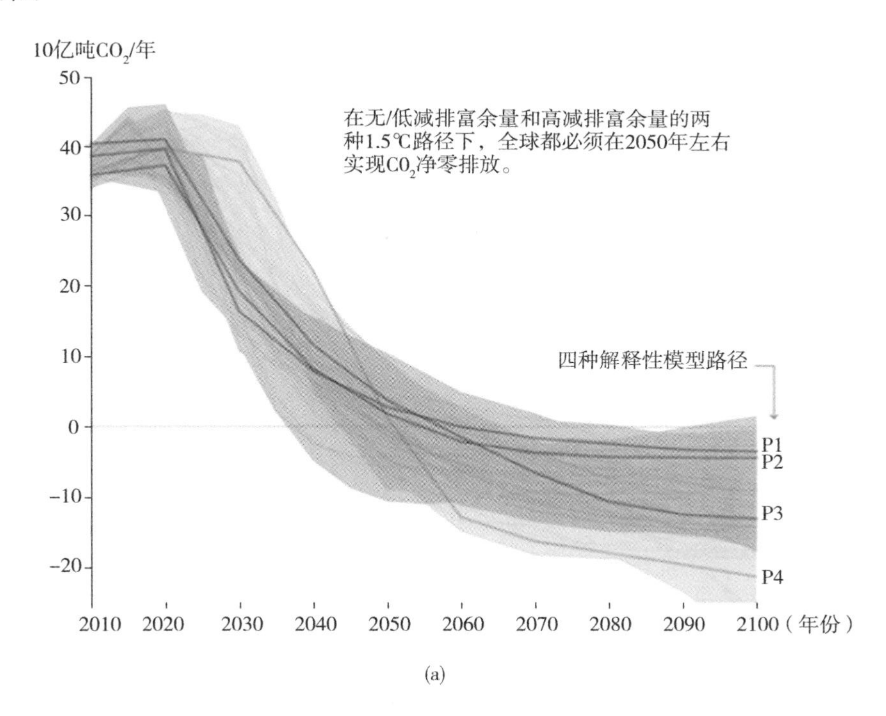

(a)

① IPCC. 2018：Summary for Policymakers. https：//www. ipcc. ch/site/assets/uploads/sites/2/2019/05/SR15 _ SPM _ version _ report _ LR. pdf.

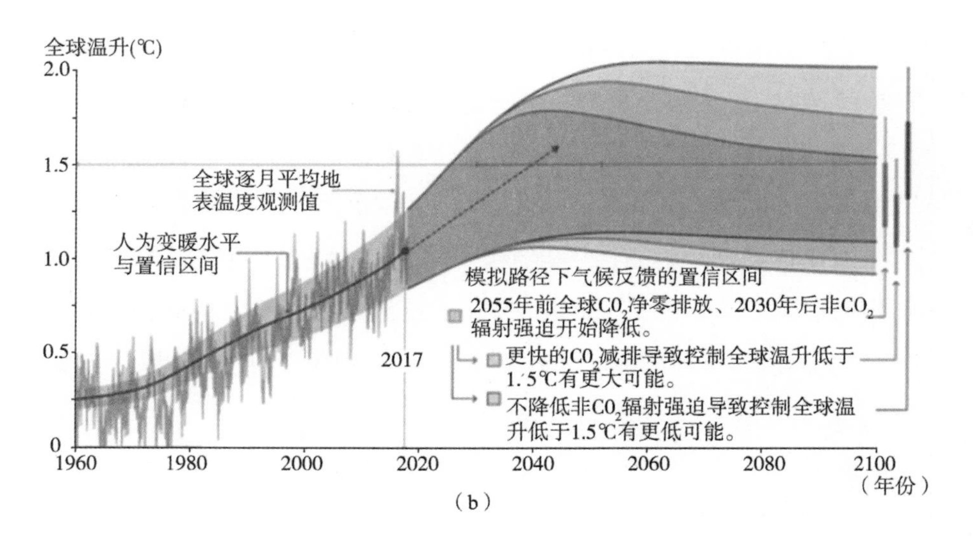

（b）

图 1—4　减排路径与 1.5℃目标

（a）不同 1.5℃路径下 CO_2净排放量变化；（b）不同路径下可允许排放 CO_2累积量变化。

资料来源：《IPCC 全球温控 1.5℃特别报告》。

二、政治进程不断加速

《联合国气候变化框架公约》（UNFCCC）于 1992 年在里约热内卢召开的地球峰会上通过。缔约方承诺将温室气体的浓度稳定在可以防止危险的人为干扰气候系统的水平。在第三次缔约方会议结束时，缔约方通过了《京都议定书》（1997 年 12 月），形成了第一个在公约支持下确定的温室气体排放量化限制的国际法律文书，要求《联合国气候变化框架公约》附件一缔约方（已批准《京都议定书》的发达国家）在 2008—2012 年将 6 种温室气体的排放水平在 1990 年的基础上单独或共同降低 5%。2009 年哥本哈根大会上发达国家作出了“在 2020 年之前，每年向发展中国家提供 1000 亿美元的资助”① 的承诺，这成为之后资金议题谈判最重要的交锋点。在巴黎举行的第 21 届缔约方大会

① Copenhagen Accord，FCCC/CP/2009/11/Add. 1.

（COP21）上，缔约方通过了第一个“普遍的”气候协定，将《联合国气候变化框架公约》所有缔约方的行动要求汇集在一起。各方同意实施一项真正的长期计划，即今后在一项具有法律约束力的文书中确定一项目标，“到本世纪末，将全球平均温升保持在相对于工业化前水平2℃以内，并为全球平均温升控制在1.5℃以内付出努力，以降低气候变化的风险与影响”。图1—5展示了1992年以来全球气候谈判的历史进程、世界目标变迁、主要成果以及中国的气候承诺发展。表1—1简要对比了《京都议定书》和《巴黎协定》的实施情况。由于核准第二承诺期的缔约方过少，而且美国、加拿大、日本、俄罗斯、新西兰等排放大国退出，因此《京都议定书》名存实亡，国际气候治理急需新的政治框架。《巴黎协定》正是在这一背景下应运而生，通过国家自主贡献的方法建立了新的气候治理体制。

表1—1　《京都议定书》与《巴黎协定》实施情况对比

	《京都议定书》	《巴黎协定》
目标	附件一国家“在2008年至2012年承诺期内这些气体的全部排放量从1990年水平至少减少5%”	把全球平均气温升幅控制在工业化前水平以上低于2℃之内，并努力将气温升幅限制在工业化前水平以上1.5℃之内
缔约方	32个（第二承诺期）	187个
协商模式	自上而下	自下而上
减排目标机制	减排份额分配	全球盘点与履约

除了联合国气候变化框架公约外，国际气候峰会也是气候治理的重要平台。与联合国气候变化框架公约谈判不同，气候峰会的结果一般不具有联合国授权的法律效力，而是偏重于各国雄心的宣示。2017年巴黎举办的“同一个地球”峰会上，29国签署了《碳中和联盟声明》，将碳中和纳入重要国家气候目标中。之后更多国家在气候峰会上提出自身的碳中和目标，加速了全球碳中和进程。图1—5梳理了国际

气候治理历程和重要的国际、国家气候承诺。在经历了“后京都议定书”时代的政治瓶颈，国际气候政治进程不断加速，各国气候雄心不断加强，中国在这个进程中的领导力也不断加强。

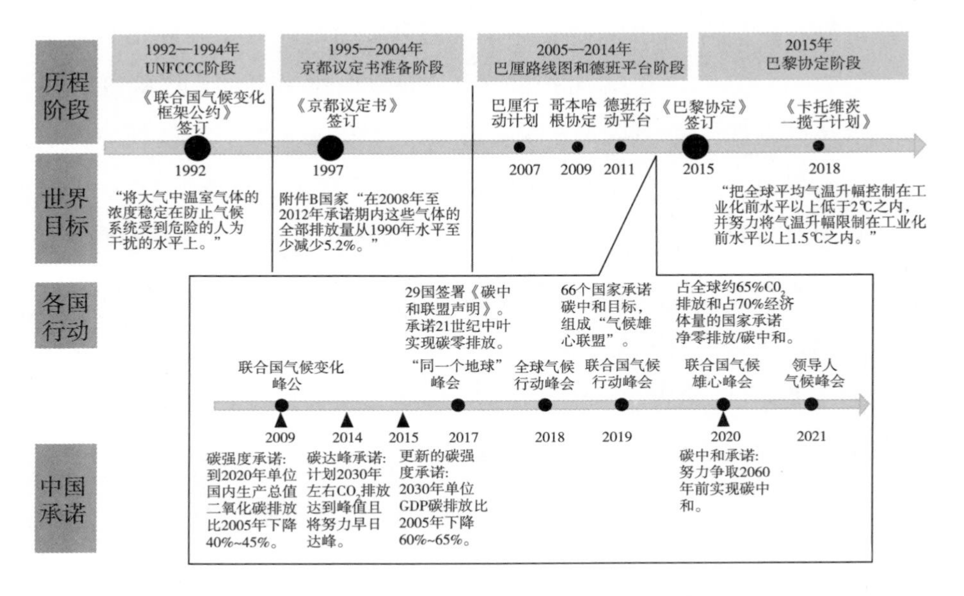

图 1—5　国际气候政治与目标发展历程

三、产业行动不断推进

气候变化既是环境问题也是发展问题，但归根到底还是发展问题，全球应对气候变化实质上是一场国家之间发展转型的竞赛。从早期碳减排与经济发展的矛盾到全球形成可持续发展的统一认知，国际间对碳减排行为的认知逐步改变，参与主体也不断扩大，各国都在积极探索既能实现经济增长又能减少碳排放的绿色发展模式。创新是经济增长的根本动力，每次技术创新都伴随着世界格局的重塑，随着全球能源转型及新能源技术的发展，各国也逐步意识到因应对气候变化所推动的技术进步和创新突破将对全球经济发展、产业格局产生深刻影响。所以，全球各行各业正围绕碳中和的科技与产业竞争拉开序幕，将形成一套全新的技术与市场标准和全新的产业链格局，抢占低碳技术制高点、实现经济发展的低碳转型也逐步演变成各国发展的内在诉求和主导全球产业格局的主要驱动力。欧盟、美国等在推动低碳和绿色增长方面已取得了众多成效，我国经济也从高速增长阶段转向高质量发展阶段，我国作为制造业大国、数字经济大国，在清洁能源领域具备全球潜在的竞争优势，尤其是在光伏、燃料电池等部分领域已处于全球领先水平。能源效率和可再生能源等低碳技术不断进步从根本上支撑达峰目标和碳中和愿景实现，同时，碳中和愿景目标的提出正好给我国提供了换道超车、拓展产业竞争力的重大机遇。

第三节　碳中和概念与边界

一、碳中和概念

“碳中和”定义。自我国政府宣布2030年前碳达峰、2060年碳中和目标后，“碳中和”一词迅速进入大众视野。由于碳中和目标可以在全球、国家、城市、行业、企业甚至个人等不同层面进行设定，所以，有关“碳中和”的概念也出现诸多解读，比如，从全球层面上来讲，碳中和是指在规定时期内人为CO_2移除在全球范围抵消人为CO_2排放；从国家层面上来讲，碳中和是指通过碳封存和碳抵消平衡整体经济排放量，从而实现净零碳排放。此含义也同样适用于城市、行业等层级。从企业及个人层面上来讲，众多研究机构、媒体等将碳中和解读为企业、团体或个人测算在一定时间内直接或间接产生的温室气体排放总量，并通过植树造林、节能减排等形式，抵消自身产生的二氧化碳排放，实现二氧化碳的“零排放”。目前，与碳中和相类似的气候术语还包括气候中和、温室气体净零排放、二氧化碳净零排放等。《IPCC全球升温1.5℃特别报告》（2018）给出了相关定义：

气候中和（Climate Neutrality）：人类活动对气候系统没有净影响的状态概念。要实现这种状态需要平衡残余排放与排放（二氧化碳）移除以及考虑人类活动的区域或局地生物地球物理效应，如人类活动可影响地表反照率或局地气候。

温室气体净零排放（Net-zero emissions）：当一个组织在一年内所有温室气体（CO_2e，以二氧化碳当量衡量）排放量与温室气体清除量达到平衡时，就是温室气体净零排放。

二氧化碳净零排放（Net-zero CO_2 emissions）：在规定时期内人为二氧化碳（CO_2）移除在全球范围抵消人为 CO_2 排放时，可实现 CO_2 净零排放。CO_2 净零排放也称为碳中和（Carbon Neutrality）。

狭义上的碳中和目标是指实现二氧化碳净零排放，广义上的碳中和目标是指实现温室气体净零排放，而气候中性目标除考虑温室气体排放之外，也考虑诸如辐射效应等其他影响。所以，无论是二氧化碳净零排放还是温室气体净零排放，都应在气候中和所纳入的范围内。三者之间的关联如图 1—6 所示。

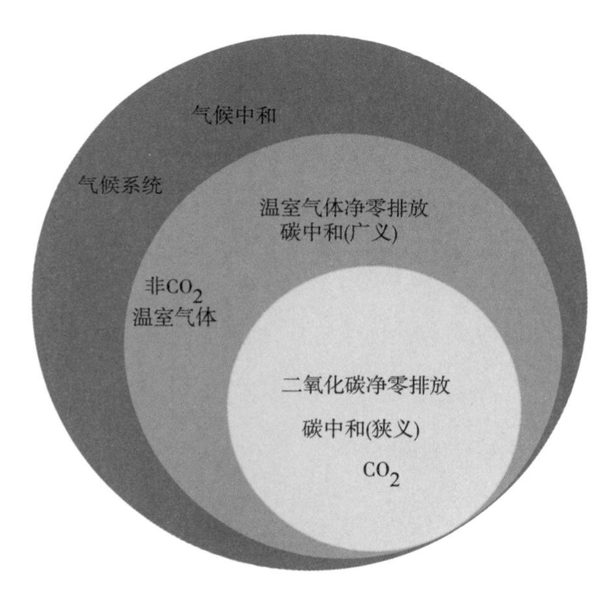

图 1—6　不同气候术语之间关联

碳中和目标下的温室气体范围。根据 IPCC 给出的定义，温室气体（Greenhouse gas）（GHG）是指大气中自然或人为产生的气体成分，能够吸收并释放地表、大气和云发出的地面辐射光谱特定波长辐射。该特性可导致温室效应。水汽（H_2O）、二氧化碳（CO_2）、氧化亚氮（N_2O）、甲烷（CH_4）和臭氧（O_3）是地球大气中的主要温室气体。此外，大气中还有许多完全由人为产生的温室气体，如《蒙特利尔议定书》所涉及的卤烃和其他含氯和含溴的物质。1997 年，《京都议定书》中明确了 6 种温室气体，包括二氧化碳（CO_2）、甲烷（CH_4）、氧化亚氮（N_2O）、氢氟碳化物（HFCs）、全氟化碳（PFCs）、六氟化硫（SF_6）。2008 年，《联合国气候变化框架公约》又将三氟化氮（NF_3）列入要监管的温室气体种类范围内。至此，包括我国在内的大部分国家在向《联合国气候变化框架公约》秘书处提交本国自主贡献目标时所覆盖的温室气体为 CO_2、CH_4、N_2O、HFCs、PFCs、SF_6、NF_3，共 7 种。所有温室气体排放均以二氧化碳当量（CO_2e）表示，二氧化碳当量排放是在某一时间范围（例如 100 年）内将一种 GHG 排放量乘以其全球增暖潜势（GWP）得出，IPCC 同样给出了所有温室气体的 GWP。温室气体的不同分类框架如图 1—7 所示：

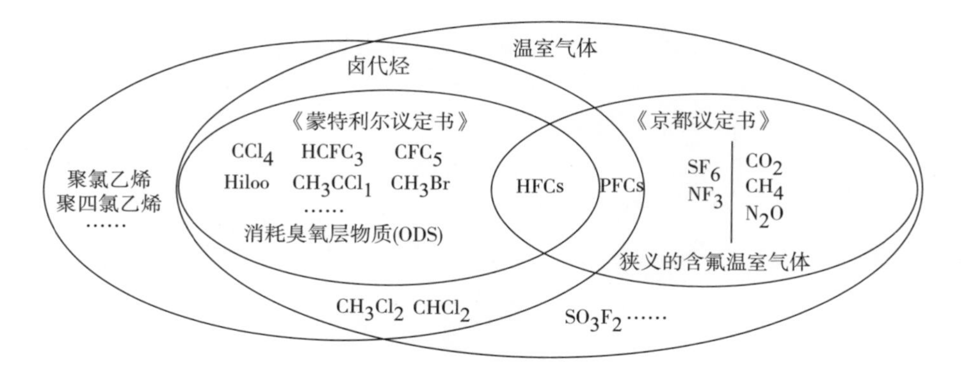

图 1—7 温室气体的不同分类框架

温室气体是造成全球气温上升的主因，尤其是二氧化碳对温室效应的贡献达 60%，成为目前全球范围内主要控制和削减的温室气体。根据联合国环境规划署对外发布的《2020 排放差距报告》，2019 年全球温室气体排放量为 524 亿吨二氧化碳当量①，其中占主导地位的化

① 524 亿吨二氧化碳当量为不包括土地利用变化产生的温室气体排放量，包括土地利用变化产生的温室气体排放量为 591 亿吨二氧化碳当量。

石能源使用产生的二氧化碳排放量为 380 亿吨二氧化碳当量；所有来源的全球温室气体排放如图 1—8 所示，尽管二氧化碳排放量在 2020 年因新冠肺炎疫情有所减少，但温室气体在大气中的浓度在 2019 年和 2020 年都继续上升。为了稳定全球温度升幅，需要持续减少排放量并进一步实现温室气体净零排放。

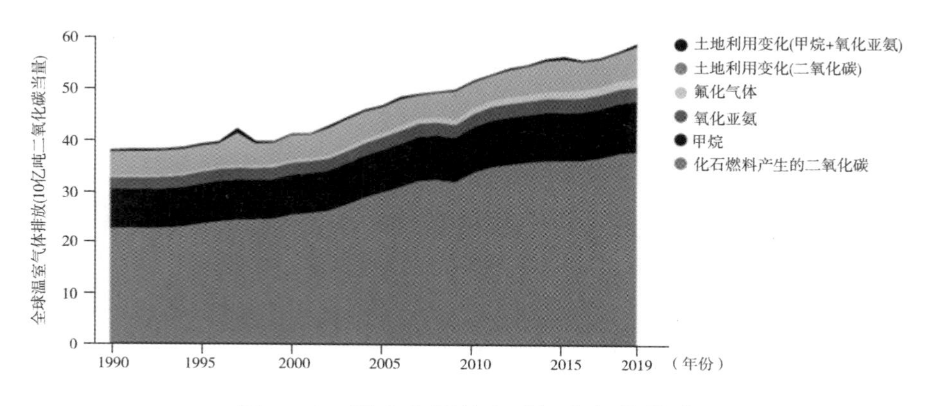

图 1—8　所有来源的全球温室气体排放

数据来源：联合国环境规划署《2020 排放差距报告》。

碳中和目标下的“源”和“汇”的范围。净零排放或碳中和是指二氧化碳的净排放量需要降至零。这意味着进入大气的二氧化碳量必须等于移除的二氧化碳量，需在二氧化碳的“源”和“汇”之间实现平衡。在《联合国气候变化框架公约》中，温室气体的“源”可以理解为温室气体向大气排放的过程或活动；温室气体的“汇”可以理解为温室气体从大气中清除的过程、活动或机制。无论是源和汇均有自然和人为之分，目前大气中温室气体浓度升高的主要原因是人类活动引起的人为源的增加，所以碳中和所要实现的源汇平衡均是指人为活动造成或产生的排放源和吸收汇之间达到平衡，其源汇边界并不包括自然界产生的排放源和吸收汇。其中，人为排放源主要包括化石燃料燃烧、伐木毁林、土地利用和土地利用变化(LULUC)、畜牧生产、施肥、废弃物管理和工业过程等。人为吸收汇（也称为“人为移除量”）是指通过人类活动从大气中移除温室气体。主要方式为增强二氧化碳的生物汇和使用物理化学工程来实现长期移除和储存。我国力争于2060年前实现碳中和，其实现途径本质就是“减源增汇”。其中，减源主要体现在通过节能减排、能效提升、零碳排放等途径来努力降低二氧化碳排放；增汇则需要通过实施碳移除或负排放技术如林业碳汇、碳捕集利用与封存（CCUS）、生物能源与二氧化碳捕获与封存相结合（BECCS）、直接空气捕集（DACS）来抵消经济生产等活动中产生的二氧化碳排放，从而实现净零排放。

图 1—9　碳中和示意图

碳抵消：负排放/二氧化碳清除技术[①]

• 二氧化碳移除（Carbon dioxide removal，CDR）：人为活动移除大气中的CO_2，并将其持久地储存在地质、陆地或海洋池库或产品中。它包括生物或地球化学汇以及直接空气捕获和封存的人为增强，但不包括不直接由人类活动引起的自然CO_2吸收。

• 温室气体移除（Greenhouse gas removal，GGR）：利用汇去除大气中的GHG和/或前体物。

• 负排放（Negative emissions，NE）：通过人类的专项活动移除大气中的温室气体（GHG），即除了通过自然碳循环过程的移除以外的移除。

① 来源：《IPCC全球温控1.5℃特别报告》。

• 二氧化碳捕获、利用和封存（Carbon dioxide capture utilization and storage，CCUS）：将相对纯的二氧化碳（CO_2）流体从工业和与能源有关的源中分离（捕获）、控制、压缩并运至某个封存地点，使之与大气长期隔离的过程；或者捕获 CO_2 然后用于生产新产品的过程。

• 生物能源与二氧化碳捕获与封存相结合（Bioenergy with carbon dioxide capture and storage，BECCS）：应用于生物能源设施的二氧化碳捕获与封存（CCS）技术。

• 直接空气二氧化碳捕获和封存（Direct air carbon dioxide capture and storage，DACCS）：直接从环境空气中捕获 CO_2 的化学过程，随后进行储存，也称为直接空气捕获和封存（DACS）。

目前，全球有 120 多个国家或地区提出本国的相关气候承诺目标，但不同国家所提出的与碳中和相关的表述及目标细究起来略有差异，比如，欧盟提出的是到 2050 年实现气候中和，日本、美国等提出的是到 2050 年实现温室气体净零碳排放，而我国提出的是到 2060 年前实现碳中和。大部分国家大多以碳中和/净零排放为目标，虽未明确将实现非二氧化碳温室气体的净零排放，但其整体趋势还是指实现所有温室气体的净零排放，即《巴黎协定》提出的温室气体源的排放与汇的吸收平衡。目前，我国提出的碳中和愿景目标虽未明确是否包含实现非二氧化碳温室气体的净零排放，部分学者认为我国碳中和目标应只是二氧化碳的净零排放，但愈来愈多的学者认同我国碳中和目标正在向国际趋势靠拢，致力于实现全部温室气体净零排放。全球主要经济体/国家提出的净零排放目标如表 1—2 所示。

表 1—2　全球主要经济体/国家的净零排放目标①②

国家/地区	目标	覆盖温室气体种类
欧盟	2050 年实现气候中和	CO_2、CH_4、N_2O、PFCs、HFCs、SF_6、NF_3
中国	2060 年实现碳中和	未明确
英国	2050 年实现净零排放	CO_2、CH_4、N_2O、PFCs、HFCs、SF_6、NF_3
美国	2050 年实现净零排放	未明确
加拿大	2050 年前实现净零排放	未明确
日本	2050 年实现净零温室气体排放	未明确
韩国	2050 年实现碳中和	CO_2、CH_4、N_2O、PFCs、HFCs、SF_6
南非	2050 年实现零碳净排放	未明确
阿根廷	2050 年实现碳中和	未明确
冰岛	2040 年实现温室气体净零排放（除生物甲烷）	未明确
瑞士	2050 年实现净零排放	未明确
巴西	2060 年实现气候中和	CO_2、CH_4、N_2O、SF_6、PFCs、HFCs
澳大利亚	争取在 2050 年实现净零排放	未明确

二、碳排放核算范围

目前，各省正在抓紧编制省级二氧化碳排放达峰行动方案，石油化工、钢铁、建材、有色等重点行业也在加快制定本行业的碳达峰实施

① 数据来源：《联合国气候变化框架公约》秘书处数据。

② 本表主要选取欧盟气候中和目标及二十国集团成员国（因为成员国排放量约占全球温室气体排放量的 78%）以及其他国家的净零排放目标。

方案、碳中和行动路线图，大型的央企、国企等头部企业也纷纷对外宣布本企业的碳中和战略、碳中和路线图，紧锣密鼓地开展碳中和规划编制工作。所以各级地方政府、行业及企业等不同主体的首要任务是核算其碳排放量，也就是摸清"碳家底"。碳排放量的核算也可称为温室气体清单编制，通常来说，温室气体排放清单是对一定区域内人类活动排放和吸收的温室气体信息的全面汇总。温室气体清单的编制可分为区域层面、组织层面和产品层面三个层面。

（一）城市

城市层级温室气体排放清单编制工作的主要目的为识别城市主要排放源，了解各部门排放现状，清晰地掌握碳排放行业构成、排放气体构成、排放领域构成以及重点排放企业的情况，从而对城市碳排放控制情况和减排指标进行分解和细化。城市层级碳排放核算是推动城市低碳发展、实现达峰排放的前提，同时也是区域科学制定绿色低碳发展规划的必要基础。

城市碳核算方法学。城市层面碳排放属于区域层面碳排放范畴，所以城市层级的碳排放计算方法主要参考依据为 IPCC 发布的《国家温室气体清单指南（2006）》。2010 年 9 月，国家发展改革委办公厅正式下发了《关于启动省级温室气体清单编制工作有关事项的通知》（发改办气候〔2010〕2350 号），要求各地制定工作计划和编制方案，组织好温室气体清单编制工作，并于 2011 年发布《省级温室清单编制指南（试行）》作为国内省级、城市层级温室气体编制的主要指导文件。城市温室气体排放主要包括能源活动、工业生产过程、农业、土地利用变化和林业、废弃物处理五大领域的温室气体排放，其温室气体排放种类涵盖二氧化碳、甲烷、氧化亚氮、氢氟碳化合物、全氟碳化合物、六氟化硫 6 种，其中，能源活动主要包括化石燃料燃烧活动、生物质燃烧活动、煤炭开采和矿后活动逃逸排放、石油和天然气系统逃逸排放；工业生产过程主要包括水泥、石灰、钢铁、电石、已二酸、硝酸、铝、镁、电力设备生产和安装、半导体、一氯二氟、氢氟烃等；农业主要包括动物肠道发酵甲烷、动物粪便管理氧化亚氮和甲烷、稻田甲烷、农业地氧化亚氮；土地利用变化和林业主要包括森林转化排放、森林和其他木质生物质生物量碳储量变化；废弃物处理主要包括生活垃圾填埋处理、生活污水处理等固体废弃物处理和工业废水处理产生的排放。城市温室气体清单如表 1—3 所示。

表 1—3　城市（区域）层级温室气体清单

序号	五大领域	分领域及温室气体种类
1	能源活动	·化石燃料燃烧活动①（CO_2、CH_4、N_2O） ·生物质燃烧活动（CH_4、N_2O） ·煤炭开采和矿后活动逃逸排放（CH_4） ·石油和天然气系统逃逸排放（CH_4）
2	工业生产过程	·水泥生产过程（CO_2） ·石灰生产过程（CO_2） ·钢铁生产过程（CO_2） ·电石生产过程（CO_2） ·己二酸生产过程（N_2O） ·硝酸生产过程（N_2O） ·铝生产过程（PFCs） ·镁生产过程（SF_6） ·电力设备生产过程（SF_6） ·其他生产过程（CO_2、CH_4、N_2O、HFCs、PFCs、SF_6）
3	农业	·动物肠道发酵甲烷排放（CH_4） ·动物粪便管理系统（CH_4、N_2O） ·稻田甲烷排放（CH_4） ·农业地氧化亚氮排放（N_2O）
4	土地利用变化和林业	·森林和其他木质生物质碳储量变化（CO_2） ·森林转化碳排放（CO_2、CH_4、N_2O）
5	废弃物处理	·固体废弃物（CO_2、CH_4） ·废水（CH_4、N_2O）

① 化石燃料燃烧活动包括能源工业、农业、工业和建筑业、交通运输业、服务业、居民生活等部门的化石燃料消耗。

（二）企业

由于受国家政策、国际外部环境、碳市场准入、绿色供应链、消费者对低碳产品偏好等各种因素驱动，无论是首批已纳入全国碳市场的电力行业和即将纳入的其他高耗能行业（钢铁、建材、有色、石油、化工、造纸、航空），还是出口导向的碳排放密度较高的行业（如纺织、装备制造等）等企业，都将面临对其碳排放数据进行披露的需求。

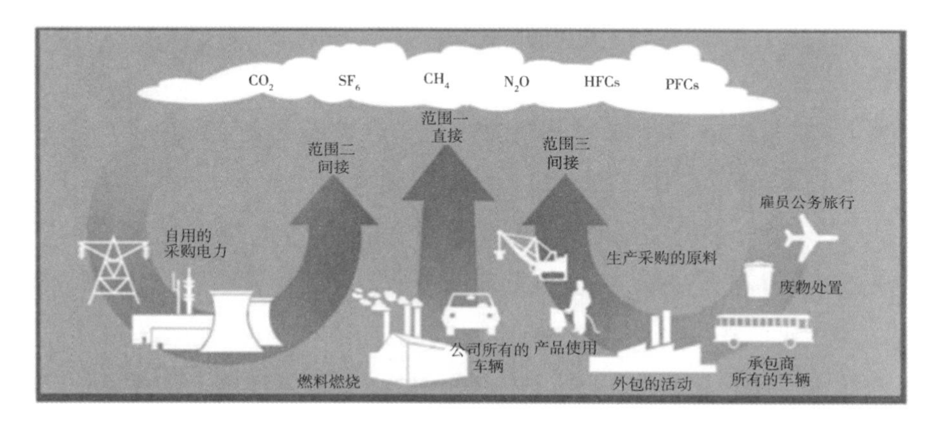

图 1—10　企业范围一、范围二、范围三的温室气体排放

图片来源：WRI《温室气体核算体系》。

碳中和目标推动下的企业碳排放核算方法。企业层面的温室气体清单编制属于组织层面的碳排放计算范畴，也称为企业碳盘查。相对于区域层面的碳排放来说，企业层面碳排放更注重的是该组织因为生产活动应当承担的碳排放范围。目前，国际上广泛采用的温室气体计算工具为世界资源研究所（World Resources Institute，WRI）和世界可持续发展工商理事会（World Business Council for Sustainable Development，WBCSD）合作创建的企业温室气体核算方法学《温室气体核算体系》(GHG Protocol，旧译《温室气体议定书》）以及国家标准化组织（ISO）发布的 ISO14064 系列的 ISO14064－1：《组织层次上对温室气体排放和清除的量化和报告的规范及指南》。企业温室气体排放包括范围一、范围二和范围三排放（如图 1—10 所示），其中，范围一排放为直接排放，包含企业物理边界或控制的资产内因运营直接向大气排放的温室气体，如燃煤锅炉、企业拥有的燃油车辆等产生的排放；范围二为间接排放，指企业使用外购电力和热力产生的温室气体排放，如发电或集中供热系统产生的温室气体排放；范围三排放为除范围二之外其他相关但非直接的活动产生的温室气体排放，如开采和生产采购的原料、运输采购的燃料，以及售出产品和服务的使用、商务差旅、员工通勤等产生的排放。

由于范围三排放涉及较多企业自身之外的上下游企业的排放，相应能耗数据较难获取，所以在通常情况下，大部分企业在制定碳中和目标时仅核算了范围一和范围二排放，但苹果（见图 1—11、图 1—12）、微软等知名跨国企业因其碳排放管理经验较为成熟，上下游供应商管理较为规范，所以也会将范围三排放纳入碳排放核算范围内，为制定实现供应链碳中和目标提供数据基础。目前，我国也有较多企业在制定碳中和目标时逐步将范围三排放纳入核算范围内，如 2021 年 4 月 22 日，科技企业蚂蚁集团对外公布的《碳中和路线图》中分别制

图 1—11　苹果公司价值链

图片来源：《苹果 2020 年环境进程责任报告》。

		财年				
		2019	2018	2017	2016	2015
场所设施排放（二氧化碳当量）	范围1					
	天然气、柴油、丙烷[1]	38720	39990	34560	27000	19360
	军队	6950	11110	8300	7370	8740
	过程排放[2]	4870	3490	2540	—	—
	范围2（基于市场）[1]					
	电力	0	8730	36250	41000	42460
	范围3[4]					
	商务差旅[5]	325500	337340	121000	117550	139940
	员工通勤[5]	194660	183160	172440	186360	172970
产品生命周期排放（二氧化碳当量）[2]	制造（被购买的商品和服务）	18900000	18500000	21100000	22800000	29600000
	产品运输（上游和下游）	1400000	1300000	1200000	1200000	1300000
	产品使用（使用已销售的产品）	4100000	4700000	4700000	4900000	6600000
	产品报废处理	60000	50000	100000	300000	500000
综合碳足迹总量[4]		25100000	25200000	27500000	29500000	38400000

图 1—12　苹果公司价值链排放

数据来源：《苹果 2020 年环境进程责任报告》。

定了自2021年起实现运营排放碳中和（范围一、范围二）和2030年实现净零排放（范围一、范围二、范围三）的碳中和目标（见图1—13）；新能源企业远景集团对外公布的《碳中和报告2021》中分别制定了2022年实现运营碳中和和2028年实现全价值链碳中和的目标。

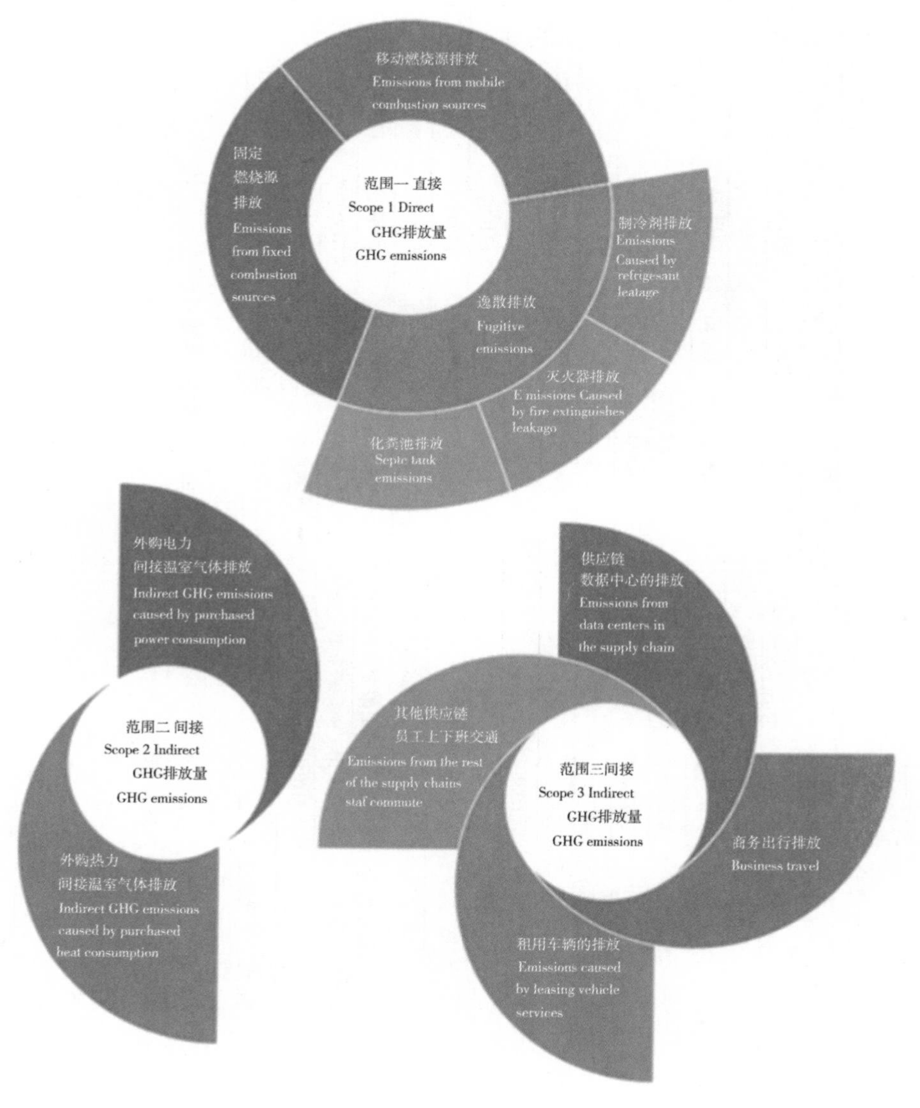

图1—13 蚂蚁集团范围一、范围二、范围三排放

图片来源：《蚂蚁集团碳中和路线图》。

全国碳市场约束下的企业碳核算。为完善我国温室气体统计核算制度，并为全国碳市场提供数据支撑，国家发展改革委于2013年、2014年、2015年先后公布了3批《企业温室气体排放核算方法与报告指南（试行）》，共涉及电力、钢铁、水泥、化工等共24个行业，其行业范围基本可覆盖我国不同行业类型的企业温室气体排放核算要求，并每年组织各省级主管部门对纳入重点排放企业进行碳核查工作，要求排放企业进行数据报送；2018年全国应对气候变化工作由国家发展改革委转入生态环境部后，生态环境部在全国碳市场全面启动上线交易之前，对原有的《中国发电企业温室气体排放核算方法与报告指南（试行）》进行了修订，于2021年3月26日公布了《企业温室气体排放报告核查指南：发电设施》替代原有的发电指南。

表1—4 截至2021年6月我国发布的《企业温室气体排放核算方法与报告指南（试行）》

序号	发布日期	主管部门	覆盖行业
第一批	2013年10月15日	国家发展改革委	10家：发电、电网、钢铁、化工、电解铝、镁冶炼、玻璃、水泥、陶瓷、民航
第二批	2014年12月3日	国家发展改革委	4家：独立焦化、煤炭生产、石油化工、石油天然气
第三批	2015年7月6日	国家发展改革委	10家：电子设备、氟化工、工业其他、公共建筑、机械设备、矿山、陆上交通、其他有色、食品、造纸
修订版	2021年3月26日	生态环境部	《企业温室气体排放报告核查指南：发电设施》

（三）产品

产品层面的碳排放也可称为产品碳足迹，是指以产品全生命周期为范围的排放，即从产品制造（含原材料获取）、使用、运输到报废材料回收的整个产品生命周期所产生的温室气体排放。以苹果手机为例，其碳足迹计算涉及制造该手机的所有零件（上至原料开采，下至手机报废处理整个过程）产生的碳排放。计算产品碳足迹的目的一是引导消费者低碳消费，二是促使产品整个产业链进行减排。产品层面的碳排放计算方法主要是基于产品从摇篮到坟墓全生命周期（LCA）的排放进行计算。其主要流程包括设定功能单位、过程图绘制、系统边界设定、单位流程设定以及数据收集和计算，其计算方式在很大程度上需依赖基础产品的碳足迹数据库。

碳足迹也可理解为碳标识，碳标识是环境标识的一种，是披露商品在全生命周期中碳排放信息的政策工具。通过对商品生命周期的每个阶段碳排放量进行核算、确认和报告，并将量化结果标识在产品或服务的标签之后进行出售。碳标识一般包括两个步骤：量化/计算与沟通/标识。量化/计算是指在一定方法学下计算得到商品全生命周期温室气体排放量，而沟通/标识是指确保商品获得的碳标识可监测、可报告、可核查且真实反映了其碳排放。目前，国际上常用的碳足迹计算、标识标准包括国际标准化组织（ISO）于 2013 年推出的 ISO 14067、英国标准协会（BSI）于 2011 年发布的 PAS 2050 和 2014 年发布的 PAS 2060、世界资源研究所（WRI）和世界可持续发展工商理事会（WBCSD）于 2011 年联合发布的温室气体议定书（GHG Protocol）。

国内的产品碳标识标准和认证过程处于起步阶段。理论上，碳标识应该落在绿色商品标准制定的框架下。2016 年，《国务院办公厅关于建立统一的绿色产品标准、认证、标识体系的意见》（国办发〔2016〕89 号）提出了“实现一类商品、一个标准、一个清单、一次认证、一个标识的体系整合目标”，其中就包括全生命周期的低碳目标。在此基础上，《绿色商品评价通则》（GB/T 33761—2017）于 2017

年颁布，并指导制定了13类绿色商品标准。然而，这些标准中低碳只是通过能耗水平进行衡量，并未通过量化的全生命周期碳排放进行表征，因此也无法提供是否达成碳中和的信息，在实际操作上并不能起到准确的碳标识的作用。目前，中国已有的商品碳标识成果大多是由行业协会牵头制定的团体标准和地方政府试点的地方标准，而碳标识的基层实践还未与绿色商品标准的顶层设计对接，因而商品碳标识的体系还有待完善。

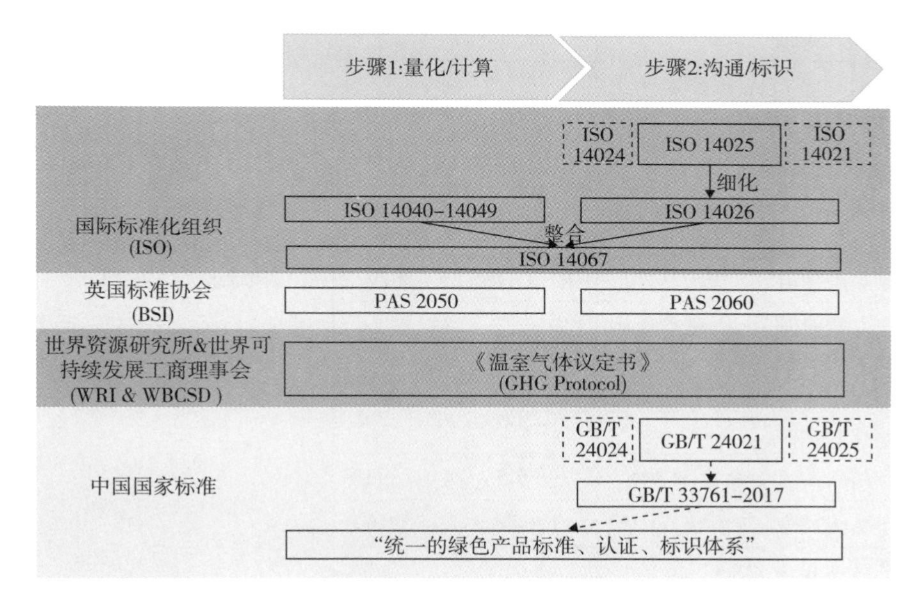

图 1—15　商品碳标识标准体系结构

表 1—5　目前中国产品碳足迹标准汇总

标准名称	标准编号	发布主体	标准级别
通信产品碳足迹评估技术要求	YD/T 3048—2016	工信部	行业标准
产品碳足迹 产品种类规则 液晶电视机	SJ/T 11718—2018		
中国森林认证碳中和产品	LY/T 3116—2019	国家林业和草原局	

续　表

标准名称	标准编号	发布主体	标准级别
电器电子产品碳足迹评价通则	T/DZJN 001—2018	中国电子节能技术协会	团体标准
电器电子产品碳足迹评价LED道路照明产品	T/DZJN 002—2018		
电器电子产品碳足迹评价电视机	T/DZJN 001—2019	广东省节能减排标准化促进会	
电器电子产品碳足迹评价微型计算机	T/DZJN 002—2019		
电器电子产品碳足迹评价移动通信手持机	T/DZJN 003—2019		
碳标签标识	T/DZJN 004—2019		
凉茶植物饮料产品碳足迹等级和技术要求	T/GDES 50—2021		
碳足迹标识	T/GDES 26—2019		
产品碳足迹 产品种类规则合成洗衣粉	T/GDES　20005—2019		
家用洗涤剂产品碳足迹等级和技术要求	T/GDES　20004—2018		
产品碳足迹 评价技术通则	T/GDES　20001—2016		
产品碳足迹声明标识	T/GDES　2—2016		
产品碳足迹 小功率电 ZXZ 动机基础数据采集技术规范	T/GDES　20003—2016		
产品碳足迹 产品种类规则巴氏杀菌乳	T/GDES　20002—2016	广东省建筑节能协会	
南方大型综合体建筑碳排放计算标准	T/GBECA　002—2020		
产品碳足迹核算通则	DB31/T　1071—2017	上海市质监局	地方标准
电子电气产品碳足迹评价技术规范 第1部分：移动用户终端	DB44/T　1449.1—2014	广东省质监局	
家用电器碳足迹评价导则	DB44/T　1503—2014		
产品碳排放评价技术通则	DB44/T　1941—2016	广东省市场监督管理局	

续 表

标准名称	标准编号	发布主体	标准级别
建筑碳排放计量标准	CECS 374—2014	中国工程建设标准化协会	协会标准
	GB/T 51366—2019	住房和城乡建设部国家市场监督管理总局	国家标准

第二章

碳中和行动：国际进展与动向

本章导读

作为全球气候治理的重要议题，碳中和行动不但能够减缓气候变化引起的极端灾害以及巨大损失，而且将推动新一轮的技术革命和产业升级。因此，以欧盟、美国、日本为首的发达经济体在国家层面通过产业转型、技术改进、政策保障、财政支持等多项措施，以实现碳中和目标并争取在产业升级过程中占据主动权。然而，碳中和不但需要在国家层面制定宏观减排目标，而且需要将目标自上而下具体传导到城市、行业和企业层面执行。城市作为国家碳排放的主要来源，对国家实现碳中和目标有直接影响。许多城市通过制订行动计划、立法、加入碳中和城市联盟等多种方式促进碳中和目标的实现并推动深度减排。在行业企业层面，国际国内的行业组织、投资机构、跨国企业等均设置了碳中和目标，这些目标与国家目标相互补充，且很多目标对全产业链提出要求。因此，在上述背景下，本章首先对碳中和总体进展进行概述，并对欧盟、美国、日本以及其他 4 个国家的碳中和目标、政策内涵和技术重点进行介绍和分析；其次以加利福尼亚州、纽约市等次国家区域的碳中和计划和政策为例，介绍城市层面的碳中和进展；最后介绍全球重点行业和龙头企业的碳中和响应情况和整体路径。通过从宏观、中观和微观层面介绍全球碳中和技术路径、政策措施等方面的先进做法和经验，形成对碳中和行动动向的总体介绍。

第一节　主要国家和经济体

一、总体进展

随着气候变化问题带来的负面影响逐步凸显，减缓气候变化带来的极端灾害及巨大损失已经成为一项十分重要的国际议题。IPCC 发布的《全球 1.5℃温升特别报告》[①] 指出，只有在 21 世纪中叶实现全球范围内的净零碳排放（即碳中和目标），才有可能将全球变暖幅度控制在 1.5℃以内。然而，联合国环境署（UNEP）发布的《排放差距报告 2019》[②] 指出，当前各国的减排雄心与 1.5℃目标的要求之间存在较大差距。为了缩小排放差距，越来越多的国家通过参与碳中和等气候行动强化其减排力度。2017 年 12 月，29 个国家在“同一个地球”峰会上签署了《碳中和联盟声明》，作出了 21 世纪中叶实现零碳排放的承诺[③]；2019 年 9 月，联合国气候行动峰会上，66 个国家承诺碳中和目标，并组成气候雄心联盟[④]；2020 年 5 月，有 449 个城市参与由联合国气候领域专家提出的零碳竞赛。[⑤] 截止到 2021 年 4 月 20 日，已有 132 个国家承诺了 21 世纪中叶前实现碳中和的目标[⑥]，其中，不丹和

---

① Global warming of 1.5℃. IPCC. https：//www.ipcc.ch/sr15/.

② The emissions gap report 2019. UNEP. https：//wedocs.unep.org/bitstream/handle/20.500.11822/30797/EGR2019.pdf? sequence=1&isAllowed=y.

③ Plan of action：carbon neutrality coalition. Carbon Neutrality Coalition. https：//www.carbon-neutrality.global/plan-of-action/.

④ Climate ambition alliance：nations renew their push to upscale action by 2020 and achieve net zero CO_2 emissions by 2050. UNFCCC. https：//unfccc.int/news/climate-ambition-alliance-nations-renew-their-push-to-upscale-action-by-2020-and-achieve-net-zero.

⑤ Race to zero campaign. UNFCCC. https：//unfccc.int/climate-action/race-to-zero-campaign.

⑥ Net zero emissions race. Energy & Climate Intelligence Unit. https：//eciu.net/netzero-tracker/map.

苏里南已经实现了碳中和目标，英国、瑞典、法国、丹麦、新西兰、匈牙利 6 国将碳中和目标写入法律，欧盟、西班牙、智利和斐济 4 个国家和地区提出了相关法律草案。目前，碳中和承诺作为自主的承诺，已经覆盖了全球一半以上的排放。按照 2018 年的年排放计算，截至 2021 年 4 月，承诺实现碳中和的国家的温室气体排放总量已占到全球排放的 64%（如图 2—1 所示）。其中，中国、美国和欧盟作为总排放前三的排放大国/地区，占全球总排放的 50%。①

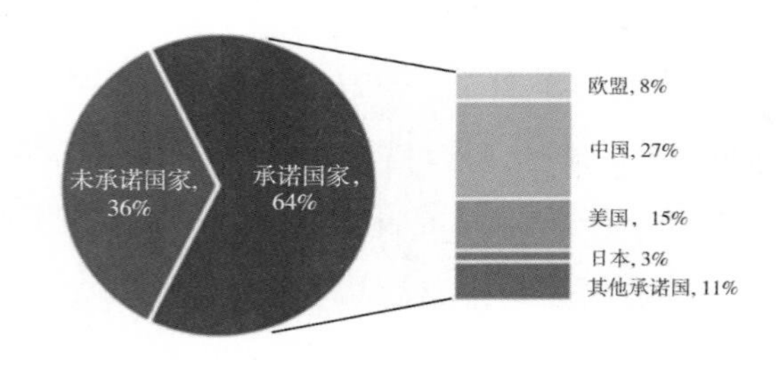

图 2—1　碳中和承诺国排放占全球排放比例②

然而，在减缓气候变化的极端危害之外，碳中和更重要的是将引发一场技术革命。碳中和过程中所产生的技术进步和科技发展将引领经济社会环境的重大变革，形成新一轮的产业升级浪潮，使得世界各国在各个部门产业链上的位次重新洗牌，碳中和的意义不亚于三次工业革命。因此，欧盟、美国、日本等发达经济体将碳中和行动作为提升未来经济竞争力的重要机遇，提出较为积极的减排目标，并通过技术路径规划、政策法规和财政支持等来确保碳中和目标最大程度的实现，旨在通过产业升级过程占据主动权并引领世界。具体来说，欧盟

---

①　张雅欣、罗荟霖、王灿：《碳中和行动的国际趋势分析》，《气候变化研究进展》2021 年第 1 期。

②　European Commission. Emission Database for Global Atmospheric Research（EDGAR）[R/OL]. Joint Research Centre（JRC）/Netherlands Environmental Assessment Agency（PBL），2019. edgar. jrc. ec. europa. eu.

和日本提出部署氢能技术在能源供应、工业生产、交通等多领域的系统深度应用；美国虽然在国家层面的碳中和目标上存在“周期性”和“摇摆性”特点，但是即便在特朗普执政时期，美国始终保持在实现能源领域未来突破的储能技术、电解槽技术、氢能技术、新能源汽车等领域不断加大投资和研发力度；英国在2019年通过了《气候变化法案》修订案，成为首个从立法层面保障国内实现碳中和目标的国家。

二、欧盟

（一）欧盟碳中和行动演进及核心内容

欧盟在全球应对气候变化领域一直是坚定的倡导者和引领者，2018年欧盟提出零碳愿景，2019年发布《欧洲绿色协议》，确立了实现碳中和的总体规划。

欧盟气候政策与能源政策紧密结合，通过设定一系列能源目标，发布能源政策框架，推动其能源结构转型，应对气候变化。2007年，欧洲理事会发布《2020年气候和能源一揽子计划》，提出了到2020年的3个“20”一揽子目标，即将欧盟温室气体排放量在1990年基础上降低20%，将可再生能源在终端能源消费中的比重增至20%，将能源效率提高20%；2014年通过的《2030年气候与能源政策框架》，提出到2030年将温室气体排放量在1990年基础上降低40%，将可再生能源在终端能源消费中的比重增至27%，将能源效率提高27%；《2050年能源路线图》则提出欧盟到2050年实现在1990年基础上减少温室气体排放量80%～95%的长远目标。[①]

2018年，欧盟委员会公布2050年实现碳中和的愿景，2019年《欧洲绿色协议》发布，提出在2050年前欧洲将成为全球首个实现碳

① Climate strategies & targets. European Commission. https://ec.europa.eu/clima/policies/strategies_en.

中和的大洲，并提出了实现碳中和目标的三大战略措施。一是促进欧盟经济向可持续发展转型；二是欧盟作为全球领导者推动全球绿色发展；三是出台一项《欧洲气候公约》以推动公众对绿色转型发展的参与和承诺。其中，第一部分是该协议的核心内容，涵盖了欧盟气候目标的提升，能源、工业、建筑、交通、农业等各领域的转型发展，生态环境和生物多样性保护，以及将可持续性纳入投融资、国家预算、研究创新等各项欧盟政策，并说明了如何确保转型公平、公正。

2021年4月，欧洲议会与各成员国就《欧洲气候法》达成初步协议，但欧盟各国能源转型进度参差不齐，对于目标实现路径亦存在巨大分歧。4月21日，经过长达一年的谈判，欧洲议会将“2030年减排55％以上、2050年实现碳中和”两大气候目标写入《欧洲气候法》，此后若该气候法能获得欧盟理事会的通过，将正式生效。但由于欧盟各国能源基础条件差异较大，在具体条款上存在较多分歧。例如，波兰、捷克等多个东欧国家反对欧盟委员会将天然气及核电移出“可持续投资”的覆盖范围，是否将森林、农业吸收的二氧化碳作为温室气体减排量也存在争议。[①]

（二）欧盟碳中和行动的政策保障

欧盟高度重视以《欧洲绿色协议》为代表的欧盟绿色新政。2020年12月，欧洲议会、欧洲联盟理事会和欧盟委员会签署了关于2021年立法优先事项的联合宣言，将《欧洲绿色协议》列入欧盟委员会2019—2024年度六项委员会优先事项之首。[②]

《欧洲绿色协议》提出碳中和目标将在八个具体领域带来重大调整

---

① 《气候立法艰难达成一致，欧盟绿色转型分歧“一箩筐”》，网易，https：//www.163.com/dy/article/G8ES01OS05509P99.html.

② Commission priorities for 2019－24. European Commission. https：//ec.europa.eu/info/strategy/priorities－2019－2024 _ en.

和变革。第一，提高应对气候变化减缓目标。欧盟将原本2030年的中期减排目标从相比1990年碳排放降低40%上调至50%～55%，将原本2050年的中长期减排目标从相比1990年降低80%～90%上调至100%（即实现碳中和），图2—2展示了在绿色新政下欧盟的碳排放轨迹预测；第二，提供清洁安全、可负担的能源供应，欧洲将对能源系统进行深度脱碳变革，加速退煤进程，增加可再生能源比例，对天然气进行脱碳处理；第三，推动工业转型，欧洲将充分借助数字经济的力量，推动工业的清洁、循环和数字化转型；第四，推进建筑业翻新，提高资源能源利用效率，同时创造就业岗位；第五，推广智慧交通，对交通行业的所有排放源进行控制；第六，“从农场到餐桌”战略，构建均衡、营养、可持续的食品生产和消费体系，推进绿色低碳的农业措施；第七，保障生态系统和生物多样性；第八，落实环境保护，实行大气、水和土壤的零污染计划。

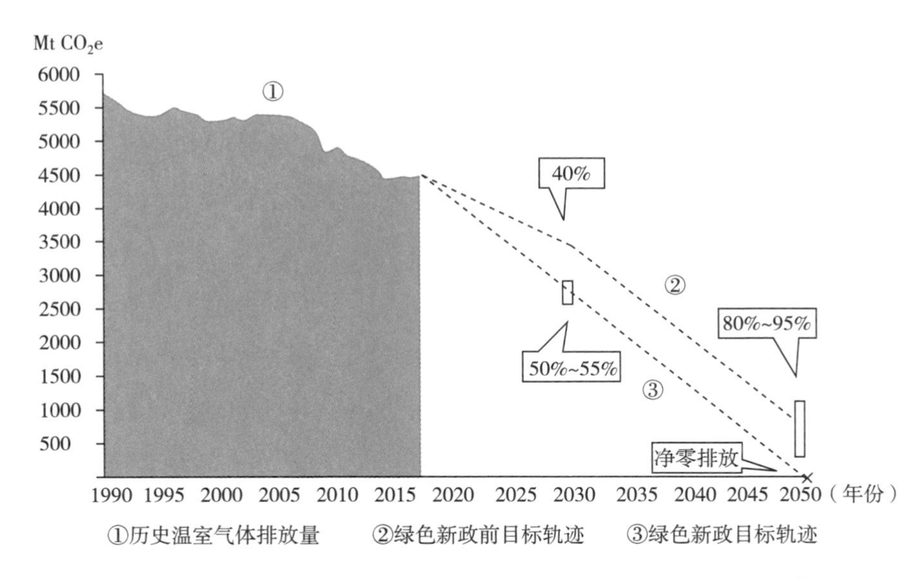

图2—2　欧盟历史温室气体排放量与目标温室气体排放量[①]

① 资料来源于欧盟委员会。

为保障碳中和战略的实施，欧盟从法律保障、碳交易市场、边境碳管控、绿色投融资和社会转型保障等层面设立了完整的政策支撑体系。

1. 气候立法[①]

2020 年 3 月，欧盟委员会提交《欧洲气候法》，旨在从法律层面确保欧洲到 2050 年实现气候中和，该法案为欧盟所有政策设定了目标和努力方向。在《欧洲气候法》的框架下，欧盟委员会提出到 2050 年实现温室气体净零排放具有法律约束力的具体目标，欧盟机构和成员国有义务在欧盟和国家层面采取必要措施实现该目标。欧洲议会于 2021 年 10 月就“气候法草案”投票表决，于 2021 年 6 月前将修订相关立法。

2. 碳排放权交易[②]

在世界各国减少温室气体排放的诸多实践中，碳排放权交易被认为是最有效的市场经济手段之一。欧盟温室气体排放贸易机制（EU—ETS）于 2005 年正式启动，是世界首个也是最大的跨国二氧化碳交易项目，涵盖欧盟成员国以及挪威、冰岛和列支敦士登，覆盖该区域近半数的温室气体排放，为 11000 多家高耗能企业及航空运营商设置了排放上限。

欧盟在《欧洲绿色协定》中强调将进一步更新完善其碳排放权交易市场，扩大欧盟碳排放权交易市场覆盖行业，尝试将建筑物排放、海运业排放纳入行业覆盖范围，并推动全球碳市场的建立。碳配额价格上涨最重要的支撑因素来自碳市场参与者对未来气候政策的乐观预期。欧盟将根据碳中和目标调整配额总量，配额总量每年递减幅度将

① European Climate Law. European Commission. https：//ec. europa. eu/clima/policies/eu—climate—action/law _ en.

② EU Emissions Trading System （EU ETS）. European Commission. https：//ec. europa. eu/clima/policies/ets _ en.

会更大、下降会更快，进而提高碳配额价格。

3. 碳边境调节税

欧盟提出将把《巴黎协定》作为未来所有全面贸易协定的核心要素，促进绿色商品和绿色服务的贸易和投资，并基于此提出建立碳关税制度，即针对选定行业设定碳边境调节机制，对进口高碳行业的产品征收碳税。在逆全球化和贸易保护主义抬头的情势下，这种单边碳关税可能成为变相的绿色贸易壁垒，进一步影响全球经济发展前景。欧洲议会于2021年3月10日通过关于欧盟碳边境调节机制（CBAM）的决议。根据欧洲议会议员的说法，碳边境调节机制将在2023年开始实行，那时，该机制应涵盖电力和能源密集型工业部门，如水泥、钢铁、铝、炼油厂、造纸、玻璃、化工和化肥等部门。[①] 这将确保进口商品的价格能够更准确地反映其含碳量，作为解决欧盟排放交易体系（EU ETS）中碳泄漏风险的替代措施。[②] 碳边境调节机制的四个关键目标是："（1）限制碳泄漏；（2）防止国内产业竞争力下降；（3）鼓励外国贸易伙伴和外国生产者采取与欧盟相当/等同的措施；（4）其收益可用于资助清洁技术创新和基础设施现代化，或用作国际气候融资。"[③] 该议案在欧洲议会获投票通过后，欧盟委员会将在此基础上，于2021年第二季度正式提出关于碳关税的具体方案，届时碳关税提案将纳入欧盟气候目标计划的一部分。[④]

---

① Carbon levy on EU imports needed to raise global climate ambition. European Parliament. https://www.europarl.europa.eu/news/en/press－room/20210201IPR96812/carbon－levy－on－eu－imports－needed－to－raise－global－climate－ambition.

② Carbon leakage: prevent firms from avoiding emissions rules. European Parliament. https://www.europarl.europa.eu/news/en/headlines/society/20210303STO99110/carbon－leakage－prevent－firms－from－avoiding－emissions－rules.

③ The EU Carbon Border Adjustment Mechanism: An Update. Wolters Kluwer. http://regulatingforglobalization.com/2021/01/11/the－eu－carbon－border－adjustment－mechanism－an－update/.

④ 《欧洲议会通过"碳边境调节机制"议案　碳关税已来》，新浪，https://finance.sina.com.cn/money/future/roll/2021－03－14/doc－ikknscsi4462353.shtml.

4. 绿色投融资

实现应对气候变化的清洁能源转型离不开大量的资金投入。根据欧盟委员会的估算，若想实现当前2030年的气候与能源目标，每年还需2600亿欧元的额外投资，约占2018年GDP的1.5%。[①] 为此，2020年1月欧盟发布《欧洲绿色协议投资计划》，提出在未来十年内，动员至少1万亿欧元的可持续投资，促进和刺激向气候中立、绿色、竞争性和包容性经济过渡所需的公共和私人投资。欧盟委员会已经提出"气候主流化"概念，要求欧盟所有项目预算的25%必须用于应对气候变化，而欧盟预算的收入也将部分来自应对气候变化领域，如欧盟碳排放权交易市场中拍卖收入的20%将划拨给欧盟预算。

目前，欧盟的绿色投融资体系已囊括了能源产业的整个价值链，地平线欧洲（Horizon Europe）、创新基金（the Innovation Fund）、投资欧洲（Invest EU）等多个资金计划参与可再生能源研究、开发和示范等各个环节。同时，多家欧洲金融机构已宣布不再为煤电相关项目提供融资，迫使传统化石燃料产业向清洁低碳转型。

5. 公正转型保障

欧盟内部能源基础条件相差较大，如波兰国内80%的能源依赖煤炭，其实现碳中和目标的过程中必然有大量传统能源产业的工人受到不利影响。为了保障欧洲绿色转型过程中的社会公平，2020年1月欧盟发布《公正过渡机制》，提出将在2021—2027年动员至少1000亿欧元的投资，在受影响最严重的地区提供有针对性的帮助，以减轻该地区的社会经济影响。其中的资金来自欧盟预算、成员国共同出资以及Invest EU和欧洲投资银行的捐款。已有的公平过渡机制资助案例包括矿区改造、煤炭区工人再就业、建设经济适用房等，资助方包括欧

① 《欧盟碳中和之路，能源、工业转型的过程与博弈》，慧博，http://m.hibor.com.cn/wap_detail.aspx?id=0beb0e347bce1e8ea16986a28f470dfd.

洲投资银行、欧洲社会基金等多个机构。

（三）欧盟碳中和行动的战略技术重点

1. 扩大 CCUS 部署规模

碳捕集、利用和封存（Carbon Capture，Utilization and Storage，CCUS）技术是在现有能源结构下进行碳的有效封存的关键技术，在技术成熟的情况下甚至可以实现近零排放，是世界公认的能够推进化石能源清洁利用的最有前景的碳减排技术之一。扩大 CCUS 的部署规模是欧盟绿色新政的重点战略之一。根据国际能源署 2020 能源技术展望报告，目前欧洲的建成 CCUS 项目主要部署在北海地区，此外还有至少 11 个示范项目正在其他地区开展，总封存能力近 3000 万吨/年。在国际能源署的可持续发展情景中，预计到 2030 年，欧洲的二氧化碳捕集量将增加到 3500 万吨左右，到 2050 年将达到 3.5 亿吨，到 2070 年将超过 7 亿吨（见图 2—3）。2050 年后，生物能源碳捕获和储存（BECCS）和直接空气碳捕集（DAC）将发挥更为突出的作用。①

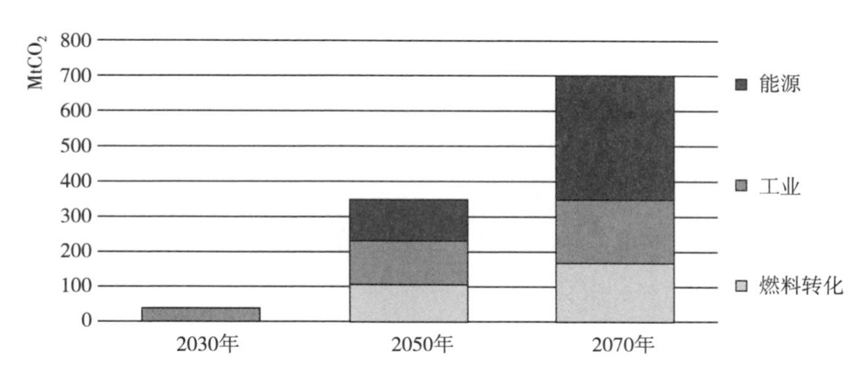

图 2—3 可持续发展情景下欧洲二氧化碳捕集量预测

资料来源：IEA.

① Energy Technology Perspectives 2020：Special Report on Carbon Capture，Utilisation and Storage. IEA. https：//iea. blob. core. windows. net/assets/181b48b4－323f－454d－96fb－0bb1889d96a9/CCUS _ in _ clean _ energy _ transitions. pdf.

2. 加速发展化石能源替代燃料

加速发展清洁能源，推动能源技术变革是实现能源系统深度脱碳、达成碳中和目标的必然选择，氢能技术和生物质能技术是欧洲发展清洁能源的重点方向。

氢能的开发与利用是世界新一轮能源技术变革的重要方向，欧盟在发展氢能的基础设施、产业布局和科技研发等方面都具有领先优势。欧洲庞大的天然气网络为将来氢气的输送提供了充分的设施保障，大大降低了欧洲将来能源转型的基础设施转型成本；欧洲在区域、国家和行业层面均推动基于氢燃料电池的热电联产系统部署，氢能产业价值链部署成熟；在科技研发方面，欧盟通过特别基金、国家战略以及专门组织，如燃料电池和氢能联合组织（FCH－JU），为氢能产业发展提供研发及转型资金支持。欧盟委员会 2020 年发布《欧盟氢能战略》，指出欧盟的首要任务是“开发主要利用风能和太阳能生产的可再生氢能”，欧盟的氢能生态系统“可能会以一种渐进的轨迹发展”。第一阶段为 2020 年至 2024 年，目标为在欧盟安装至少 6 吉瓦的可再生氢电解槽，生产多达 100 万吨的可再生氢；第二阶段为 2025 年至 2030 年，氢能成为欧盟综合能源系统的内在组成部分，到 2030 年在欧盟安装至少 40 吉瓦的可再生氢电解槽，以及生产多达 1000 万吨的可再生氢生产；第三阶段为 2030 年至 2050 年，可再生氢能技术应成熟并大规模部署，以覆盖所有难以脱碳的领域。[①]

生物质能是目前唯一可替代化石能源转化成燃料及其他化工原料或产品的碳资源，是应对全球气候变化最有潜力的能源技术方向之一。生物质能源的主要利用形式包括生物液体燃料、生物沼气和生物质发电供热等。在生物液体燃料方面，欧洲以菜籽油为主要原料，是世界

① 《欧盟氢能战略》，中国氢能联盟，http：//www. h2cn. org/detail/758. html.

上生物柴油产量最大的地区。在生物沼气方面，生物沼气提纯后可用来加热、发电或作为车用燃料，欧盟地区沼气技术世界领先，工程技术及装备已达到系列化、工业化水平。在生物质发电供热方面，生物质发电是可再生能源发电的重要形式，目前全球200多座生物质混燃示范电站中有100多座分布在欧洲地区；欧洲可再生能源供热在供热能源需求总量中占比超过30%的国家有10个，欧洲独立建筑使用生物质供暖的供热锅炉和壁炉供热效率较高。[①]

3. 增强电力系统灵活性

随着可再生能源在能源结构中的占比升高，其并网过程对电力系统的平和和稳定运行将产生诸多影响，因此增强电力系统的灵活运行能力是保障可再生能源大规模稳定应用的基础。欧盟在电源侧、电网侧和用户侧均采取相应措施提升现有电力系统的灵活性。在电源侧，推动发电机组灵活性技术，提高除了风电和光伏之外其他发电厂的灵活性；在电网侧，欧盟要求2020年各成员国跨国输电能力至少占本国装机容量的10%，到2030年要达到15%，以此增加电网互联容量；在用户侧，欧盟各国综合运用储能、热泵、电动汽车、智能电表等技术手段，引导用户根据市场状况改变用电需求。

4. 推动能源数字化进程

在新一轮科技革命中，云计算、大数据、物联网、区块链等数字化技术与产业深度融合，有力地推动了产业变革。能源产业和数字化技术结合后，将能够实现能源和资源的智能化高效分配，大大降低能源使用成本，提高能源利用效率。欧洲地区在能源数字化技术的开发和应用方面走在世界前列。根据国际能源署《数字化和能源》中的预测，在欧盟，到2040年仅通过数字化需求响应和增加存储就可以将光伏发电和风力发电的弃电率从7%降至1.6%，从而减少3000万吨二

① 《欧洲能源转型：2050年碳中和路径探析（2）》，北极星电力新闻网，https：//news.bjx.com.cn/html/20201109/1114676—2.shtml.

氧化碳排放。[①]

（四）小结

欧盟将《欧洲绿色协议》作为其六大政策领域之首，而经济、数字化、欧盟国际地位、民主等问题则居于其后，充分表明了其重视程度。欧盟绿色新政不仅是欧盟应对气候变化的承诺，更是一场彻底的产业绿色变革。欧盟委员会主席冯德莱恩明确指出，《欧洲绿色协议》既是一项经济增长战略，也是生产、消费、生活和工作方式的变革，贯穿农业、制造业、基建、可再生能源等产业和领域，同时带来创造就业、增强欧洲企业绿色技术先发优势等效应。围绕这一绿色变革，欧盟从法律法规、政策引导、投资支持、产业规划、技术研发、社会公平等各个领域出台了支撑性措施，彰显了其履行承诺、实现绿色变革的决心。从政治含义上而言，推行绿色变革也是推进欧洲一体化，增强欧盟在全球治理领域的话语权和领导力，占据未来科技和产业转型制高点的有力抓手。综合而言，欧盟推行绿色新政前景乐观，但其内部各国经济基础、能源结构、政治诉求的不均衡可能会在一定程度上掣肘欧盟绿色目标的实现，后续各项议题的落实仍不免需要各利益相关方反复地沟通妥协。

三、美国

（一）美国碳中和行动的演进表现出“周期性”和“摇摆性”特点

美国政府在国家层面应对全球气候变化两党制特点鲜明，不同党派的气候政策截然相反。自 20 世纪 90 年代应对气候变化的国际合作起步以来，美国作为碳排放大国，始终处于气候变化议题的中心位置。然而，由于美国国内政治环境变动和民主、共和两党执政理念存在显

---

① 《欧洲能源转型：2050 年碳中和路径探析（2）》，北极星电力新闻网，https：//news. bjx. com. cn/html/20201109/1114676—2. shtml.

著差异，美国气候变化政策经历了数次调整和翻转。[①]

克林顿、奥巴马和新任总统拜登所属的民主党奉行自由主义，主张“大政府”，认为公共利益高于个人权利，支持政府监管，积极应对全球气候变暖。全球气候变化作为一个具有公共属性的问题，政府的作用不可或缺，因此民主党政府在执政期间倾向于积极参与全球气候治理，制定国内减排目标，参与敦促全球做出减排行动。如图 2—4 所示，克林顿在 1993—2000 年担任美国总统期间，环境外交被列为美国国家安全战略的主要内容之一，将环境安全提升到战略安全的高度。同时，美国积极参与谈判，在 1997 年签署了《京都议定书》，并不断推动执行《京都议定书》。在 2009—2016 年奥巴马担任美国总统期间，美国先后出台了《美国清洁能源与安全法案》（*American Clean Energy and Security Act*，*ACESA*）、《总统气候行动计划》（*President's Climate Action Plan*）、《清洁电力计划》（*Clean Power Plan*）等政策，旨在削减美国国内温室气体排放并减缓全球变暖。在国际合作方面，美国在 2014 年和中国发布了《中美气候变化联合声明》，并在 2015 年积极推动《巴黎协定》的生效实施，为发达与发展中经济体共同应对气候变化促进低碳转型作出承诺。

然而，小布什和特朗普所属的共和党奉行保守主义，主张“小政府”，反对政府的过度监管，在应对全球气候变暖这一问题上表现出消极态度。一方面，共和党政府倾向于否认人类活动产生的温室气体排放导致了全球变暖；另一方面，共和党政府往往在国家层面退出气候变化国际合作，拒绝采取激进的减排策略并保护高耗能传统部门，导致美国气候政策大幅倒退。如图 2—4 所示，在 2001—2009 年小布什担任美国总统期间，美国宣布退出《京都议定书》，认为《京都议定书》中条款的执行将会给美国经济发展带来包括工人失业、物价上涨

---

① 朱松丽、高世宪、崔成：《美国气候变化政策演变及原因和影响分析》，《中国能源》2017 年第 10 期。

等消极影响。特朗普在 2017—2020 年担任美国总统期间，用《美国优先能源计划》（*American First Energy Plan*）取代奥巴马时期的《总统气候行动计划》（*Presidential Climate Action Project*，*PCAP*），同时于 2017 年 10 月撤销了奥巴马时期出台的《清洁电力计划》。2017 年 11 月，美国正式退出《巴黎协定》，基本废除了奥巴马时期的气候政治遗产，进一步体现了美国气候政策的“周期性”和“摇摆性”特点。

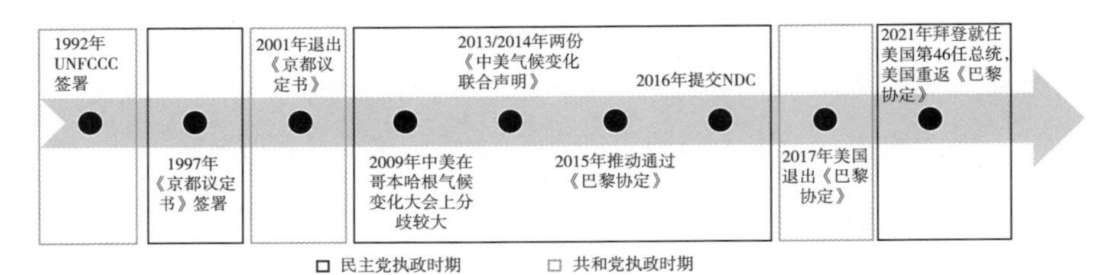

图 2—4　美国气候变化政策变动

资料来源：自行整理绘制。

（二）拜登政府的碳中和目标及相关政策

美国国家层面的碳中和目标为到 2030 年美国温室气体排放量在 2005 年的基础上减少到 50%～52%，2035 年前实现无碳发电，到 2050 年达到净零碳排放，实现 100%的清洁能源经济。其中，2030 年的温室气体排放目标是拜登于 2021 年 4 月 22 日在领导人气候峰会上提出的新目标。其他的目标来自拜登 2021 年 1 月 27 日在上任仅一周时签发的“应对气候危机的行政命令”（Executive Order on Tackling the Climate Crisis at Home and Abroad）。总体来说，美国的碳中和目标以《清洁能源革命和环境正义计划》为基础，以重返《巴黎协定》为契机，通过《美国就业计划》和加强气候变化国际合作起步，从而使得美国在应对气候变化上调转方向，彻底抛弃特朗普的能源计划，并逐步恢复奥巴马时期的路线，旨在使美国在气候变化领域重拾领导地位。

拜登在竞选总统过程中提出《清洁能源革命和环境正义计划》，阐述其碳中和目标及行动路线。现任美国总统拜登为树立解决气候变化及全球变暖问题的积极推动者形象，在竞选过程中就将气候变化问题作为一项主要议题进行讨论。在竞选过程中，拜登提出的《清洁能源革命和环境正义计划》（The Biden Plan for a Clean Energy Revolution and Environmental Justice）将气候变化和能源革命贯穿在解决就业问题、刺激经济、国际贸易政策制定等一系列执政理念中。在该计划中，拜登提出拟确保美国在2035年前实现无碳发电，在2050年之前达到净零碳排放，实现100%清洁能源经济的目标，并对胜选之后采取的短期和长期计划进行承诺。短期上，拜登计划每年花费5000亿美元使用联邦政府的采购系统采购100%的清洁能源零排放车辆，并制定严格的燃油排放新标准。长期上，拜登计划未来10年内：一是投资4000亿美元用于能源、气候的研究与创新，以及清洁能源的基础设施建设；二是设立专注于气候的跨机构高级研究机构ARPA－C；三是加快电动车的推广，同时恢复全额电动汽车税收抵免；四是通过有针对性的计划使得海上风能到2030年增加一倍。同时，拜登还分别从美国联邦层面、各级州和市政府层面以及国际合作方面进行政策承诺和规划。

美国重返《巴黎协定》是拜登扭转过去四年特朗普政府气候政策的重要一步。2021年1月20日，拜登签署行政令宣布美国将重返《巴黎协定》，并于2月19日正式重返《巴黎协定》。为实现这一决定，拜登政府要求相关部门在30天内重新提交核算温室气体排放造成社会成本的评估框架并在原有基础上增加了对氧化亚氮和甲烷社会成本的评估。这一评估结果是美国制定并达成《巴黎协定》目标最基本的定量依据；同时以货币价值符号形式明确温室气体排放的成本也将从本质上为之后的投资决策提供支撑。

拜登重视气候变化国际合作，决心使美国在气候变化领域重拾领导地位。2021年4月15—17日，美国总统气候问题特使克里同中国气候变化事务特使解振华在上海举行会谈，并发表《中美应对气候危机联合声明》。中美双方提出将在《联合国气候变化框架公约》第 26 次缔约方大会前及其后，继续讨论 21 世纪 20 年代八个方面的具体减排行动，包括：（1）工业和电力领域脱碳政策、措施与技术（包含循环经济、储能和电网可靠性、碳捕集利用和封存、绿色氢能）；（2）增加部署可再生能源；（3）绿色和气候韧性农业；（4）节能建筑；（5）绿色低碳交通；（6）关于甲烷等非二氧化碳温室气体排放合作；（7）关于国际航空和航海活动排放合作；（8）其他近期政策和措施（包含减少煤、油、气排放）。2021 年 4 月 22 日，拜登发起的全球领导人气候峰会通过视频会议的方式在线上召开，美国、中国、英国等 40 个国家领导人与会，共同探讨气候变化议题。会议主要包含巴黎气候公约排放目标、对脆弱国家的支持与帮助、气候行动与就业机会、技术变革与新经济、非国家行为体的参与和基于自然的解决方案六个方面。这标志着美国政府将重新参与国际气候治理，并旨在气候变化问题上重新掌握领导力。

拜登政府对油气开采和租赁给予更多限制。拜登在 2021 年 1 月 20 日就任美国总统当日叫停价值 90 亿美元的美加输油管道项目“拱心石 XL”（Keystone XL），同时暂停北极国家野生动物保护区的石油租赁。拜登政府也暂停了新的石油和天然气租赁，以评估其对环境的影响，并决定是否以及如何重新开始相关业务，从而与清洁能源经济的需求和发展目标相协调。在处理废弃油气井方面，拜登政府计划投资 160 亿美元处理废弃和孤立油气井。

《美国就业计划》是拜登实现碳中和目标的基础性和起步性政策。2021 年 3 月 21 日，拜登政府推出 2 万亿美元的《美国就业计划》（The American Jobs Plan）①，主要结合气候变化和低碳发展，针对基

① The American Jobs Plan. The White House. https：//www. whitehouse. gov/briefing－room/statements－releases/2021/03/31/fact－sheet－the－american－jobs－plan/.

础设施建设及美国制造业以促进经济复苏，包含投资前沿技术、快速启动清洁能源制造、振兴制造业、支撑供应链等方面旨在提高美国的竞争力。《美国就业计划》总投资 2 万亿美元，主要在未来 8 年中投放，每年投资额约为 GDP 的 1%；这一计划将以“美国税收计划”作为资金支持。

（三）美国实现碳中和的技术和行业策略

虽然美国在国家层面的碳中和目标上存在“周期性”和“摇摆性”特点，但是即便在特朗普执政时期，美国始终对实现能源领域的未来突破的储能技术、新能源汽车等不断加大投资和研发力度。同时，在拜登执政之后，美国通过发布《美国就业计划》对气候变化的相关技术进行多方面支持。

1. 储能技术

2020 年 1 月 8 日，美国能源部（Department of Energy，DoE）发布了一项新的储能战略——“储能大挑战”（Energy Storage Grand Challenge），旨在加速相关技术从实验室推向市场的过渡进程，建立一个独立于国外关键材料来源的国内制造供应链。这一计划建立在 2020 财政年度预算请求中 1.58 亿美元的先进储能倡议之上，旨在加速下一代储能技术的开发、商业化和利用，并到 2030 年确立美国在储能利用和出口方面的全球领先地位。基于这一愿景目标，美国也在技术开发、技术转让、政策和估值、制造和供应链以及劳动力方面提出了相关子目标。[①]

2. 新能源汽车技术

2017 年，美国能源部发布了电动汽车发展 2025 路线图规划。这份路线图对电动汽车及其三电系统的发展目标给出了明确的指导性意

---

① U. S. Department of Energy Launches Energy Storage Grand Challenge. U. S. Department of Energy. https：//www. energy. gov/articles/us — department — energy — launches — energy — storage—grand—challenge.

见，美国 2025 年电动汽车发展目标为：在 2025 年，峰值功率为 100kW 的驱动系统，总成本要求达到 6 美元/kW，相应的电控要求在 2025 年达到 2.7 美元/kW，电机需要达到 3.3 美元/kW。同时，驱动系统峰值功率体积密度要在 2025 年达到 33kW/L，分解到电控需要达到 100kW/L，分解到电机需要达到 50kW/L①。2020 年 6 月 1—4 日，美国能源部下属的汽车技术办公室（Vehicle Technologies Office）主办的年度绩效审查和同行评估会议（AMR）讨论了相关技术路线。这一会议一方面讨论了先进的电机技术，主要观点是通过新的创新技术来平衡电机体积、成本、性能之间的关系。另一方面讨论了控制器，主要是对 WBG 宽禁带功率器件的应用推广，这种材料比硅基功率器件有更高的开关频率、更高的工作温度和更低的成本。

3. 投资气候危机技术的应用研究

为了使美国成为气候科学创新和研发的领导者，拜登政府计划投资 350 亿美元用于气候危机的技术突破。增加 50 亿美元用于其他以气候为重点的研究，并投资 150 亿美元用于气候研究与开发优先项目的示范项目。示范项目包括公用事业规模的储能、碳捕集与封存、氢、先进核能、稀土元素分离、海上风电、生物燃料/生物产品、量子计算和电动汽车。

4. 清洁能源制造技术

通过联邦采购，快速启动清洁能源制造。联邦政府提供 460 亿美元用于支持汽车、港口、水泵和清洁材料以及诸如先进核反应堆和燃料的关键技术。增加国内制造商获得资金的机会，向国内制造商投资超过 520 亿美元，重点支持农村制造业和清洁能源。同时，促进发电现代化，发展清洁电力。为清洁能源发电和存储提供长达 10 年的直接投资和生产税收抵免。利用联邦政府采购，为联邦政府建筑提供清洁能源。

---

① 《一文读懂美国新能源汽车 2025 路线规划新进展新突破》，搜狐网，https://www.sohu.com/a/401315711_560178.

5. 电力部门振兴基础设施和建立技术工作组

一方面，政府计划投资 1000 亿美元振兴美国电力基础设施，建立更具韧性的电力传输设施，以鼓励至少 20GW 的高压电力线建设，并吸引数百亿美元的私人资本。另一方面，在电力部门建立燃煤和发电厂机构间工作组（Interagency Working Group on Coal and Power Plant Communities），以期能够更有利地帮助煤、石油、天然气和燃煤电厂在转向清洁经济的道路上获得公平，同时减少污染。

6. 交通运输系统电气化现代化改造

政府将发展电动汽车和基础设施改善作为交通部门主要目标。首先，政府计划投资 1740 亿美元促进电动车业发展，使得到 2030 年在美国建立 50 万个充电桩，替换 5000 辆柴油轿车，并将 20%的轿车电气化。在 2021 年 1 月 27 日签署的行政令中，拜登要求联邦政府机构用车应全面采购美国生产的电动汽车和其他零排放汽车。联邦机构用车目前约有 65 万辆（包括部门公务车辆约 25 万辆、军事车辆约 17 万辆、美国邮政车辆约 23 万辆），拜登的联邦车队电动化计划预计将花费 200 亿美元，可以为美国的汽车制造业提供 100 万个新就业岗位。在燃油车退出方面，在拜登发布行政令后，通用汽车宣布自 2035 年起将仅销售零排放汽车、2040 年实现全球产品和运营碳中和。在基础设施现代化改造方面，美国政府计划投资 850 亿美元对现有公交系统进行现代化改造，使联邦政府用于公共交通的资金增加一倍。另外，政府计划投资 800 亿美元解决美国国家铁路客运公司的维修需求，对拥挤的美国东北地区走廊进行现代化改造，同时通过赠款和贷款，加强铁路安全性，提高效率和电气化水平。另外，投资 250 亿美元改善机场相关基础设施，投资 170 亿美元用于内陆水道、沿海港口、陆上入境口岸和渡口等相关基础设施。

7. 加大国际气候融资计划

拜登在领导人气候峰会发布了美国有史以来第一个国际气候融资

计划，通过提供或调动资金，协助发展中国家减少和（或）避免温室气体排放，增强复原力以适应气候变化的影响。这一国际气候融资计划旨在到 2024 年将对发展中国家的气候融资增加一倍（与奥巴马政府时期相比），并在同一时间内将其适应基金增加两倍。

（四）小结

综上所述，拜登政府的碳中和实现路径主要通过联结气候变化治理和经济发展，实施行业层面的减排计划并促进国际合作，从而逐步实现美国碳中和。然而，受美国制度的影响，拜登政府所提出的气候治理的提案在参议院和众议院审议过程中可能会受到共和党议员的阻挠而难以达成。因此，美国未来的温室气体减排政策和碳中和实现路径还存在诸多变数。

四、日本

（一）日本碳中和战略核心内涵

2020 年 12 月，日本政府发布《绿色增长战略》，提出了日本将通过绿色投资加速清洁能源转型，重塑疫后经济，到 2050 年实现碳中和。在 2021 年领导人气候峰会上，日本首相菅义伟进一步宣布日本将在 2030 年实现比 2013 年降低 46%的碳排放。《绿色增长战略》对包括海上风电、氢氨燃料、核能、汽车、海运、农业、碳循环等在内的 14 个重点行业提出了绿色转型重点方向和发展目标，政府将通过财政扶持、融资援助、税收减免、监管体制及标准化改革、加强国际合作等各种手段为绿色转型提供支持。各地方政府也在积极行动，截止到 2021 年 4 月 7 日，日本已有包括东京、京都在内的 359 个地方政府作出了碳中和承诺，覆盖人口超过 1.1 亿人，占日本总人口的 86.4%，如图 2—5所示。[①]

---

① 2050 Zero Carbon Cities in Japan. Ministry of the Environment, Government of Japan. http://www.env.go.jp/en/earth/cc/2050_zero_carbon_cities_in_japan.html.

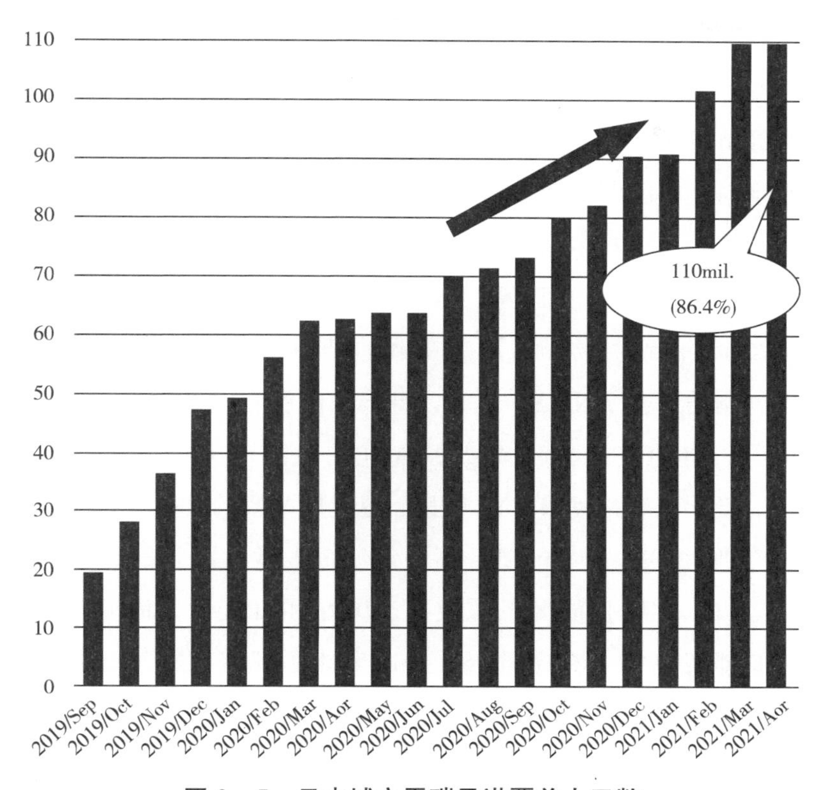

图 2—5　日本城市零碳承诺覆盖人口数

绿色增长战略是日本紧跟全球低碳产业革命，推动疫情后国内经济可持续复苏的重要举措。日本虽然在全球环境议题上态度积极，但由于其国内能源结构及产业结构的制约，相比欧美国家，日本在风力发电、光伏发电、电动汽车等领域已不具备领先优势。此次绿色增长战略对海上风电、氢能、汽车等关键领域提出了绿色转型规划，显示了日本紧跟全球低碳产业革命的决心。从国内而言，新冠肺炎疫情使得日本经济陷入前所未有的衰退，人口老龄化严重使得日本内需低迷，因此日本急需发展新动能来推动经济的可持续复苏。[①] 日本首相菅义

① 《绿色转型将成日本经济新动能》，新华网，http：//www. xinhuanet. com/energy/2021－01/13/c _ 1126976592. htm.

伟表示，2050年实现碳中和的目标，不是要制约经济增长，而是要创造经济与环境的良性循环。菅义伟上台之初就强调绿色转型，将其作为日本经济发展的重中之重。

日本对化石能源的依赖将成为其实现碳中和目标的关键障碍，推动能源结构转型是日本此次绿色转型的核心任务。日本能源和资源匮乏，高度依赖进口，1995年以来，日本国内核能占全国电力的30%左右。但2011年福岛核事故后，日本国内所有核电站都暂停。2012年，原子力规制委员会（NRA）成立，日本国内所有电站都要接受规制委员会更为严格的安全标准审查，核电在全国电力中的占比骤降至1.7%[①]，此次核事故使日本能源安全遭遇更严峻的挑战。根据国际能源署发布的《2021日本能源政策评估》报告指出，自2011年福岛核事故后，日本在增强能源系统效率、弹性和可持续方面取得了显著进展：核能发电安全有序重启、可再生能源部署规模逐步扩大、能源效率不断提升、能源结构多元化程度增强等，减少了日本对进口化石燃料的需求，促使日本温室气体排放量自2018年达到峰值后持续下降。但由于国内能源资源匮乏，日本高度依赖进口化石燃料的局面仍未改变。2019年，日本化石燃料占一次能源供应总量（TPES）的88%，在IEA成员国中排名第六位，日本发电的碳强度在IEA成员国中居于最高水平。[②] 图2—6展示了日本2019年能源系统的供需结构，石油和煤炭仍然是日本能源供应的主要来源。为推动能源清洁转型，此次绿色增长战略将能源结构转型视为重点，重点发展海上风电、氨燃料、氢能、核能四个产业，推动日本能源供应的多

① 《3·11后日本能源格局》，北极星电力新闻网，https://news.bjx.com.cn/html/20200610/1080087.shtml.

② Japan 2021 Energy Policy Review. IEA. https://www.connaissancedesenergies.org/sites/default/files/pdf—actualites/Japan_2021_Energy_Policy_Review.pdf.

样化和清洁化。

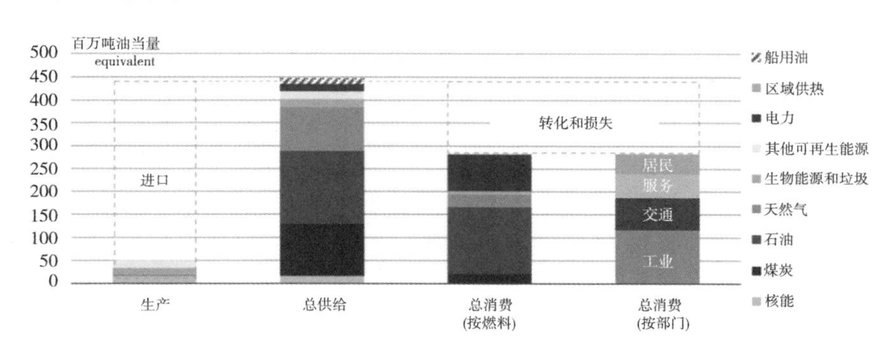

注：日本石油供给和消费高度依赖化石燃料，尤其是石油。2019年日本国内能源生产仅占日本能源总供给的12%。

图 2—6　日本 2019 年能源系统概况（按燃料及部门分类）[①]

交通运输和制造业是日本关键碳排放领域，绿色增长战略对这些关键行业的减排前景作出规划。日本经济产业省发布的《2050 年碳中和绿色增长战略》中显示，传统燃煤发电的电力行业是日本二氧化碳排放最高的行业，占比达 37%，其次是工业，占 25%，之后是交通运输业，占 17%。[②] 因此，除了在电力行业推动能源结构清洁转型，日本政府还重点布局交通运输和制造业领域的减排行动。日本是全球汽车制造大国，其汽车产业能否实现零排放对日本碳中和目标的实现有着重要影响。日本提出将在 15 年内逐步停售燃油车，采用电动汽车填补燃油车的空缺，并将在此期间加速降低动力电池的整体成本。与世界主要国家将充电式汽车定义为电动汽车的概念不同，日本提出的电动汽车是包括油电混合、氢燃料发电等不同动能的汽车在内的。此外在船舶业、航空业、港口物流等领域，日本也作出了明确

① Japan 2021 Energy Policy Review. IEA. https：//www. connaissancedesenergies. org/sites/default/files/pdf—actualites/Japan _ 2021 _ Energy _ Policy _ Review. pdf.

② Green Growth Strategy Through Achieving Carbon Neutrality in 2050. Ministry of Economy，Trade and Industry，Government of Japan. https：//www. meti. go. jp/english/press/2020/pdf/1225 _ 001b. pdf.

规划。

(二) 日本碳中和行动的产业政策

日本本着实现碳中和的同时增加日本国际竞争力和扩大海外市场的原则，在《2050年碳中和绿色增长战略》中布局14个重点产业作为未来实现碳中和的主要抓手。一是与能源供应相关的产业组团，主要包括海上风电、氨燃料、氢能、核能4个产业；二是与制造及运输相关的高碳排放产业组团，主要包括汽车和蓄电池、半导体和通信、船舶、交通物流和建筑、食品农林和水产、航空、碳循环7个产业；三是与家庭生活方式相关的产业组团，主要包括新一代建筑和太阳能、资源循环、生活方式3个产业，如图2—7所示。①

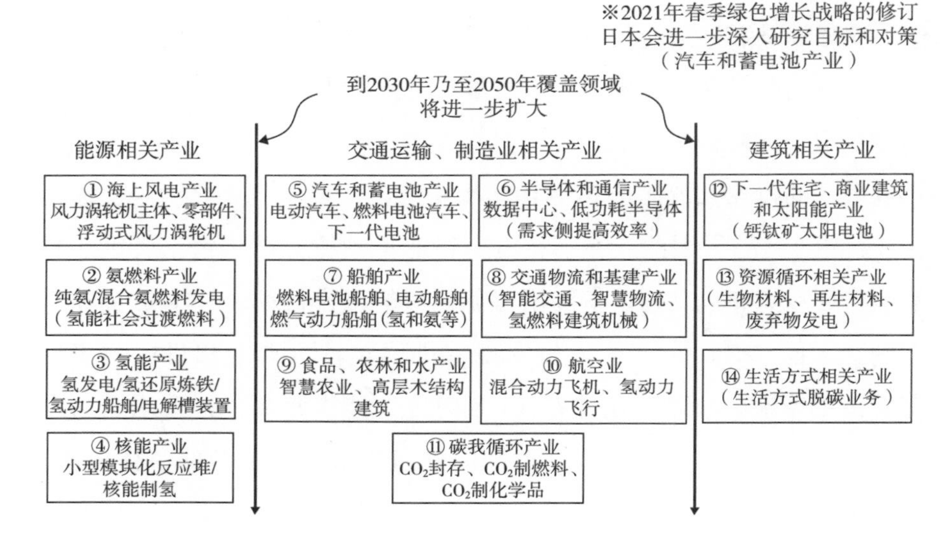

图2—7　日本实现碳中和的14个重点产业

1. 丰富能源结构，促进能源供应清洁化

日本能源结构以化石能源为主，化石燃料在一次能源消费中的比

---

① Green Growth Strategy Through Achieving Carbon Neutrality in 2050. Ministry of Economy, Trade and Industry, Government of Japan. https://www.meti.go.jp/english/press/2020/pdf/1225_001b.pdf.

重达87%以上。因此要实现碳中和，必须推进能源结构调整，减少化石燃料使用。日本计划从四个产业着手促进能源供应端的清洁低碳化。一是发展海上风电产业，制定推进包括系统、港湾等基础设施建设在内的实施方案，打造强韧的供应链，到2040年实现国内装机量30～45GW、设备国产化率60%，未来着力开发亚洲市场业务。二是发展氨燃料产业，在燃煤电厂开展20%氨混烧技术示范并商业化，以及50%氨混烧技术和纯氨发电研发，通过开发新型高效氨生产设备和构建海外供应链增强氨燃料供给能力，到2030年实现20%氨混烧技术普及化、全球氨燃料供应规模达1亿吨。三是发展氢能产业，加速涡轮氢气发电机、氢燃料电池商用车、氢能冶金的开发与应用，推动液化氢和甲基环乙烷海上运输设备大型化，并支持日产水电解装置出口欧洲，到2030年进口氢气达300万吨、成本下降2/3至20日元/立方米，到2050年氢气供应量达到2000万吨、涡轮氢气发电成本低于燃机发电。四是发展核能产业，融入国际小型模块化反应堆（SMR）产业链，利用已建成的高温气冷堆和将于2025年启动的核聚变反应堆开展高温热能制氢技术研究与示范，提高热能利用率，制造零碳氢。

2. 推广应用新技术，加快重点行业减排

交通运输、工业生产、农业畜牧业是温室气体排放的几个重要途径。日本计划通过新技术的研发应用，加快重点行业清洁能源替代、能效提升，促进资源利用效率提升和二氧化碳回收利用。交通运输方面，一是推进汽车电气化，进一步提高动力蓄电池性能并降低成本，扩大电动车和基础设施的引进，加快“出行即服务”等与用户行为变化和电动化相适应的新型服务基础设施建设，到2030年实现新车100%为电动汽车、全固态锂离子电池实用化；二是加速船舶节能减排，推动LNG燃料船的高效化和船舶领域氢、氨等零碳燃料替代，制定国际船舶能效指数及能效业绩的分级制度；三是发展低碳航空业，推动飞机装备与推进系统电动化，研发氢燃料电池飞机，提高碳纤维和陶瓷等材料性能以加速机身、发动机的轻量化和效率化；四是打造低碳物流，建设碳中和港口，发展高效率、电动化、燃料脱碳化的物流。生产制造方面，一是加快通信业数字化进程，管理绿色数据中心选址、完善新一代信息通信基础设施建设，推进半导体、数据中心、信息通信基础设施的节能减排、高性能化，在2030年实现新建数据中心节能30%以上、数据中心电力部分可再生能源化，到2040年提前实现通信业碳中和；二是提高农林渔业智能化水平，大力支持革命性技术研发，构建自产自销的能源系统，利用森林及木材、耕地、海洋实现对碳元素的长期大量储存。循环利用方面，一是实施碳回收利用，推广使用二氧化碳吸收型混凝土，通过藻类固碳并生产生物质燃料，开发高效光催化剂降低人工光合成塑料成本，推动二氧化碳分离回收成套设备商业化应用；二是普及资源循环利用，构建信息共享系统，推动塑料等制品生物化、再生材料化，扩大再生材料的应用，积极利用燃烧设施废气，加强废物发电、热利用、甲烷发酵生物气化。

3. 发展绿色产业，推动生活方式低碳化

随着低碳理念的广泛传播，近年来低碳的生活方式逐渐兴起。但目前有效的低碳工具和模式还不够多。日本计划通过相关产业的发展，降低日常生活中的碳排放。一是发展下一代住宅、商业建筑和太阳能产业，基于人工智能、物联网、电动汽车开展用户能源管理，普及周期可循环负排放住宅和商业建筑，开发以钙钛矿为代表的下一代轻薄型太阳能电池，推广使用高性能隔热材料、高效用能设备和可再生能源，扩大木材在建筑物中的使用。二是普及生活相关脱碳技术，推行住、行一体化管理，融合行为经济学与尖端技术，利用区块链构建碳交易市场，发展共享交通物流。

4. 制定政策保障，支撑碳中和行动

为促进绿色增长，日本政府制定了跨领域的政策工具，从预算、税收、金融、监管改革与标准化以及国际合作五个方面提出了实现碳中和战略的政策工具。

（1）预算（绿色创新基金）。

日本政府计划10年内设立一个2万亿日元的绿色创新基金，作为推进企业研发和资本投资的激励手段，并计划撬动15万亿日元社会资本。日本经济产业省将通过监管、补贴和税收优惠等激励措施，动员超过240万亿日元（约合2.33万亿美元）的私营领域绿色投资，力争到2030年实现90万亿日元（约合8700亿美元）的年度额外经济增长，到2050年实现190万亿日元（约合1.8万亿美元）的年度额外经济增长。

（2）税收。

日本政府计划建立促进碳中和投资和研发的税收优惠制度，预计在未来10年内撬动约1.7万亿日元的民间投资。新税法修正案对投资研发新型燃料电池、风力发电、半导体等项目的企业减免5%～10%的法人税，加大政府采购力度，预计新一年使用风能和太阳能设施比例可达30%。

（3）金融。

日本政府计划建立碳中和的转型金融体系，设立长期资金支持机制和成果联动型利息优惠制度，3年内达到1万亿日元的融资规模，大力引导尖端低碳设备投资超过1500亿日元，成立“绿色投资促进资金”提供风险资金支持，推进企业信息公开，促进脱碳融资。设立2万亿日元（约1227亿元人民币）的基金，引导社会资本加大对新能源和新科技的投资力度，鼓励海上风力发电、氢能源等先进技术出口，提高出口贸易保险额度，履赔额从90%增至100%。

（4）监管改革与标准化。

加强制定环境监管法规和碳交易市场、碳税等制度激励优先使用无碳技术，制定减排技术与设备国际标准，向国际市场推广应用。尤其在新能源行业方面，一方面要加强技术研发，另一方面要参与重点行业国际标准制定。海上风电产业重点推进新型浮动式海上风电领域的技术攻关，参与国际标准制定；氢能产业重点推进研发氢还原炼铁工艺技术、废弃塑料制备氢气技术和新型高性能低成本燃料电池技术，参与氢气输运技术国际标准制定；船舶产业积极参与国际海事组织（IMO）主导的船舶燃料性能指标修订等。

（5）国际合作。

加强与美欧在创新政策、关键技术标准化和规则制定等方面的合作，从争取市场的角度推进与新兴经济体的双边和多边合作。日本计划加强与能源输出大国的合作。氨燃料产业计划在东南亚地区扩大布局，并与氨气生产国加强合作，构建安全稳定的产业链、供应链。

（三）小结

继日本 2020 年 12 月提出 2050 年碳中和目标后，在 2021 年 4 月的领导人气候峰会上，日本首相菅义伟进一步宣布将在 2030 年实现相比 2013 年 46%的碳减排目标，这几乎是日本在 2015 年提出的 2030 年相比 2013 年减排 26%目标的两倍。尽管日本政府不断强调绿色转型的重要性和实现碳中和的决心，但在日本现有的能源结构和产业结构下，要在 2030 年和 2050 年分别实现 46%的减排和碳中和目标仍然困难重重。国际能源署发布报告称日本能否顺利实现碳中和战略目标很大程度上有赖于技术创新和政策措施，并建议日本尽快制定和出台支撑 2050 年碳中和目标的能源战略和路线图；建立价格信号以进一步激发能源产业各利益相关方投资高效低碳技术的热情；鼓励业界加强对电网的投资，增强电力供应安全；推进电力和天然气市场改革，使电力和天然气市场监督委员会成为更加独立的监管机构[①]。

① Japan 2021 Energy Policy Review. IEA. https：//www. connaissancedesenergies. org/sites/default/files/pdf－actualites/Japan _ 2021 _ Energy _ Policy _ Review. pdf.

五、其他国家

关于其他国家的动向，下面将主要关注英国、巴西、智利和斐济的碳中和政策和技术策略，分别体现了发达国家、发展中国家和气候脆弱型小岛屿国家在碳中和上的决心和行动。作为美国、欧盟、日本之外积极实施碳中和策略的发达国家，英国从立法层面和技术层面积极地部署碳中和策略，从而进一步提振“后脱欧时代”英国的国际影响力。在发展中国家方面，巴西提出了明确的中长期减排目标，但行业减排措施有待细化。智利在提出碳中和目标的基础上，对电力部门的脱碳制定了相关路径。另外，斐济作为气候脆弱型的小岛屿国家，在电力部门、交通部门、农业和土地利用部门减排方面提出相关情景，并需要通过国际资金转移来进一步促进碳中和目标的达成。

（一）英国——立法层面对碳中和持坚定的态度，决心成为碳中和领导者

在新冠肺炎疫情肆虐和脱欧背景下，英国决心通过“绿色工业革命”和“气候变化外交”实现碳中和经济复苏的双赢，不断提升国际影响力。一方面，新冠肺炎疫情给英国造成了较为严重的经济衰退问题，为了从促进就业、提升区域发展不平衡以及推动产业升级等方面提振经济，英国将“清洁增长”视为重大发展机遇和新工业战略核心。通过“绿色工业革命”在实现碳中和的过程中带来更多就业、经济增长、国民收入及优惠可承受的能源价格。另一方面，在经历了 4 年半的脱欧历程后，2020 年 12 月 31 日，英国结束了“脱欧”过渡期，正式脱离了欧盟共同市场。为了在“脱欧”之后塑造独立、领先的“全球化英国”形象，英国旨在通过“气候变化外交”确立英国在碳中和领域的领导者地位。2021 年 11 月，联合国气候变化峰会（COP26）将在英国格拉斯哥举行，以这次全球性会议为契机，英国也决心最大

化发挥并进一步提振“后脱欧时代”英国的国际影响力。

英国在立法层面保证 2050 年实现碳中和。英国的碳中和目标为 2035 年使碳排放水平比 1990 年减少 78%，2050 年所有温室气体实现净零排放，在应对全球气候变化和确定碳中和目标上处于世界领先地位。2008 年，英国颁布《气候变化法》；2019 年 6 月，英国新修订的《气候变化法》生效，从立法层面正式确立到 2050 年实现温室气体“净零排放”，即实现碳中和的目标。这一行动使得英国成为全球首个以国内立法形式确立净零碳排放目标的国家。英国将以《气候变化法》为基础、以清洁增长作为现代工业战略的核心，实现到 2030 年“绿领工作”数量增长到 200 万，低碳经济的出口价值增长到每年 1700 亿英镑的目标。[①] 同时，为了进一步确保英国实现 2050 碳中和目标，英国首相在 2020 年 12 月 4 日宣布了新的中期减排目标，即到 2030 年，英国温室气体排放在 1990 年的基础上下降 68%。这一目标是英国“脱欧”后的第一个气候承诺，同时这一承诺也是在 2020 年 12 月 12 日英国联合举办气候雄心峰会（Climate Ambition Summit）和《巴黎协定》5 周年前夕提出，具有重要的时间意义。[②] 2021 年 4 月 22 日，英国首相约翰逊在全球领导人气候峰会上又一次更新了中期减排目标，英国计划到 2035 年使碳排放水平比 1990 年减少 78%，成为迄今为止全球主要经济体中“最大幅度的减排承诺”。

英国从 10 个方面为实现中期目标和碳中和提供行业层面技术策略和资金支持。2020 年 11 月，英国发布《绿色工业革命十点计划》（The Ten Point Plan for a Green Industrial Revolution），从电力部门

① UK becomes first major economy to pass net zero emissions law. The UK Government. https://www.gov.uk/government/news/uk—becomes—first—major—economy—to—pass—net—zero—emissions—law.

② UK sets ambitious new climate target ahead of UN Summit. The UK Government. https://www.gov.uk/government/news/uk—sets—ambitious—new—climate—target—ahead—of—un—summit.

（包括风电、核电和氢能 3 点）、交通部门（包括电动汽车、公共交通、骑行和步行以及喷气飞机零排放 3 点）、建筑部门、CCUS 投资、自然环境保护、绿色金融和创新 7 方面提出 10 点技术策略以实现碳中和目标的路径。

1. 风电技术

风电技术包含推进海上风电和建造相关基础设施。英国政府计划到 2030 年生产并使用 40GW 的海上风电，包括 1GW 的创新型浮动海上风电（innovative floating offshore wind），并到 2030 年使得浮动海上风电规模扩大到现有规模的 12 倍，从而吸引 200 亿英镑的私人投资进入英国，并在未来 10 年内使该行业的工作岗位增加一倍。同时，英国将改造能源系统，建设更多的网络基础设施，加快研发能源存储等智能技术，同时投资 1.6 亿英镑用于现代化港口和制造基础设施。

2. 核电技术

核电技术主要针对交付新的和先进的核电。英国在核电方面将进一步加大资金投入用于技术研发。英国将创建 3.85 亿英镑的先进核基金（Advanced Nuclear Fund），其中 2.15 亿英镑用于小型模块化反应堆（Small Modular Reactors）的技术研发，旨在应用于国内较小规模电厂；1.7 亿英镑的资金用于研发高级模块化反应堆（Advanced Modular Reactors）。

3. 低碳氢技术

英国计划到 2030 年发展 5GW 的低碳氢生产能力，创造大约 8000 个工作岗位。这将得到一系列措施的支持。在资金方面，英国计划投入 2.4 亿英镑创建净零氢基金（Net Zero Hydrogen Fund），并在 2022 年提出氢业务模式和收入机制，引导私人资本进入。通过大规模生产低碳氢，将有助于构建更有韧性的供应链，帮助工业供热、电力、运输等层面实现向净零排放的转变。

4. 交通领域技术

交通部门技术策略主要针对加速向零排放车辆转变以及促进研发零排放飞机和绿色轮船。在零排放车辆方面，英国计划到 2030 年终止销售新的汽油和柴油汽车以及货车，所有车辆到 2035 年实现 100%零排放。英国计划提供 10 亿英镑的资金用于建立世界领先的电动汽车供应链并投资 13 亿英镑以用于完善充电基础设施。在航空和轮船方面，英国将向 FlyZero 投资 1500 万英镑用于设计和开发零排放飞机。同时，英国也进一步关注航空燃料和轮船燃料替代的议题。

5. 建筑部门

建筑部门主要通过提升房屋标准和供暖升级促进低碳发展。一方面通过提高未来房屋的建筑标准提升新建筑的能效水平；另一方面通过“房屋升级补助金”升级供暖系统，以提高房屋的能源效率并取代化石燃料取暖。

6. CCUS

英国计划在 10 年间加速 CCUS 建设和应用。具体来说，英国计划在 2025 年前在两个工业集群中建立 CCUS，并计划到 2030 年完成 4 个 CCUS 集群的部署，预计每年捕获、使用与封存 10MtCO_2eq。

7. 绿色金融与创新

英国将技术研发投入、资金援助和气候投融资作为绿色金融和创新的主体。为了加快电力、建筑和工业领域的创新型低碳技术、促进系统和工艺的商业化，英国计划投入 10 亿英镑针对上述 10 个优先领域。在资金援助方面，英国目前已承诺投入 1.7 亿英镑支持拉丁美洲、非洲和亚洲的绿色复苏。在气候投融资方面，英国计划在 2021 年发行首个主权绿色债券，为可持续项目提供资金，为急需的基础设施投资提供资金，并在全国范围内创造绿色就业机会。并在 2025 年引入强制性报告与气候相关的金融信息从而更好地监督企业和引导投资。①

综上所述，英国作为气候行动的积极践行者和推动者，提出了雄心勃勃的碳中和目标以及较为详细的中期目标和行业策略，并将碳中和提升到了法律层面，为其他国家制定碳中和路径提供了一定参考价值。

（二）巴西——中长期减排目标明确，行业减排措施有待细化的金砖国家成员国

巴西的碳中和目标是到2050年实现碳中和，同时包含2025年和2030年分别将温室气体排放量在2005年的基础上减少37%和43%的中期目标。这一碳中和目标是2021年4月22日巴西总统博索纳罗在参加领导人气候峰会时更新的承诺，将巴西在2020年12月8日首次提出的2060碳中和目标提前了10年。另外，巴西在首次提出碳中和之后，在2020年12月9日向UNFCCC提交了更新后的NDC目标，包含了2025年和2030年的中期目标，以及为促进气候变化减缓而将要实施的具体项目、措施和行动。②

在气候变化减缓措施方面，巴西对部分行业提出相关减排策略。

1. 清洁能源广泛应用

2019年，可再生能源占巴西发电量的83%、汽车燃料消耗的46%和一次能源的41%，处于世界领先水平。风能、太阳能和生物质能占发电装机容量的19%，并且正在经历快速增长。在国家生物燃料政策（RenovaBio）的支持下，巴西用于运输的生物燃料的产量一直在增长。水力发电基础设施占全国装机容量的64%，是弥补风能、太阳

---

① The Ten Point Plan for a Green Industrial Revolution. Department for Business, Energy & Industrial Strategy, the UK government. https://assets.publishing.service.gov.uk/government/uploads/system/uploads/attachment_data/file/936567/10_POINT_PLAN_BOOKLET.pdf.

② Brazil's Nationally Determined Contribution（NDC）. UNFCCC. https://www4.unfccc.int/sites/ndcstaging/PublishedDocuments/Brazil%20First/Brazil%20First%20NDC%20（Updated%20submission）.pdf.

能和生物质能间歇性和季节性的最佳技术解决方案。

2. 实施低碳农业计划

低碳农业计划（The Low Carbon Agriculture Plan，ABC）已拨款约 170 亿巴西雷亚尔用于农业和畜牧业的各种缓解措施，如恢复退化的牧场、生物固氮、增加土壤中有机物的积累、免耕制度、农作物—畜牧—林业一体化、农林业系统等。

3. 土地保护

由于巴西有 30%的领土被保护区覆盖（包括保护单位和原住民土地），巴西出台了土地使用法律，要求土地所有者除了保护河岸森林和其他脆弱的生态系统外，还应保留其各自财产区域的 20%～80%。在这一法律下，巴西的保护区强制划出的保护区和保护区的总和将占巴西领土的 60%以上。

4. 建立碳市场

巴西政府通过“Floresta＋”计划制定了一项雄心勃勃的创新政策，以支付环境服务费用。该计划包括一个自愿碳市场，以促进对森林保护项目的投资。

5. 资金援助需求

到 2021 年，巴西政府认为每年至少需要 100 亿美元，以应对其面临的众多挑战，包括在各种生物群落中保护本地植被。同时，财政转移支付也将为实现碳中和提供积极影响。

综上所述，巴西制定了明确的中期目标和碳中和目标，但是相关减排技术和减排路径仍大多聚焦在电力部门清洁化和第一产业上，工业部门的减排措施需要进一步明确和细化。

（三）智利——气候决心坚决，具体目标和规划有待细化的发展中国家

智利的碳中和目标是到 2050 年实现碳中和。智利总统塞巴斯蒂安·皮涅拉（Sebastian Piñera）在 2019 年 6 月提出这一目标，这一目

标进一步深化了智利在 2015 年 9 月提交的国家自主贡献目标（National Determined Contribution，NDC）。2020 年 4 月，智利政府向联合国提交了一份《智利 NDC 更新 2020》（Chile's National Determined Contribution UPDATE 2020），重申了其长期目标，并提出相应的中期目标。《智利 NDC 更新 2020》中提出智利的绝对排放量到 2030 年达到 95MtCO2eq，碳排放在 2025 年达峰。在黑碳排放量方面，到 2030 年黑碳排放量在 2016 年的基础上降低 25%。

智利在部门行业层面提出了减排思路，但减排技术路径有待细化。

1. 电力部门

由于智利约 40%的电力来自 28 个燃煤发电站，为实现碳中和目标，智利旨在未来 5 年内启动关闭 8 个燃煤电站的进程，并计划到 2040 年完全转向可再生能源，并到 2050 年完全实现碳中和。

2. 海洋与湿地保护方面

智利计划在 2020—2025 年创建的所有海洋保护区（marine protected areas，MPA）都将有专门的 MPA 管理计划。在湿地方面，到 2025 年，智利将重点保护 20 个沿海湿地，同时到 2030 年，追加保护另外 10 个沿海湿地。在泥炭地方面，智利计划到 2025 年构建全国清单，并到 2030 年制定指标评估泥炭地的气候变化的减缓和适应能力。

3. 林业

智利致力于可持续发展和恢复 20 万公顷的本地林地以增加森林碳汇。到 2030 年，使得智利每年减少约 60 万吨的二氧化碳当量。同时，智利已同意重新造林 10 万公顷，其中大部分为本地树种。到 2030 年，其封存量预计达到每年约 90 万吨和 120 万吨二氧化碳当量。这一承诺将在扩大第 701 号法令并批准新的林业促进法的前提下进行。在防火和景观恢复方面，智利旨在加强防火管理，加强原生植物的植物检疫保护；2021 年启动国家景观尺度恢复计划，到 2030 年，将 100 万公顷土地纳入景观恢复过程。

4. 气候变化适应

智利将进一步增加以性别为重点的弱势群体风险评估，维持水与卫生承诺［所有新的水基础设施（水库）在评估中都必须考虑保护人口，并在有风险的情况下优先考虑人类的消费，同时实施国家灾害风险管理政策］。[①]

综上所述，智利有明确的碳中和目标，并将改善民众生活质量和保护环境作为向低排放、耐气候变化发展转变的重点。但智利仅对于电力部门脱碳和森林固碳方面有较为详细的行业策略，在具体减排措施上需要进一步展现行动力。

（四）斐济——气候脆弱性小岛屿国家，需要技术和资金援助实现碳中和

斐济的碳中和目标为到2050年其经济的所有部门实现零碳排放。作为小岛屿发展中国家（Small Island Developing State，SIDS），斐济是最容易受到气候变化影响的国家之一。在气候变化议题上，斐济作为气候脆弱性国家的代表，在国际气候行动中的多个方面都展现出了积极性，例如：斐济成为第一个批准《巴黎协定》的国家，并担任《联合国气候变化框架公约》（UNFCCC）第二十三届缔约方会议（COP23）主席国。2019年2月25日，斐济成为第11个向UNFCCC秘书处提交长期战略（Long－term Strategy，LTS）的国家。这份名为《斐济低排放发展战略2018—2050》（Fiji Low Emission Development Strategy 2018—2050，LEDS）的文件中明确提出到2050年斐济经济的所有部门实现零碳排放的碳中和目标。

基于情景分析，斐济的低排放发展策略（Low Emission Development Strategy，LEDS）采用系统的自上而下和自下而上的方法来制定

① Chile's National Determined Contribution UPDATE 2020. UNFCCC. https://www4.unfccc.int/sites/ndcstaging/PublishedDocuments/Chile% 20First/Chile's _ NDC _ 2020 _ english.pdf.

整个经济领域逐部门的脱碳计划。LEDS 中构建了斐济达到碳中和目标的四种潜在低排放情景。一是基准情景（BAU Unconditional Scenario）：指无需依赖外部或国际融资就可以实施和融资的政策、目标和技术。二是有条件的基准情景（BAU Conditional Scenario）：指需要依赖于外部或国际资金来实施减缓措施。三是高雄心情景（High－Ambition Scenario）：超出既定目标，与 BAU 方案相比，到 2050 年实现了大幅度的减排。四是超高雄心情景（Very High Ambition Scenario）：指远远超出了既定目标，到 2050 年，大多数行业的排放量将达到净零排放或负排放。LEDS 基于上述情景开发了逐部门的脱碳途径，以实现每个部门的脱碳。LEDS 主要关注气候变化减缓过程，而不是适应过程。其重点关注的部门包含：电力部门、交通部门、农林部门和其他土地利用（AFOLU）。由于斐济工业行业的总排放量很小，LEDS 并未考虑斐济工业过程的排放量。

1. 电力部门

斐济电力部门的目标明确，旨在促进用能转型。斐济的电力以多种可再生能源发电为基础，实现能源使用的彻底转型，建设可再生能源和智能电网，以及建设太阳能、水力、生物质能、风能、废物转化能源、沼气、地热和能源储存设施。到 2050 年，斐济计划安装 272 兆瓦太阳能光伏（含屋顶光伏）、200 兆瓦的风力发电、166 兆瓦的生物质发电，新增 285 兆瓦的水电、150 兆瓦的地热。

2. 交通部门

斐济主要关注陆路运输、海上运输和航空运输。陆路运输计划向混合动力和电动汽车过渡，同时促进公共交通和非机动交通系统，推广（混合）动力汽车（HEVs）和公共交通。海上运输主要构建海洋运输脱碳行动计划，从 2 冲程发动机过渡到 4 冲程发动机。在航空运输方面，计划使用更有效率的飞机取代国内机队，同时加快过渡到生物喷气燃料的步伐。

3. 农林部门和其他土地利用（AFOLU）

斐济计划减少森林砍伐、增加种植生产力、大量植树造林并对斐济的海草草甸进行碳封存研究。在循环经济方面，斐济计划实施减少—再利用—再循环的3R政策，尽量减少垃圾填埋，并设置废物转运站，为有机废物分类及将有机废物从堆填区转移提供机会。在保护和促进沿海湿地方面，斐济计划通过红树林管理计划，对红树林进行广泛的测绘，同时建立红树林和海底草的实地研究。[①]

综上所述，斐济作为一个极易受到气候变化影响的小岛屿发展中国家，提出了十分积极的碳中和目标。然而，受到经济和科技发展的制约，斐济的长期发展战略一方面仅模拟分析了各种情景下的技术需求，没有提出具体的技术路径；另一方面，斐济在情景设定中强调了对于外部资金的需求，将减排效果建立在外部资金充分提供的背景下。因此，斐济的未来减排情况会受到气候投融资情况的较大影响（包括国内和国际的私人和公共资金），减排前景具有较大的不确定性。

① FIJI Low Emission Development Strategy 2018－2050. UNFCCC. https：//unfccc.int/sites/default/files/resource/Fiji_Low%20Emission%20Development%20%20Strategy%202018%20－%202050.pdf.

第二节 城市和次国家区域

政府间气候变化专门委员会（IPCC）的《全球温控 1.5℃特别报告》[①] 指出，避免气候变化给人类社会和自然生态系统造成不可逆转的负面影响，需要各国共同努力，在 2030 年实现全球净人为 CO_2 排放量比 2010 年减少约 45％，在 2050 年左右达到净零。因此，中国以及全球碳中和愿景与以 1.5℃目标为导向的长期深度脱碳转型路径相对应，这一愿景的实现需要在能源、土地、城市和基础设施和工业系统方面进行快速、深远和前所未有的变革，并尽快促使人才、资本朝着碳中和技术创新和市场化推广应用方向快速汇集。[②]

一、城市是碳中和行动的重要主体

城市既是以上碳中和路径关键要素的重要汇集区，也是碳排放的主要来源，城市碳中和行动直接关系着中国以及全球碳中和愿景的实现。目前，全球超过 50％的人口居住在城市，城市生产生活消耗了全球 75％的能源，在全球温室气体排放中占到 75％。随着城市化的快速发展，到 2050 年城市人口预计将增加 25 亿～30 亿，占世界人口的 2/3。[③] 而城市的扩张、人口的增加、土地利用形式的变化意味着城市在碳中和行动中具有巨大的减排潜力。根据城市气候领导小组（C40）研究报告，已承诺碳中和或深度减排目标的城市有望在 2020—2030 年间减少 19 亿吨温室气体排放，其减排量相当于欧盟年排放量的一

---

① Global Warming of 1.5℃. IPCC. https：//www.ipcc.ch/sr15/.

② 王灿、张雅欣：《碳中和愿景的实现路径与政策体系》，《中国环境管理》2020 年第6 期。

③ C40 CITIES. “Why cities?”.

半。[①] 与此同时，应对气候变化的积极行动具有空气污染治理、生态环境改善等协同效益，为城市促进经济发展、提高健康水平以及增强城市韧性等带来新机遇。因此，城市在社会经济低碳发展中肩负着重要责任，探索城市碳中和路径对中国 2060 年碳中和目标的实现意义重大。

二、城市碳中和行动进展

国际上已有许多城市将深度减排、碳中和、低碳绿色等理念纳入城市发展战略。目前在全球范围内，至少 823 个城市不同程度地承诺碳中和目标（即承诺的碳排放覆盖范围不同）。[②] 这些地区人口总和约为 8.46 亿，占全球人口的 11%，且这些城市主要集中在欧美地区。其中 43%的碳中和城市制订了相关的行动计划，而大约 24%的碳中和城市将零净目标纳入了正式的政策和立法。[③] 此外，大量城市已在电力、供热/制冷和运输等部门设定了可再生能源目标，其中约有 250 个城市设定了 100%可再生能源的目标。[④] 一些减排先行城市形成具有影响力的碳中和行动联盟，如碳中和城市联盟（CNCA）、城市气候领导小组（C40）、环境倡议理事会（ICLEI）等，以推进其成员城市的碳中和以及深度减排行动。其中 CNCA 由全球 22 个率先承诺碳中和目标的城市组成，这些城市从 2014 年开始陆续提出及更新目标，并致力于在未来 10—20 年内实现碳中和。C40 包含了全球 97 个大型城市，覆盖了 7 亿多城市人口和 1/4 的全球经济，该联盟通过制定减排行动

---

① New Analysis Shows World's Major Cities on Track to Keep Global Heating to 1.5℃. C40 cities. https：//www. c40. org/press _ releases/new－analysis－world－cities－on－track.

② NEWCLIMATE INSTITUTE & DATA－DRIVEN ENVIROLAB. Navigating the nuances of net－zero targets.

③ NEWCLIMATE INSTITUTE & DATA－DRIVEN ENVIROLAB. Navigating the nuances of net－zero targets.

④ Renewables in Cities：2019 Global Status Report. REN21. https：//www. ren21. net/reports/cities－global－status－report/.

规范、项目试点、经验交流等，帮助成员城市进行深度减排。ICLEI 则包括超过 1750 个致力于城市可持续发展的地方政府组织，其中超过 100 个城市已经致力于碳中和。

三、城市、次国家区域碳中和规划研究

目前，大量研究对于碳中和的目标、含义、愿景、路径展开广泛讨论。城市层面的相关研究往往关注单一城市碳中和行动，讨论其碳中和规划的制定或评估长期规划方案的效果及影响。[①②③] 全球范围内，芬兰首都赫尔辛基市承诺于 2035 年实现碳中和，研究基于回溯分析发现该市碳中和目标具有极大挑战性，需要通过发展可再生能源来解决区域供暖、交通等主要排放来源，此外提高公众认识、引导行为改变也将影响长期减排行动。[④] 世界资源研究所基于城市现状和预期发展趋势，分别设计了中国香港[⑤]、苏州[⑥]、成都[⑦]、镇江[⑧]等城市的长期碳中和路线图，针对产业结构、能源结构、工业、建筑、交通和其他领域提出了政策建议。一些研究则广泛地提出城市碳中和行动的可行措施。例如，落基山研究所针对城市净零碳目标提出了 22 项行动建

---

① DAHAL K，NIEMELÄ J. Initiatives towards Carbon Neutrality in the Helsinki Metropolitan Area：3. Climate，2016，4（3）：36. DOI：10. 3390/cli4030036.

② GRIFFITHS S，SOVACOOL B K. Rethinking the Future Low－Carbon City：Carbon Neutrality，Green Design，and Sustainability Tensions in the Making of Masdar City. Energy Research & Social Science，2020，62：101368. DOI：10. 1016/j. erss. 2019. 101368.

③ 潘家华、庄贵阳：《厦门市低碳城市创新发展研究》，社会科学文献出版社 2018 年版。

④ EWCLIMATE INSTITUTE & DATA－DRIVEN ENVIROLAB. Navigating the nuances of net－zero targets.

⑤ WRI. Towards a Better Hong Kong：Pathways to Net Zero Carbon Emissions by 2050.

⑥ 刘苗苗、邱言言、蒋小谦等：《苏州市碳排放达峰路径优化与 2050 长期愿景》，世界资源研究所，2020 年 8 月 17 日。

⑦ 世界资源研究院（WRI）清华四川能源互联网研究院：《成都市低碳发展路径研究报告》。

⑧ 世界资源研究院（WRI）国家应对气候变化战略研究和国际合作中心：《镇江市碳排放总量控制工作方案研究研究报告》。

议，其中主要关注建筑、交通、电力等城市主要排放部门的减排措施。[①] 此外，能源系统也是城市碳中和行动关注的重点领域，落基山研究所提出了“以零碳为目标的综合能源规划”的理论框架、方法论、应用场景以及减排潜力，为城市实现碳中和目标提供了战略参考。[②]

国际上也有次国家地区部署较为成熟的碳中和计划，下面以加利福尼亚州及纽约市为例进行介绍。

加利福尼亚州碳中和计划和政策

美国加利福尼亚州一直以来以低碳环保的政策闻名。加利福尼亚州于2006年通过了控制温室气体排放的AB32法案，为控制温室气体排放确立了坚实的法律基础。根据法案要求，加利福尼亚州2020年的温室气体排放要回归到1990年的水平。2016年9月30日，加利福尼亚州通过了SB32法案，该法案是AB32的延续，它提出，到2030年将加利福尼亚州的温室气体排放在1990年的基础上减少40%，并到2050年实现加利福尼亚州温室气体排放量在1990年基础上减少80%以上。2012年加利福尼亚州和加拿大魁北克省实现了碳市场的链接。2018年9月5日，加利福尼亚州又提交了关于全面将REDD纳入加利福尼亚州碳排放交易系统的草案。如果这一草案得以实施，加利福尼亚州将成为第一个认可REDD这种碳信用额度的碳市场。

近期，加利福尼亚州政府颁布了一系列碳减排政策，包括：大幅减少包括黑碳和甲烷在内的破坏性超级污染物；推广清洁交通，到2030年减少45%的石油使用量；到2030年零排放汽车数量达到500万辆；实行低碳燃料标准，到2030年将燃料的碳强度降低到目前的一

① 落基山研究所：《零碳城市手册》。

② 落基山研究所：《以零碳为目标的综合能源规划》。

半；到 2045 年各行业实现全部使用清洁能源；建筑节能率提高一倍；扩大和改善目前的碳排放总量控制与交易计划；将总量控制与交易基金用于有利于弱势社区的温室气体减排项目；制订森林碳计划，对林地进行更规范的管理（图 2—8）。

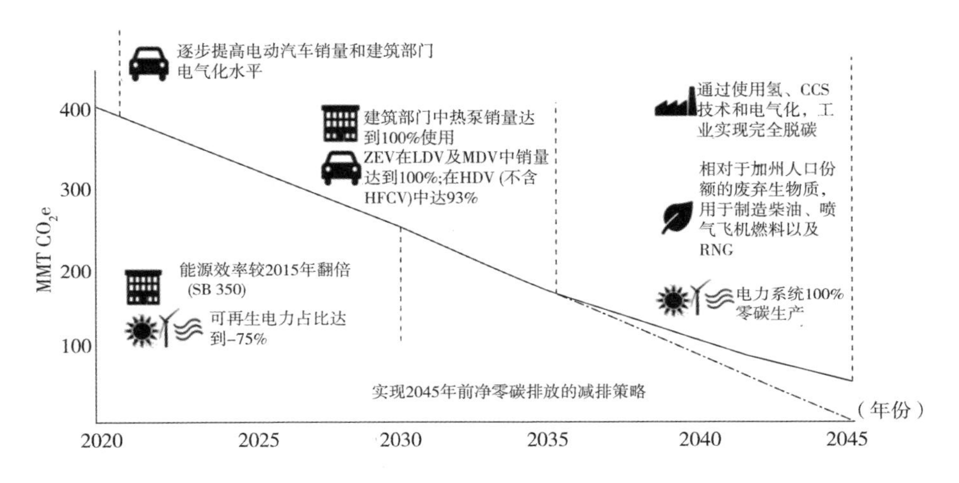

图 2—8　美国加利福尼亚州碳中和路径①

2018 年 9 月，加利福尼亚州前州长杰里·布朗签署了 B—55—18 行政命令②，宣布加利福尼亚州将加快碳减排进度，尽快并不迟于 2045 年实现碳中和，在 2045 年后保持净负排放。这一碳中和目标是在加利福尼亚州现有气候承诺的基础上制定的，即到 2030 年将温室气体排放量比 1990 年水平减少 40%，到 2050 年将温室气体排放量比 1990 年水平减少 80%。除此之外，加利福尼亚州的碳中和行政命令还描述了气候行动的其他目标，包括改善空气质量、气候适应和生物多样性，提高城乡社区（包括低收入和弱势社区）的健康和经济恢复能力，实现自然土地和耕地的碳封存目标，以及争取大学、企业、投资

① Achieving Carbon Neutrality in California — Report. California air resources board. https：//ww2. arb. ca. gov/our—work/programs/carbon—neutrality.

② EXECUTIVE ORDER 8—55—18 TO ACHIEVE CARBON NEUTRALITY. State of California. https：//www. californiabiodiversityinitiative. org/pdf/executive—order—b—55—18. pdf.

者和社区的支持参与。

加利福尼亚州的减排立足于优先从源头减少排放，同时最大化增加碳汇。在相关研究的基础上，加利福尼亚州将碳中和愿景进一步落到实处，指出了一系列“最不可能后悔”的减排行动：提高建筑、工业和农业部门的能源效率；增强交通和建筑部门的电气化程度；实现零碳电力；为难以电气化、难以脱碳的行业投放零碳燃料；减少非燃烧排放；投资研究二氧化碳去除（CDR）技术。具体而言，在交通方面，到 2035 年，零排放轻型汽车的销量提高 100%；到 2045 年，零排放中、重型汽车销量提高 100%。在建筑方面，到 2035 年，电力家用电器的销售额提高 100%；结束对新增商用和民用建筑化石燃料基础设施的补贴。在电力方面，加快在 2045 年前实现零碳电力的目标。在减少排放方面，优先部署 CCS 和直接空气捕获。开发生物质和废弃物的非燃烧用途。提高森林的复原能力，减少发生灾难性自然火灾的可能性。

虽然加利福尼亚州在减少温室气体排放方面取得了进展，并完成了到 2045 年实现碳中和的路径研究，但各行业的绿色环保政策还需进一步更新完善，以适应 2045 年的碳中和目标。

值得思考的是政府的碳中和行政命令与相关气候变化情景研究是如何互相影响的。加利福尼亚州空气资源委员会（CARB，California Air Resources Board）在加利福尼亚州气候政策中扮演重要作用，其为加利福尼亚环境保护局下属部门之一，负责加利福尼亚州空气质量法规的建立以及主要温室气体减排计划的开发和监督。CARB 及其他机构持续进行气候路径研究，在碳中和命令发布后，为更新 2022 年的范围计划，CARB 对可实现碳中和的路径进行了专题研究，为未来发展提供了指导。[①]

---

① Achieving Carbon Neutrality in California — Report. California air resources board. https：//ww2. arb. ca. gov/our—work/programs/carbon—neutrality.

纽约市碳中和计划和政策

纽约市是美国人口最密集、经济最发达的城市。纽约作为美国的大都市，社会经济特征（第三产业为主、电力依赖外部输入、公共交通发达、经济技术发达等）均与我国城市十分相似，因此纽约市的减排方案对我国城市具有重要的借鉴意义。纽约市一直将气候变化的减缓和适应放在重要位置。2008 年起，纽约市长就开始了对城市的适应性建设，并投资 200 亿美元建设气候适应型城市。

2017 年 10 月 3 日，纽约市长正式宣布，纽约市将在 2050 年实现碳中和，并出台了 2017—2020 年的低碳政策——《纽约市巴黎协定履约计划》[①]，承诺 2050 年减排 80%，规定了 127 项减排行动，成为全球第一个承诺履行《巴黎协定》的城市。预计在该计划的政策设计下，纽约市将能够在 2030 年（相比 2005 年的基准年）减排温室气体 1000 万吨二氧化碳排放当量（CO_2e）。具体而言：推行建筑减排。纽约将强制规定建筑能效标准，立法要求所有大型建筑在 2030 年前将化石燃料的使用限制在强度目标以下。此外，纽约还将强制进行市政建筑改造，对于新建筑采用新的能源标准，为节能建筑提供融资和技术支持。

交通方面，纽约市将支持地铁和公共汽车系统的改善，增加新的受保护的自行车道里程，并扩大自行车份额，到 2020 年将活跃的自行车手人数增加一倍，限制污染最严重的车辆进入该市。

生物质方面，进行城市有机废物的回收，避免其进入填埋场发酵产生甲烷。

---

① ALIGNING NEW YORK CITY WITH THE PARIS CLIMATE AGREEMENT. The Official Website of the City of New York. https：//www1. nyc. gov/assets/sustainability/downloads/pdf/publications/1point5－AligningNYCwithParisAgrmt－02282018 _ web. pdf.

能源方面，纽约市将致力于用100%的可再生电力为其运营提供动力，努力将可再生能源纳入纽约市的能源供应，鼓励电动汽车的发展。

在2017年履约计划颁布后，2018年纽约市颁布了《气候动员法案》，规定了2030年减排40%、2050年减排80%的目标，并通过一揽子法案的规范实现该目标；2019年，纽约市颁布了《一个纽约市》（One NYC）的2050长期发展战略，其中包含：100%清洁电力；实现碳中和、弹性基础设施、清洁就业机会和气候公正等。《气候动员法案》和《一个纽约市》均为中长期低碳发展的政策性文件，其中《气候动员法案》为具体的低碳政策提供法律基础，《一个纽约市》为纽约市未来的长期低碳发展绘制了社会图景。

总体而言，《巴黎协定履约计划》、《气候动员法案》和《一个纽约市》规划一脉相承，层层深入地将低碳政策固定在政策体系中，进而体现在城市的发展指导思想中。纽约市的零碳规划是社会体系层面的深刻变革，我国城市在制定低碳规划时也应考虑将低碳发展作为指导纲领和民众思想基础，使碳中和的概念深入人心。

第三节　行业和企业

人为温室气体主要由生产、生活活动排放，生产活动源主要是企业，而生活活动主要源于居民。本节主要讨论企业和行业的生产活动的碳中和现状。

一、全球行业碳中和响应

全球的钢铁、水泥、电力、交通等高耗能行业中均有企业加入碳中和。可以说，目前几乎所有行业均开始研发碳中和技术方案和路径。

企业是提出碳中和承诺、实施碳中和行动的主体，目前很多企业正在通过结成行业联盟的形式研究碳中和路径，推动全行业低碳转型。在全球各国碳中和承诺推动的投资、政策、上下游产业链企业的引导下，各行业企业碳中和已成为必然趋势。然而，单个企业的碳中和技术和行动探索需要较高的成本和门槛，因此全球较多重点企业选择通过自发形成碳中和倡议的方式共同探索碳中和路线，并号召行业内其他企业也加入碳中和行动，保证整个倡议联盟的企业均向碳中和目标努力。

行业尺度碳中和案例——世界水泥协会（GCCA）

目前，全球行业进行了广泛的自下而上的碳中和承诺。2020 年 9 月，全球水泥和混凝土协会发布《水泥和混凝土行业 2050 气候目标声明》，号召全行业实现碳中和目标。世界水泥协会（Global Cement and Concrete Association，GCCA）是世界著名的水泥企业行业协会，其在 2018 年由水泥行业的九大公司共同成立，旨在促进行业可持续发展，促进建筑行业的价值链创新。《水泥和混凝土行业 2050 气候目标声明》指出了水泥行业实现碳中和的六个重点行动：降低能源的直接排放，发展垃圾焚烧发电等技术；尽量使用可再生能源，减少能源的直接排放；通过新技术和大规模 CCUS 技术降低过程排放；降低水泥中煤渣的含量和混凝土中的水泥含量，实现水泥高效利用；废水泥再处理后回收利用；提升水泥本身吸附二氧化碳的能力。此外，GCCA 表示正在编写《2050 混凝土碳中和路线图》，在现有水泥行业的综合技术路线图基础上构建，将为混凝土行业指明清晰的道路。GCCA 计划在 2021 年底前制定并实施这项权威性的路线图，并公布详细的实施策略[①]。GCCA 的声明，意味着整个水泥行业的龙头企业将携手共同制定碳中和战略，这是行业碳中和的典型案例。

除行业协会自发形成碳中和联盟、制定碳中和战略外，很多行业方面的国际组织也对其会员企业的碳排放制定了要求。

国际航空运输协会（IATA）支持国际民用航空组织（ICAO）理事会的决定，将 2019 年作为全球航空运输业碳中和方案及减排计划（CORSIA）的基准线。2022 年，国际民航组织大会将审议是否需要进一步修正以解决新冠肺炎疫情的影响，确保该计划成功实施。航空公司承诺，到 2050 年将碳净排放量减少到 2005 年的一半。2018 年，国际海事组织（Internatioanl Maritime Association，IMO）通过了《海事组织关于减少 GHG 船舶排放的初步战略》，作出承诺：到 2030 年，将单位运输工作的二氧化碳排放量相比 2008 年平均减少 40%以上，到 2050 年力争减少 70%；2050 年二氧化碳总排放量相比 2008 年降低

① Global Cement and Concrete Association. GCCA climate action statement. Clobal Cement and Concrete Association. https：//gccassociation. org/climate—ambition/.

50%以上。这些国际组织的表态，是全球各国的谈判结果，而国际组织的表态和承诺也意味着各国国内的行业认同此减排承诺，并向这类承诺的方向努力。

此外，金融行业结成了联盟，对投资企业温室气体排放进行了关注。2018年以来，国际投资组织纷纷停止对高碳产业的投资，而全球重要的金融、投资和保险等机构目前也结成了碳中和联盟，逐步实现其投资组合的碳中和。欧洲投资银行（European Investment Bank）于2019年表示，将从2021年起停止对化石燃料相关项目的投资，亚洲开发银行于2020年9月表示，将终止对煤电相关项目的投资，包括燃煤电厂和服务于燃煤电厂的输电线路等。2021年4月21日，《联合国气候变化框架公约》下成立了“格拉斯哥净零金融联盟”（The Glasgow Financial Alliance for Net Zero，GFANZ）。该联盟汇集了现有和新成立的净零金融倡议，将打造覆盖全经济部门的战略论坛。目前GFANZ汇集了160多家机构，机构总资产达70万亿美元。GFANZ的所有联盟和倡议都要求签署者设定以科学为基础、与“奔向零碳”倡议标准相一致的中期和长期目标，确保在2050年前实现净零排放目标。联盟成员可制定各自的短期目标和行动计划予以补充。目前，GFANZ旗下所拥有的创始成员行动倡议包括：“净零资产所有者联盟”“净零资产管理人倡议”“遵守《巴黎协定》的投资倡议”和“净零银行业联盟”。此外，根据联合国环境规划署金融倡议提出的“可持续保险原则”，包括安盛、安联保险、安而保、慕尼黑再保险、法国再保险、瑞士再保险集团和苏黎世保险在内的几家保险巨头正在协力打造“净零保险业联盟”，预计也将加入GFANZ联盟。

加入“净零银行业联盟”的金融机构将保证实现贷款和投资组合运营与温室气体排放转型，到2050年实现碳中和目标，并参与客户机构的转型和脱碳计划，促进实际经济转型。联盟内企业的所有目标和行动都将经过科学审查，每年公布其排放总量和强度目标。银行业对其投资组合的碳中和承诺，大幅收紧了能源密集型行业未来的融资渠道，为未来碳中和社会提供了来自金融行业的约束。

二、全球企业碳中和响应

（一）全球企业积极响应碳中和

目前，全球已有很多行业的龙头企业作出了碳中和承诺。能源行业方面，英国石油巨头 BP 公司、壳牌公司，澳洲石油巨头桑托斯等均作出碳中和承诺，钢铁行业中世界钢铁产量最多的安赛乐米塔尔公司、欧洲钢铁巨头蒂森克虏伯、韩国浦项集团等，化工行业巨头陶氏化学、英力士集团等，均在其企业社会责任报告中作出了碳中和承诺。

图 2—9 展示了全球纳入分析的企业中截止到 2021 年 3 月提出碳中和承诺的企业总产值占全球行业总产值的比重。可以看出，在电力、钢铁、水泥和化工行业中，已有显著比例的全球企业提出了碳中和承诺。电力行业的龙头企业（前 33 名，总产值占电力行业总产值的 27%）中，提出碳中和的企业其总产值占电力行业总产值的近 20%；水泥和钢铁行业的龙头企业（总产值全球前 25%）中，提出碳中和承诺的企业总产值已经占该行业全球总产值的 20%以上。相比而言，建

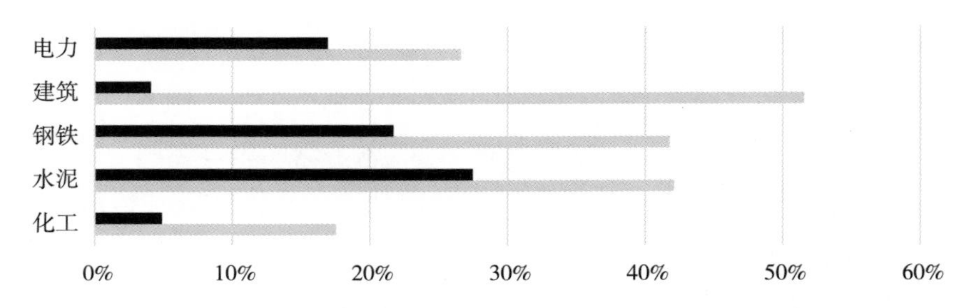

图 2—9　全球纳入分析的企业中提出碳中和承诺的企业总产值占全球行业总产值的比重

筑和铝业作为高耗能行业，其企业提出碳中和承诺较少。

（二）企业碳中和承诺对供应链产业链影响深刻

全球重点企业中，较多企业除提出自身碳中和规划外，还对其全产业链的碳中和作出承诺。这种边界的扩大，是企业拓展其社会责任的表现，也对企业产业链的其他企业施加了碳中和压力。

企业碳中和的计算方法较为复杂，定义较为模糊。目前对于企业碳排放核算方面较为通用的方法学是《温室气体核算体系》。《温室气体核算体系》（旧称《温室气体议定书》）是全球最权威的企业温室气体核算方法学，提供了几乎所有的温室气体度量标准和项目的计算框架。企业的排放主要分为范围一、范围二和范围三的排放。[①] 范围一排放是指直接温室气体排放产生自企业本身拥有或控制的排放源，如企业拥有或控制的锅炉、熔炉、车辆等产生的燃烧排放；拥有或控制的工艺设备进行化工生产所产生的排放。范围二核算一家企业所消耗的外购电力产生的温室气体排放。外购电力是指通过采购或其他方式进入该企业组织边界内的电力，范围二的排放地理上产生于电力生产设施。范围三是一项选择性报告，考虑了所有其他间接排放，范围三排放是该企业活动的结果，但并不是产生于该公司拥有或控制的排放源，例如，开采和生产采购的原料、运输采购的燃料，以及售出产品和服务的使用等。由于范围三的选择性，企业需要自行选择范围三排放核算的边界设定，进行排放核算，采取减排行动。

国际上较多承诺碳中和的企业在作出碳中和承诺时划定了净零排放的范围，如杜邦公司、全球最大的水泥企业拉法基、钢铁巨鳄安赛乐米塔尔、浦项钢铁等企业宣布其将实现的是运营范围内（范围一、范围二）的碳中和，而部分企业宣布其将实现运营和产业链（范围一、

---

① World Business Council for Sustainable Development，World Resources Institute，China Clean Development Mechanism Fund. https：//ghgprotocol. org/.

二、三）的碳中和，其中包括化工行业巨鳄陶氏化学、海德堡水泥集团、沃尔沃、戴姆勒、丰田等。企业关于范围三碳中和的承诺往往意味着企业将实行绿色采购，或对供应商做出减排要求。头部制造业和互联网产业承诺的范围一、二、三的碳中和，将可能意味着其对于上下游供应商的产品温室气体排放水平要求将不断提高，实现其全产业链的碳中和意味着其供应商企业也必须提供碳中和的产品。在经济全球化的今天，我国企业是不少国际龙头企业的重要供应商，因此这些企业的全产业链碳中和承诺将对我国企业的生产提出较高的减排要求。

（三）企业碳中和承诺的时间往往趋前

在经济全球化的今天，企业和国家的碳中和目标互相促进，相互影响。欧洲企业方面，欧洲国家和企业的碳中和目标均提出较早，欧盟以其碳中和的愿景和政策鼓励企业探索碳中和方案，而欧洲企业通过其碳中和行动倒逼欧盟气候政策的提出。例如，欧洲钢铁巨鳄蒂森克虏伯一直积极敦促欧盟制定政策保护欧盟内部实行低碳生产的钢铁企业。美国企业方面，虽然特朗普执政时期美国国家政府倾向于否认气候变化的人为性及美国的国家责任，但美国在企业层面上依然推进碳中和的路径。亚洲国家中，韩国、日本的行业龙头企业（浦项钢铁、新日铁、东京电力公司等）在本国的碳中和承诺提出前便开始探索碳中和路径，而印度的重要排放企业如塔塔钢铁、印度煤炭公司等在国家尚未对碳中和进行表态前就作出了碳中和承诺。

图 2—10 显示了全球部分头部企业的碳中和承诺时间。不同类型的企业碳中和目标年份存在差异，如提出 2030 年达峰的企业主要是科技公司、化工企业和电气设备制造业等轻工业，而能源密集型产业如钢铁、水泥、矿业等行业的企业大多承诺在 2040—2050 年达峰。

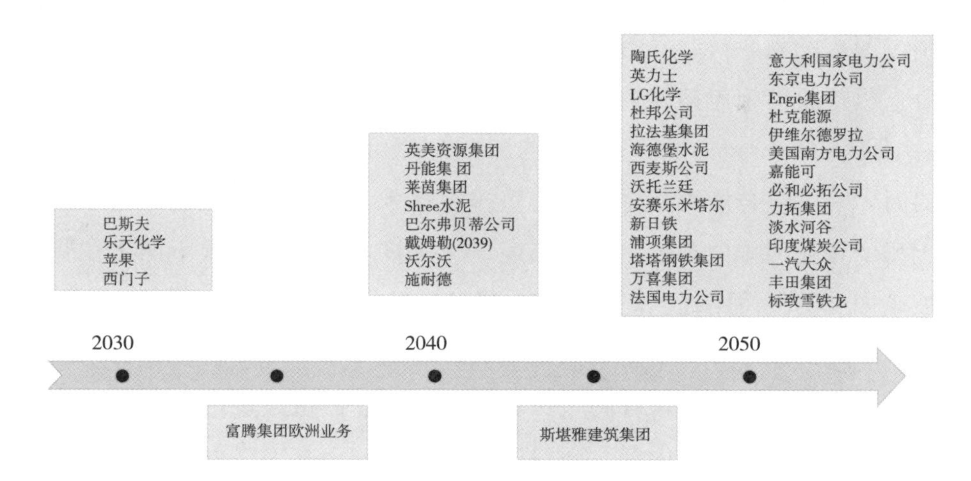

图 2—10　不同时间段内承诺碳中和的企业

(四) 企业碳中和路径需要基础设施减排

目前，较多企业在作出碳中和承诺的同时设计碳中和路线图。根据目前已经发布碳中和承诺的企业规划的技术路径来看，碳中和的实现路径主要包括减少二氧化碳排放和移除已经产生的碳排放两大类（如图 2—11 所示）。其中，减排举措包括提升生产能效、创新工艺材

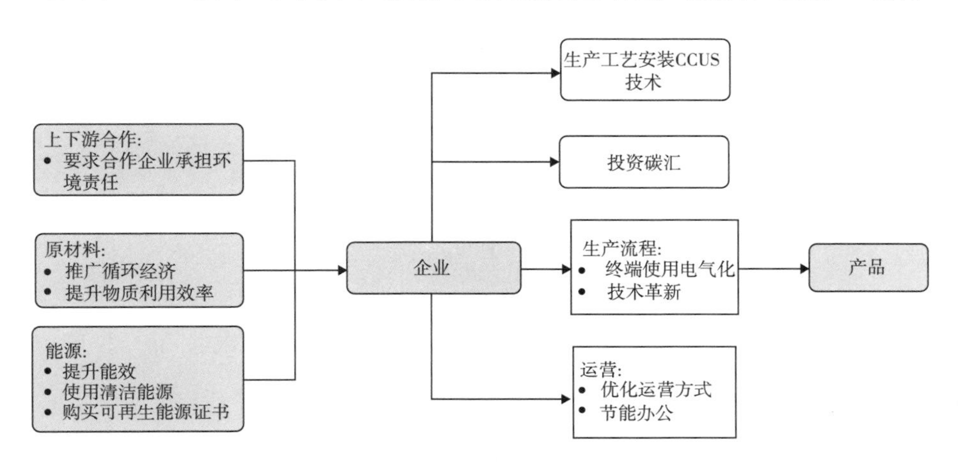

图 2—11　企业碳中和技术路径[①]

① 罗荟霖、郑馨竺、刘源、王灿：《企业碳中和行动的驱动力与模式》，《环境与可持续发展》2021 年第 2 期。

料、回收产品原料、采用清洁能源替代、投资或购买可再生能源电力等。负排放措施包括碳捕集利用与封存技术（Carbon Capture，Utilization and Storage，CCUS）和增加自然碳汇等。企业在制定碳中和战略时，一般综合使用减排技术与负排放技术。尽管技术共通，但不同类型的企业因排放规模、减排难度、减排技术与资金需求不同，在开展碳中和的具体路径上仍然呈现出显著差异。

企业的碳中和行动需要低碳基础设施的支撑。对于行业龙头企业而言，碳中和意味着自身的生产方式革新，它们可以通过研发和购买低碳基础设施实现碳中和，而对于技术革新能力相对较弱、生产活动较依赖外部技术的企业而言，碳中和行动可能需要依赖外部基础设施、技术等生产条件的低碳化。目前已存在较多研究和观点强调了工业园区基础设施的减排，但就全球尺度而言，工业园区等基础设施的低碳化行动相比龙头企业而言发展较慢。

第三章

碳中和影响：挑战和机遇

本章导读

碳中和已经成为全球不可逆转的趋势，实现碳中和绝非易事，需要能源和经济体系的深度变革，我国在迈向碳中和愿景的路径上面临能源结构偏重、碳排放总量大、尚处于工业化现代化进程之中、仅有短短30年时间等一系列挑战。虽然面临这些前所未有的挑战和困难，但是碳中和也带给我国巨大的，甚至可以说是难得的机遇。认识和理解碳中和的重大战略机遇，应从国际国内发展全局的高度出发，看到碳中和引领技术和产业变革、重塑经济和产业体系、重构能源资源和产业格局等方面的重大机遇，这对我国保障能源安全、经济安全和生态安全至关重要，是我国实现2035远景目标的重要推动力。在宏观尺度上认识和把握碳中和对于我国未来发展的战略性意义，我们就能够自然地提升贯彻落实碳中和战略部署的自觉性。然而，要真正抓住这些机遇，还需要我们从细微处去发掘绿色低碳增长的机会，特别是找到和服务产业和企业的需求。本章分析了我国碳排放的特征和实现碳中和的挑战，从能源、产业、科技、生态环境等角度剖析了碳中和的变革意义和机遇，希望提供该“怎么看”碳中和的一些视角。

第一节　我国碳中和面临的挑战

我国碳排放的基本特征是碳排放总量大、碳排放强度高，两者均居于世界前列。当前和今后一段时期，我国仍处于工业化和城市化后期，仍处于经济上升期、排放达峰期，经济发展与碳排放尚没有实现脱钩，我国碳排放总量和碳强度“双高”的状况仍将持续较长时间。我国从碳达峰到碳中和的时间仅为30年左右，这意味着我国实现碳中和愿景目标的任务十分艰巨，要付出比欧美发达国家更多的努力。我国实现现代化的过程中还面临能源安全、经济安全和生态安全等必须要解决的重大战略问题，碳中和愿景恰恰提供了解决这些问题的机遇，我们迈向碳中和愿景，就是迈向新发展路径，不再走大规模消耗化石能源的老路，而是构建新的能源体系和工业体系，我国就可以很好地保障能源和生态安全，更好地促进产业经济走向更广阔的新增长空间。

一、我国碳排放总量大、碳排放强度高

2000年之后，随着我国加入WTO，产业和经济融入世界经济体系，成为全球最大的制造业国家，这一时期我国的碳排放总量呈现快速增长。据英国石油和石油化工集团公司（BP）统计数据显示，2019年全球碳排放总量达到341.69亿吨，我国碳排放总量达到98.26亿吨，居全球首位。我国碳排放总量约为美国的两倍、欧盟的三倍，占全球碳排放总量的约30％。从二氧化碳排放结构看，我国二氧化碳排放主要集中在发电和工业领域，占总排放量的约80％，其中发电约占50％，工业约占30％。

碳排放总量大和碳排放强度高，一方面与我国的经济结构有关，

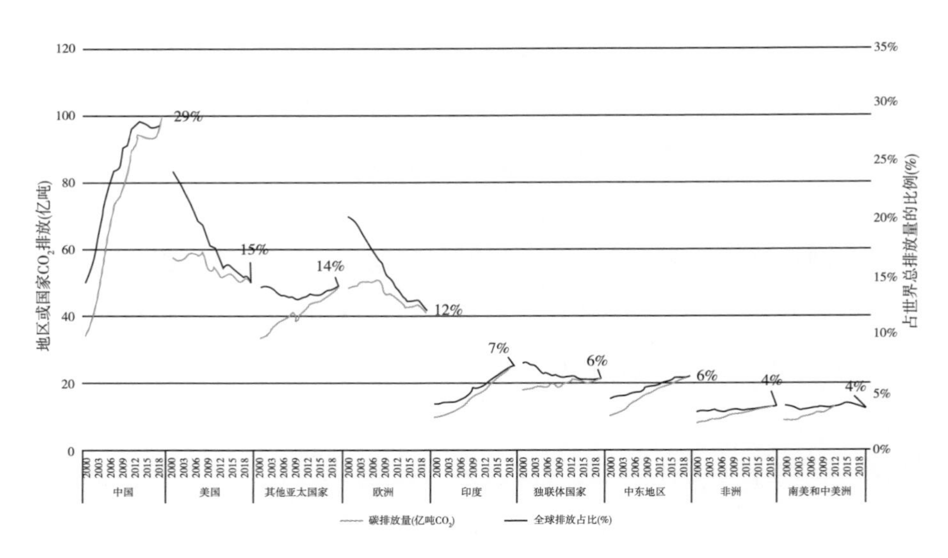

图 3—1　世界主要地区和国家 CO_2 排放历史数据

数据来源：《**BP** 世界能源统计年鉴 **2020**》。

另一方面与我国以煤为主的能源结构相关。从碳排放强度看，我国的碳排放强度高于世界主要国家，既高于欧美发达国家，也高于印度、俄罗斯等发展中国家。由于碳排放总量大，在人均碳排放方面，我国已经超过世界人均水平，也超过了欧盟 28 国的人均水平。近年来经过不断努力，我国碳排放强度持续下降，截至 2019 年底，我国单位国内生产总值二氧化碳排放较 2015 年和 2005 年分别下降约 18.2％和 48.1％，实现了碳排放强度的持续大幅下降和能源结构的持续优化，扭转了二氧化碳排放快速增长的局面。

二、我国经济发展尚未实现与碳排放脱钩

脱钩理论（Theory of decoupling）是经济合作与发展组织（OECD）提出的形容阻断经济增长与资源消耗或环境污染之间联系的基本理论，经济发展与碳排放脱钩，即经济发展不再依赖于碳排放，两者之间实现关系阻断。欧洲和美国等发达国家已经实现经济发展与碳排放脱钩，即 GDP 增长而碳排放在下降。我国和广大发展中国家由

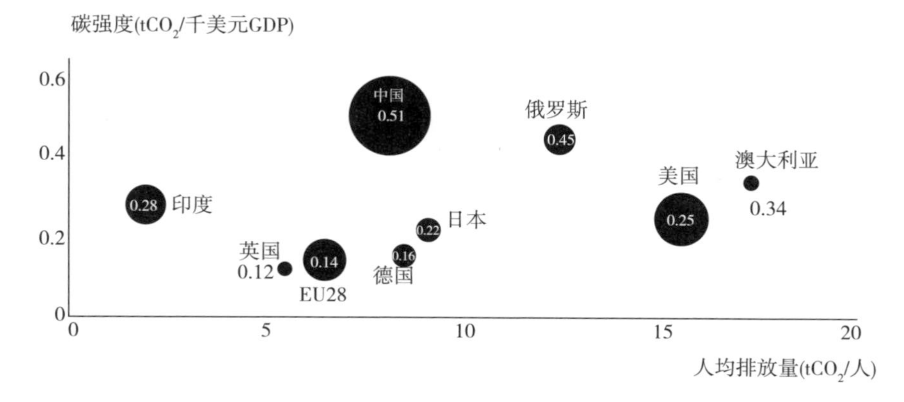

图 3—2　2019 年部分国家碳排放强度

注：圆圈大小表示碳排放总量

数据来源：https：//edgar. jrc. ec. europa. eu/overview. php？ v=50 _ GHG。

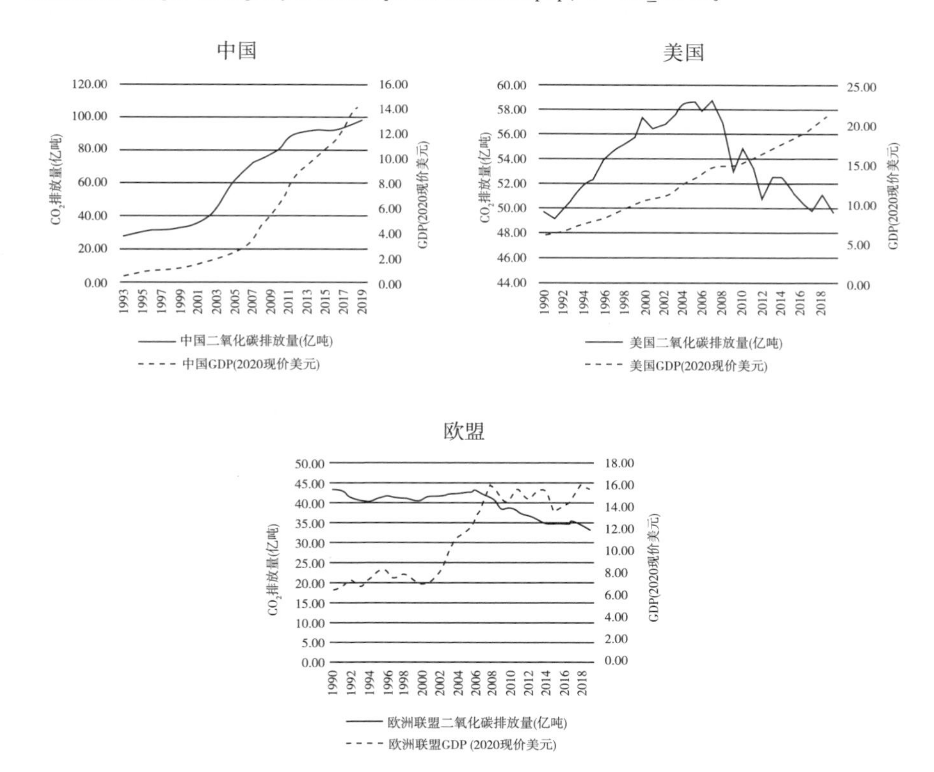

图 3—3　中国、美国和欧盟经济发展与 CO_2 排放量的历史趋势

数据来源：GDP 数据来自世界银行；CO_2 排放数据来自《BP 世界能源统计年鉴 2020》。

于尚处在工业化过程中，能源结构和经济结构偏重，尚未实现二者的脱钩。我国自 2015 年以来已经呈现了 GDP 增长与碳排放脱钩的初步趋势，要实现进一步的脱钩，需要降低高碳能源比重，确保我国碳排放强度的下降速度要大于 GDP 增速。

三、我国实现碳中和的时间更加紧迫

主要发达国家均已实现碳达峰，欧盟于 1979 年实现碳达峰，有约 70 年的时间实现碳中和，美国于 2005 年实现碳达峰，有约 45 年的时间实现碳中和。我国从碳达峰到碳中和仅有约 30 年的时间，这 30 年中，我们要从二氧化碳排放 100 多亿吨到实现碳中和，在如此短的时间里将如此巨大的碳排放总量压下来，是人类历史上绝无仅有的。更重要的是，我们还要在实现碳中和的过程中，实现经济翻番、再翻番，这对我国结构调整和科技创新提出了紧迫的要求。

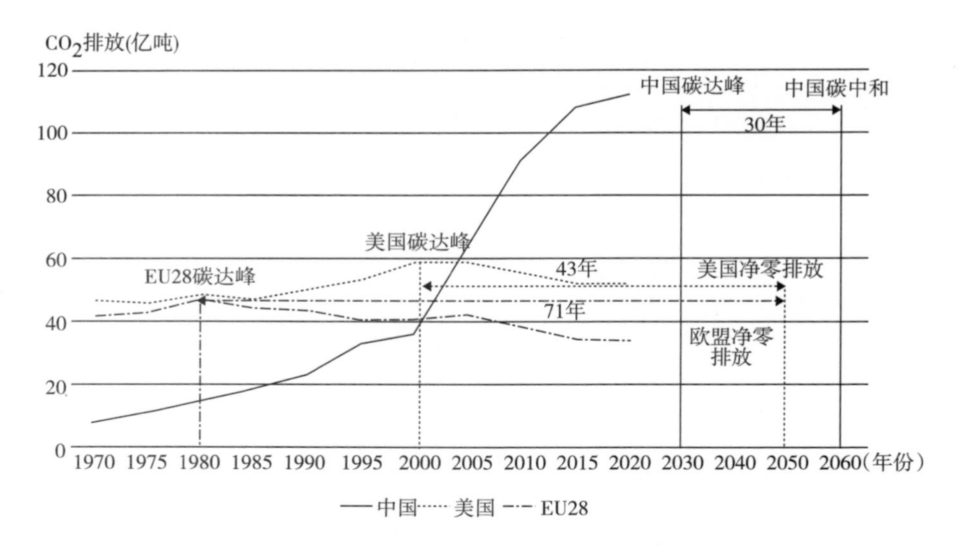

图 3—4　中国、美国和欧盟碳达峰与碳中和时间示意图

数据来源：https：//edgar. jrc. ec. europa. eu/dataset _ ghg50.

第二节　碳达峰与碳中和的关系

一、碳减排与碳中和有着根本性的逻辑差别

一是内涵逻辑不同。碳减排是对现有排放和发展路径的改进与优化，仅以排放现状作为基线。而碳中和的参考基线是净零排放，需要在最大可能减排的基础上，对能源、经济甚至社会体系进行深度重构。

二是概念范围不同。碳中和对经济社会发展会产生全方位的影响，传统产业和新兴产业、供给侧和需求侧都需要作出响应，需要建立全面适用、科学精准的概念体系。

三是方法路径不同。碳中和要求在发展理念和方式上有根本的转变，实现碳中和需要在基础设施、市场规则和供应链体系、技术体系等诸多方面采取全新的方法和路径。

二、我国碳达峰之后需要快速进入深度脱碳阶段

我们在碳达峰后不可能像发达国家一样有较长的平台期，而是需要迅速进入深度脱碳期，容不得丝毫懈怠。多数研究显示，我国能源相关二氧化碳排放的峰值约 100 亿～110 亿吨，碳汇潜力约 8 亿～10亿吨/每年，意味着我们要在短短的 30 年里实现削减 90 亿～100 亿吨二氧化碳，碳达峰后平均每年要减少 3 亿吨二氧化碳排放。如果加上非二氧化碳温室气体的减排，那么每年的减排量还要增加。

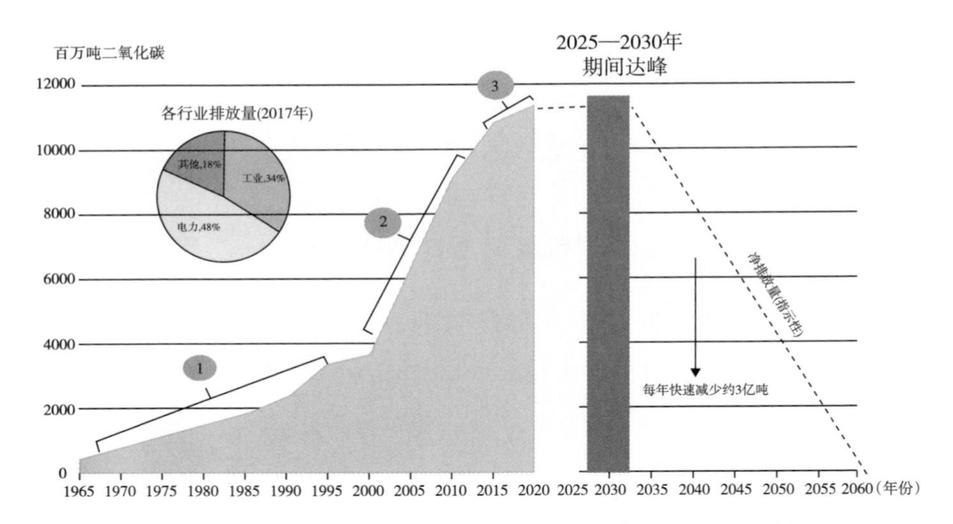

图 3—5　中国实现碳达峰与碳中和目标的不同阶段预期

数据来源：欧盟数据库 https：//edgar. jrc. ec. europa. eu/overview. php？ v=50 _ GHG.

三、努力提前碳达峰和降低峰值水平有利于减缓碳中和压力

曾经有一种声音认为碳达峰比较容易达到，在达峰前继续大量排放，将碳排放推高上去，之后再退出一些高碳项目就能轻松实现碳达峰。这种“摸高式”的碳达峰或者“数字意义”上的碳达峰完全不可取，完全违背了我国实现碳达峰的初衷，而且会造成大量的资源浪费。

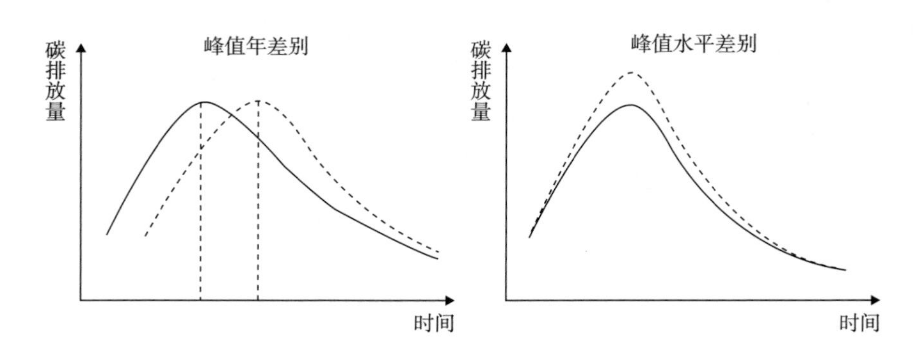

图 3—6　碳达峰情景差异图示

我国2030年前实现碳达峰后还要实现碳中和，两者之间紧密关联，碳达峰的峰值年和峰值水平都会对碳中和路径的难易程度产生影响，碳达峰时间往后延迟意味着压缩了碳达峰到碳中和的时间，峰值水平越高意味着同样的时间内减排工作的强度越大，简单说就是前松则后紧，前紧则后松。因此，努力实现早碳达峰和降低峰值水平都会有利于缓解碳中和过程中的压力。

第三节　碳中和的变革与机遇

中央财经委员会第九次会议强调，我国力争 2030 年前实现碳达峰、2060 年前实现碳中和，是党中央经过深思熟虑作出的重大战略决策，事关中华民族永续发展和构建人类命运共同体。要深刻理解碳中和的重大战略意义，首先应从国际国内发展全局的高度出发，研判全球经济社会发展、科技与产业创新的大趋势，明晰全球碳中和进程对我国未来发展的影响和机遇，才能够深刻把握碳中和愿景对于我国未来中长期发展的重大战略意义。

一、碳中和将重塑我国经济和产业体系

从人均 GDP 角度看，全球主要国家发展水平大致可划分为三个层次，人均 GDP 达到 1 万美元一般达到中高收入国家水平，而从发达国

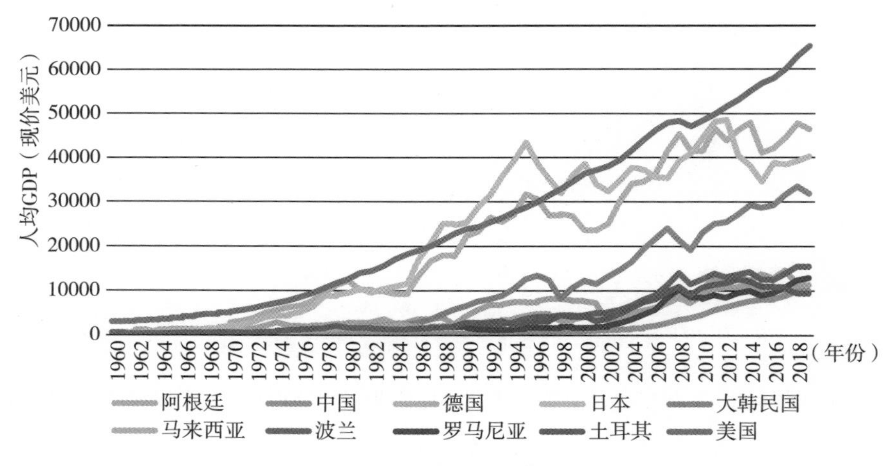

图 3—7　1960—2019 年部分国家人均 GDP

数据来源：世界银行数据库，https：//data. worldbank. org. cn/indicator/NY. GDP. PCAP. CD?view=chart.

家人均GDP水平看，2万～3万美元和4万～6万美元分别代表中等发达国家和高度发达国家。

我国2035年远景目标提出，到2035年我国人均国内生产总值（人均GDP）达到中等发达国家水平。当前，我国人均GDP刚刚超过1万美元，2035年我国人均GDP达到中等发达国家水平，意味着我国人均GDP至少应达到2万美元。人口越多，提升人均GDP就越难，全球人口超过5000万的28个国家中，只有7个国家的人均GDP超过2万美元。实现人均GDP翻番我们必须要进一步做大GDP，这意味着，我们不仅必须要在现有的优势产业上继续保持增长，还必须在未来新的重大关键产业上开拓出更多的增长空间和竞争优势。

碳中和愿景目标恰恰给我们提供了这样一个换道超车、拓展产业竞争力的重大机遇，如新能源、电动汽车、零碳工业等，我国在这些方面的发展已经有了很好的技术和市场基础，部分领域已经具备领先的优势。我们只要在这些新兴科技产业领域迅速崛起，就能够脱离原有落后产业竞争不利的格局，占据全球主导产业。近10多年来，我国新能源等相关产业快速发展。截至2020年底，我国可再生能源发电装机总规模达到9.3亿千瓦，水电、风电、光伏、生物质发电总装机已经分别连续16年、11年、6年和3年居世界首位。光伏组件全球排名前10位的企业中我国占据7家。我国新能源汽车成交量连续5年位居全球第一，截至目前保有量超过了550万辆，占全球的一半以上。

总体而言，在碳中和愿景下全球产业格局将发生深刻调整，在产业链的细分领域将产生众多的新兴产业，创造大量的就业机会，形成新的行业标准，创造新的合作机会，构造新的世界产业格局。传统能源和重工业产业将面临较大的挑战，绿色低碳转型势在必行，新兴绿色低碳技术产业将成为未来提高长期经济竞争力的关键所在。

二、碳中和将重构全球能源资源与产业格局

1. 碳中和愿景下，能源的资源属性降低，产品属性凸显

传统能源特别是煤油气等化石能源是典型的资源，其开采开发以资源为基础，资源的总量和分布在很大程度上决定了世界能源格局。对于我国来说，由于石油资源相对贫乏，经济社会发展所依赖的石油资源需大量进口，近 20 年来我国石油进口依存度不断攀升，当前已经突破 70%，这对我国能源和经济安全来说始终是个痛点和风险点，尤其是当前我国从中东进口石油主要依靠海上运输，而海上运输的必经之地马六甲海峡一旦发生地缘政治和军事风险，石油进口的通道将受到严重的威胁。我国也在推进油气资源进口的多元化，降低能源供应风险，但是由于石油天然气不可再生、分布不均等资源性特征，难以从根本上解决问题。

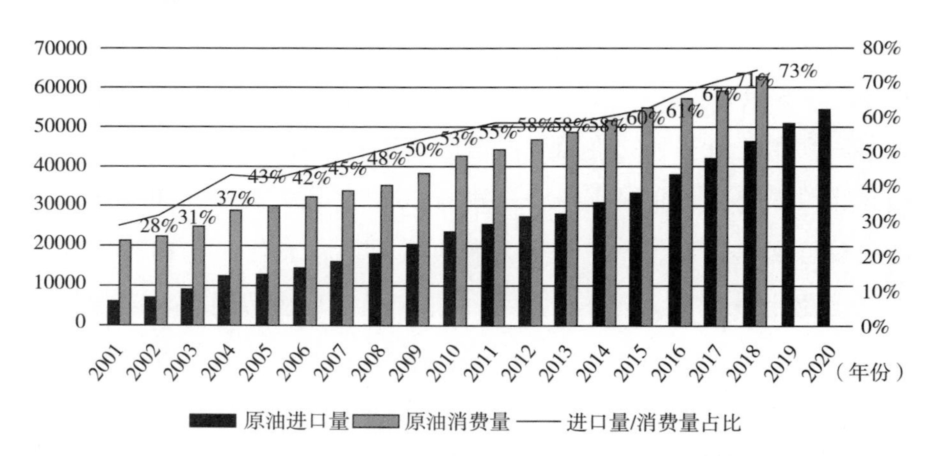

图 3—8 2001—2020 年我国原油消费量、进口量和进口依存度

数据来源：中国国家统计年鉴 2020。

在碳中和愿景目标下，能源供应结构需要发生重大根本性调整，能源系统中的化石能源将逐步被淘汰，清洁能源占比将大幅提升，而以风电、太阳能为核心的清洁能源相比传统化石能源的资源属性大幅

度弱化，从理论上说，只要我们能够生产出足够数量的风机和太阳能板，就能够生产足够的电力，作为驱动经济社会发展的主体能源。从这个意义上说，清洁能源作为未来主体能源，其产品属性更加突出，更为重要的是能源将与我国的制造业实力关联在一起，一旦构建完成以新能源为主体的能源体系，我们对传统能源资源的依赖将大幅降低，对清洁能源需求的大幅提升又反过来促进我国相关制造业的发展，从而形成既能够提升能源安全又能够促进产业发展的双赢格局。

2. 电气化和数字化联动能源供应侧与消费侧，改变能源消费供应模式

能源系统中终端部门电气化与电力部门脱碳是长期低碳转型战略最关键的要素，能源互联网有望成功整合未来电力系统的核心要素，创建更高效和有韧性的能源体系。从能源供应侧看，需要将数字化技术与能源系统结合，优化电网效率，并通过灵活发电，改善电网基础设施，提供需求侧响应，以及部署储能技术来提高电网灵活性。从能源消费侧看，以交通和建筑领域为例，未来这两个部门的电气化是其实现碳中和的主要方向，电动车等消费侧电力需求需要通过数字化的方式反馈到供应侧，实现供应和消费的优化匹配。未来能源消费供应模式将发生巨大变革，也将催生更多的产业增长点。

三、碳中和将重新定义区域经济版图

实现碳中和的空间尺度范围不同，其实现的难易程度、战略纵深和策略空间会有极大的不同。在国家层面讨论碳中和，由于不同国家国土空间大小不一、资源禀赋相差各异、能源和经济结构不同，不同国家实现碳中和的路径和难易程度差别较大。例如，新加坡的气候目标没有明确承诺日期，提出实现碳中和目标是“在本世纪后半叶尽早实现”。新加坡为什么没有明确实现碳中和的时间？新加坡作为一个城市型国家，其国土面积较小，缺乏一定数量的碳汇基础，同时其能源

和经济结构中有相当比例的高排放产业，总体而言，其实现碳中和确实缺乏有效的举措。新加坡这样的城市型国家如果实现碳中和，可能会需要一些外部机制帮助其实现。

那么，在我国实现碳中和的区域路径上，是否需要所有的行政区都实现碳中和？目前还没有对这个问题进行深入研究，但从宏观上判断，我国一些区域特别是东部地区实现碳中和也会面临类似新加坡的挑战，从排放源的角度看，难以减到零排放；从碳汇的角度看，也缺乏足够的碳汇空间抵消排放。因此，以行政区为边界全部实现碳中和，一方面没有必要，另一方面也会推高实现碳中和的成本投入。

我国具有广阔的国土空间纵深，发挥区域间各自资源禀赋之所长，协同实现国家整体碳中和是我们的一大优势。在此背景下，我国各区域在经济版图上的角色将被重新定义，特别是给中西部地区带来巨大的机遇。实现碳中和的主要举措包括大力发展清洁能源、工业减排和通过碳汇和碳封存实现负排放，在这三大举措中，中西部地区具备两方面的优势：一是中西部地区风能、太阳能和水电等清洁能源资源丰富，将会成为我国最主要的清洁能源基地；二是中西部地区在国土空间资源上具有通过碳封存实现负排放的巨大潜力。这两方面的优势足以树立起中西部地区在我国实现碳中和进程中不可替代的作用，也将重构我国区域经济发展格局。

四、碳中和将变革技术和产业创新体系

实现碳达峰、碳中和是一项复杂的系统工程，要处理好发展与减排、整体与局部、短期与中期长期的关系。之所以要处理好以上几方面关系，归根结底是因为当前的科技手段还不能满足强化的碳减排的约束下保持经济社会发展的效率和拓展增长空间。能否化碳中和的挑战为机遇，关键要依靠科技进步，一方面要解决好在经济结构、技术条件没有明显改善条件下，实现碳达峰碳中和的技术提升；另一方面

要加大科技研发力度，部署面向碳中和的科技创新体系，更好发挥科技在整个碳达峰、碳中和中的战略支撑和引领作用。确保科技创新同时支撑实现经济社会发展和碳达峰、碳中和目标。

碳中和愿景也为科技创新和产业变革提出了明确的方向，先进低碳、零碳和负碳技术将成为未来经济社会发展的战略支撑。当前，不仅主要国家纷纷宣布碳中和战略，钢铁、化工、建筑、交通等传统行业企业，消费电子、电商、高科技企业等新兴产业企业，都纷纷宣布自己的碳中和战略，部署碳中和技术、打造碳中和产业链。各行各业围绕碳中和的科技与产业竞争已经拉开序幕，将形成一套全新的技术与市场标准和全新的产业链格局。新一轮科技和产业变革将为实现中华民族的伟大复兴提供重大历史机遇。我国从技术成本、市场规模等方面具备了把握这次工业革命的基础。一方面，技术和成本优势突出。近10年来我国陆上风电和光伏发电项目单位千瓦平均造价分别下降30%和75%左右，目前我国在部分地区开发的光伏成本已经低于3美分每度电。我国具备全球最大的百万千瓦水轮机组自主设计制造能力，低风速风电技术位居世界前列。另一方面，我国市场规模巨大。我国14亿多人口形成的超大规模内需市场，是绿色低碳发展的显著比较优势。伴随着我国新能源发电、特高压输电和新能源汽车等储用电的快速发展，我国已经初步形成了“供、输、储、用”的国内大循环格局。

五、碳中和将推动气候投融资浪潮

实现碳中和既要有技术的支撑，也要有资金的投入。我国实现碳中和目标需要巨大的资金投入，根据清华大学发布的《中国中长期低碳发展战略与转型路径研究》[1]，我国要在2060年实现碳中和目标，2020年至2050年能源系统需要新增投资约138万亿元。高盛集团预

① 清华大学：《中国中长期低碳发展战略与转型路径研究》，2020年10月。

计我国碳中和目标意味着到2060年投资需求规模为16万亿美元。如此巨量资金的投入，需要政策的引导，也需要各利益相关方的支持和投入，目前在这两方面都已经启动了相关进程。

政策引导方面，2020年10月26日，生态环境部、国家发展改革委、人民银行、银保监会、证监会五部委联合印发了《关于促进应对气候变化投融资的指导意见》(以下简称《指导意见》)。这份《指导意见》由应对气候变化主管部门、宏观行业政策制定部门、金融监管部门联合发文，形成气候、行业和金融领域的政策联动与协同，对于我国金融促进碳达峰、碳中和进程将发挥重要的指引作用。《指导意见》明确将通过完善气候投融资标准体系、鼓励和引导民间投资与外资进入气候投融资领域、引导支持地方实践、深化国际合作、强化组织实施五大方面开展气候投融资相关工作，将完善金融监管政策，引导和撬动更多社会资金进入应对气候变化领域，支持和激励各类金融机构开发气候友好型的绿色金融产品。

在投资引领方面，近年来，推进ESG[①] 投资也成为金融市场日渐热门的投资策略，旨在产生长期的财务回报的同时实现负责任的投资，负责任的投资的影响力近年来日益强大。2018年，美国、欧洲、日本ESG投资规模分别占资金管理机构管理资产总额的25.7%、48.8%、18%。ESG金融意味着需要投资、融资、贷款的企业有更好的ESG表现，在碳中和这一全球大趋势下，全球范围内愈发认识到ESG投资带来的超额收益。据Wind资讯数据显示，纳入统计的120余只ESG概念基金，近一年平均收益率约50%，近两年平均收益率超过90%。同时，基金公司也在继续布局碳中和相关基金。可以预见，未来碳中和将成为资本市场重要的投资主线之一。

① ESG，即环境、社会和公司治理(Environment、Social Responsibility、Corporate Governance)，包括信息披露、评估评级和投资指引三个方面，是社会责任投资的基础，是绿色金融体系的重要组成部分。

六、碳中和将引领生态环境的根本改善

碳达峰、碳中和目标的实现需要从能源结构、经济结构等方面开展源头性变革，有助于推动污染物源头治理，协同实现降碳减污，推动高质量发展。降碳是生态环境源头治理的“牛鼻子”，将碳中和目标纳入生态文明建设的框架，有助于实现应对气候变化与生态环境质量改善的协同增效。

一方面，碳中和目标的实现路径将为深度治理大气污染、持续改善空气质量提供强大的推力。我国空气污染物治理已经告别了以末端治理为主的初级阶段，即将进入结构性调整的关键期，需要推动能源、交通、产业和用地结构等深度转型。而温室气体排放和大气污染物排放存在着“同根同源”的特征，在政策目标、实施路径和治理主体方面有着诸多交叉点，可以实现协同治理。[①] 以能源部门为例，根据城市排放清单的数据，中国70%以上的温室气体排放和空气污染物排放都来自能源部门。要实现世界卫生组织（WHO）的PM2.5指导值标准（10微克/立方米），能源部门的贡献率会在75%以上。碳中和要求能源生产和消费方式在2060年前实现根本性转变，即一次能源结构非化石化、能源综合利用高效化。根据相关研究，到2035年，若能将温升控制在2℃，可带动约1/4的PM2.5减排；若进一步实现1.5℃情景，PM2.5浓度可继续降低1/4左右。[②] 类似的，碳中和目标对交通部门电气化、智能化和节能化的要求，也会促使交通部门完成从燃油车主导向新能源汽车主导的转化，进一步降低移动源的空气污染物排放。因此，以碳达峰和碳中和为目标，倒逼能源结构绿色低碳转型，

---

① 王灿、邓红梅、郭凯迪、刘源：《温室气体和空气污染物协同治理研究展望》，《中国环境管理》2020年第4期。

② XING J，LU X，WANG S：The Quest for Improved Air Quality May Push China to Continue Its CO_2 Reduction beyond the Paris Commitment. Proceedings of the National Academy of Sciences，2020，117（47）：29535—29542. DOI：10.1073/pnas.2013297117.

重点管控高耗能企业，加快产业结构调整，优化终端用能方式，将产生空气质量改善、公众健康提升和减排成本降低的多维综合效益。

此外，碳中和目标的实现也会对水、土壤的污染防治以及提升生态系统服务功能、保护生物多样性产生积极的影响。例如，碳中和目标的提出将会促进水污染过程中能耗的降低、再生水循环利用和污水处理后的综合利用[①]；农业部门实现深度减排，将会大幅度减少源自化肥和农业废弃物的温室气体排放，这些举措对于减少土壤污染、养地固碳有着重要的意义[②]；实现碳中和目标，需要增加森林系统碳汇来抵消人类活动造成的温室气体排放，将会充分考虑生态系统的碳汇功能，从而加强对生态系统和生物多样性的保护。[③]

碳中和将会成为降碳减污、实现高质量发展的原动力，实现应对气候变化和生态文明建设的双赢。

① 《“双碳”目标将对水污染防治产生重要影响》，《科技日报》2021年3月30日。

② 程琨、潘根兴：《中国农业还能中和多少碳?》，中外对话，2021年1月22日，https://chinadialogue.net/zh/5/69745/.

③ 吴建国等：《加强生物多样性保护助力碳达峰》，《中国环境报》2021年2月19日。

第四节　从细微处把握碳中和机遇

上一节探讨了应首先从国际国内发展全局的高度出发，认识碳中和对我国的机遇，目的是深刻理解碳中和的重大战略意义。然而，如何抓住这些机遇，使之成为推进碳中和与促进发展的抓手？应从细微处入手，理解碳中和的含义和实现路径，分析和研判各利益相关方的切实需求，积极主动，换位思考，以更好的服务意识发现和解决有关主体在推进碳中和过程中的痛点，发现和把握机遇。

举一个例子，在全球碳中和的趋势下，企业和市场的反应是最灵敏的，国内的企业已经感受到这方面的压力，主要来自两方面：一是一些具有产业链影响力的跨国企业纷纷宣布碳中和战略，以苹果公司为例，苹果公司提出到2030年实现碳中和，而且是整个产品生命周期的碳中和，这意味着所有的苹果公司产品的供应商都要实现零碳化，否则就要被踢出产业链。二是欧盟已经宣布不晚于2023年实施碳边境调节税，也就是对于达不到欧盟碳排放标准的产品要征收碳关税。我国不少外向型企业也已经开始探索碳中和路径，但是，从单个企业的角度实现零碳难度非常大，如果我们有较好基础的产业园区能够先看一步、先行一步，为这些有迫切需求的企业提供低碳零碳的基础设施，那么产业吸引力就上来了，核心竞争力也就出来了。

第四章

碳中和的技术体系

本章导读

支撑碳中和的技术几乎涉及所有产业和经济活动，主要可以分为零碳电力系统、低碳/零碳终端用能技术、负排放以及非CO_2温室气体减排技术四大类，其中前三类技术是CO_2净零排放技术体系的重要支撑，为本章讨论的重点。电力系统的快速零碳化是实现碳中和愿景的必要条件之一，这类技术包含传统可再生能源电力（风能、光伏、水电等）、非传统可再生能源电力（地热、生物质、核能、氢能等），以及储能系统和智能电网等电网升级技术；低碳/零碳终端用能技术具有技术成熟度较高、减排成效显著、减排成本较低，甚至可以带来显著减排收益等特点，主要包括节能、电气化、燃料替代、产品替代与工艺再造，以及碳循环经济等细分技术；农林碳汇，碳捕集、利用与封存（CCUS），生物质能碳捕集与封存（BECCS）以及直接空气碳捕集（DAC）等负排放技术可以为部分难减排部门实现直接或间接脱碳，同时可为以可再生能源为主的电力系统增加灵活性，帮助实现整个经济社会的净零排放。本章对以上三大类碳中和支撑技术进行了梳理，对技术的概念、现状、减排潜力、成本、发展重点和挑战等进行了综述，较全面地展示了碳中和愿景下的净零排放技术体系。

第一节　技术体系概述

碳中和愿景的技术体系主要由零碳电力系统、低碳/零碳终端用能技术、负排放以及非 CO_2 温室气体减排技术四大类技术构成。其中前三项是 CO_2 净零排放技术体系的重要支撑（如图 4—1 所示）。

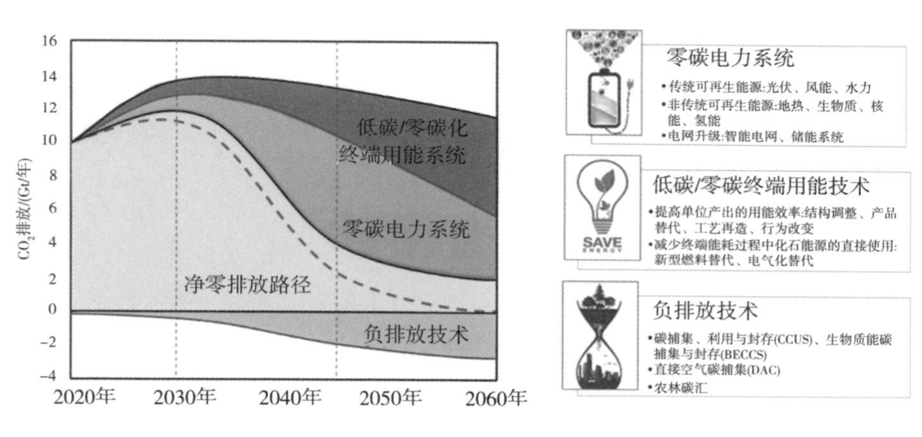

图 4—1　碳中和愿景下的 CO_2 净零排放技术体系

电力系统的快速零碳化是实现碳中和愿景的必要条件之一，其重点是全面普及使用零碳能源技术与工艺流程，完成从碳密集型化石燃料向清洁能源的重要转变。为此，既需要大力发展传统可再生能源电力（风能、光伏、水电等），还要大幅度提高地热、生物质、核能、氢能等非传统可再生能源在供能系统里面的比例。为了支撑高比例的可再生能源供电，需要匹配强大的储能系统和智能电网，从而完成能源利用方式的零碳化。

低碳/零碳终端用能技术往往集中于减排成本曲线最左端，具有减排成效显著、减排成本较低，甚至可以带来显著减排收益等特点。该类技术的应用领域包含工业、建筑、交通等重要的能耗部门，其中工业又有钢铁、水泥、化工等细分，因此该类技术涵盖较多具体技术，门类众多，工艺上也存在较大差异。但从减碳的途径上，该类技术可以归结为两个方向：一是通过结构调整、产品替代、工艺再造、行为改变来提高单位产出的用能效率，减少能源消费；二是通过新型燃料替代、电气化替代来减少终端能耗过程中化石能源的直接使用，进而减少碳排放。例如，根据已有研究测算，目前各应用领域的能源效率仍有较大提升空间，如交通部门能效仍有可能提高50%，工业部门能效提高潜力可达到10%～20%左右①。

负排放技术可为部分难减排环节提供直接或间接抵消减排，这类技术主要包括农林碳汇、CCUS、生物质能碳捕集与封存（BECCS）以及直接空气碳捕集（DAC），其经济性将取决于各地区可行且安全的碳封存有效容量的大小②。

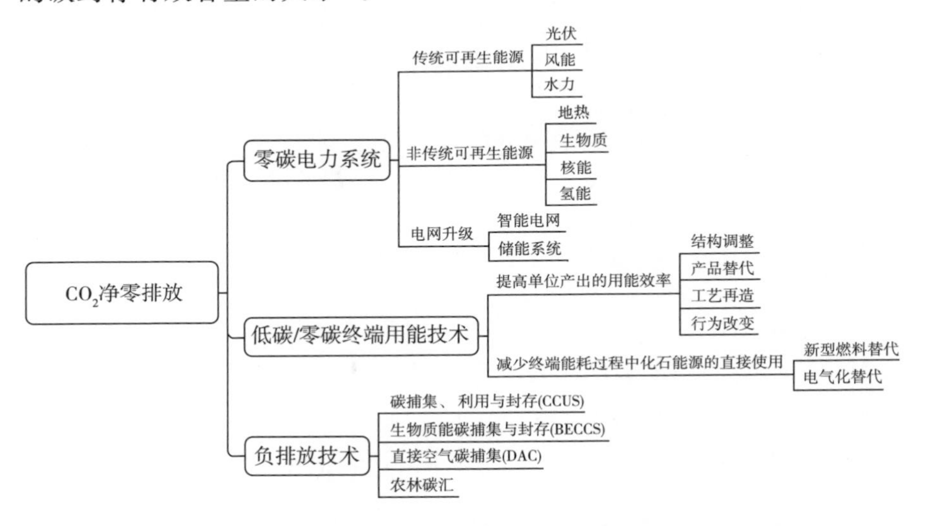

图4—2 碳中和愿景下的CO_2净零排放技术体系的具体细分

---

① ENERGY TRANSITIONS COMMISSION. Making Mission Possible: Delivering a Net—Zero Economy. Energy Transitions Commission，[2020—12—01]. https://www.energy—transitions.org/publications/making—mission—possible/.

② ENERGY TRANSITIONS COMMISSION. Making Mission Possible: Delivering a Net—Zero Economy. Energy Transitions Commission，[2020—12—01]. https://www.energy—transitions.org/publications/making—mission—possible/.

第二节　零碳电力系统

能源系统尽快实现零碳化是我国碳中和愿景的必要条件之一，这对零碳电力系统提出了更高要求。工业、交通、建筑等多部门实现碳中和均依赖零碳电力系统，在各部门全面电气化的基础上，全经济部门需要普遍使用零碳的电力，完成能源系统从碳密集型的化石燃料向清洁能源的转变，从而实现能源利用方式的零碳化。[①] 在我国实现碳中和的达峰期、平台下降期及中和期三个阶段中，新能源技术均将承担重要角色：2030 年前达峰期中需推广节能减排技术、可再生能源技术；2050 年前平台下降期中主要减排手段集中在脱碳零碳技术规模化推广与商业化应用，脱碳燃料、原料和工艺全面替代；2060 年前中和期中，脱碳、零碳技术将进一步推广，全面支撑碳中和目标实现。碳中和将引发能源革命、重构能源产业，以低碳为核心，能源系统中的煤炭等化石能源将逐步被新能源取代，能源系统向绿色、低碳、安全、高效转型，实现电气化、智能化、网络化、低碳化。

零碳电力系统包括三个部分：零碳电源、储能和电网。可利用生产成本有望持续下降的可再生能源（光伏、风能、水力等），通过零碳方式生产电力，并通过配合零碳能源使用的综合利用服务，包括储能技术的规模化应用，以及电网的智能调控，实现新型电力系统。零碳电力系统并非局限于单独的能源产业，还包括新能源汽车、物联网、人工智能等多个战略新兴技术产业共同支撑能源系统安全稳定运行（如图 4—3 所示）。

① 王灿、张雅欣：《碳中和愿景的实现路径与政策体系》，《中国环境管理》2020 年第 12 期。

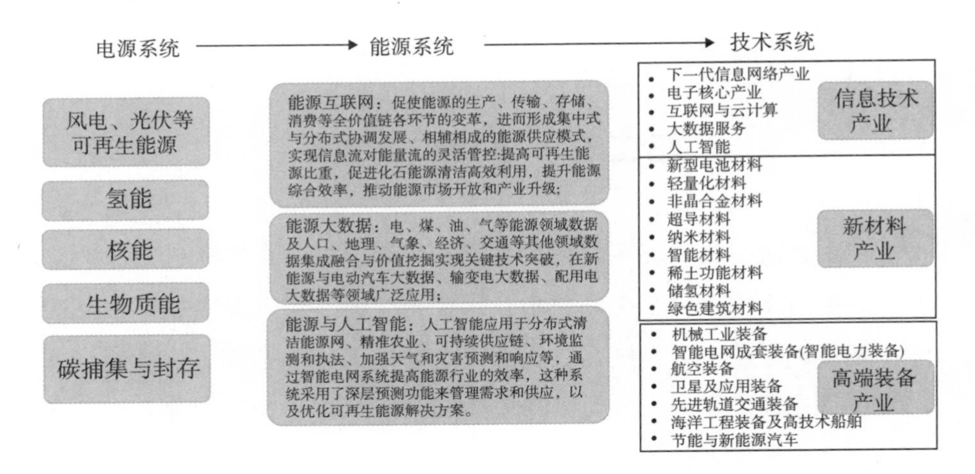

图 4—3　电源系统、能源系统和技术创新系统中战略性技术相互支撑情况

一、零碳电源技术

（一）风电和光伏发电

风电和光伏发电（利用风能和太阳能）是较为成熟的零碳电源技术。风能技术主要是指利用风的动能将其转化为电能等可利用的能源过程中所需要的技术。中国的风力资源非常丰富，目前可用的风能仅部分使用了风的动能，现有风能技术具有间歇性、波动性、能量密度较低的缺陷，距利用风电更高比例取代化石能源还需要进行技术研发以及配套技术发展。太阳能技术主要是将太阳光中的能量转化为电能、热能或者其他形式的能量的技术。目前，利用太阳能的方式主要包括光伏发电（PV）和集中太阳能（GSP），前者是迄今为止可持续提供世界未来能源需求最有希望的选择之一[①②]，后者主要用于在大型发电

① Green M A，Photovoltaics：technology overview，*Energy Policy*，2000，28.

② Liu J，Chen X，Cao S L，et al. Overview on hybrid solar photovoltaic—electrical energy storage technologies for power supply to buildings，*Energy Conversion and Management*，2019，187.

厂中发电。[①] 风电和光伏发电是十分成熟的新能源发电技术，“十四五”初期，风电、光伏发电将逐步全面实现无补贴平价上网。[②] 总的来说，风电和光伏发电具有正面的就业、局地环境和健康效益，以及相对较高的技术成熟度和公众接受度，成本均随累积装机容量的增加而下降，在经济成本和技术水平上均具有较为明显的优势，可以作为面向碳中和新能源技术中的优先发展领域，但仍需注意避免相关设施建设时造成生态风险。

（二）水电

水电是指将水能转换为电能的技术。水电具有技术成熟度较高、能源密度高以及经济性优良的特点，长期以来在我国能源系统的低碳转型中发挥着重要作用。[③] 然而，水电资源相对有限，随着各流域的下游地区首先完成开发，未来可开发水电资源主要集中在四川、云南、青海、西藏等中上游地区，开发造价成本持续提升，发展潜力有限。[④] 在具备相关条件的情况下可优先探索水电进一步发展。

（三）核能

核能技术是指通过原子核的裂变或聚变过程得到的能量，包括已达到实用阶段的重核裂变和尚处于研究试验阶段的轻核聚变，核能的主要应用方式为核能发电。与光伏或生物质发电相比，核电具有更加显著的减排效益[⑤]，IEA 评估核电是当前仅次于水电的第二大低碳电源，可保障清洁、安全、可靠的电力供应；核电具有积极的就业红利；随着未来核电规模化的应用，核电成本将迅速下降，进一步扩大减排

① Powell K M，Rashid K，Ellingwood K，et al. Hybrid concentrated solar thermal power systems：A review，*Renewable and Sustainable Energy Reviews*，2017，80.

② 《〈关于积极推进风电、光伏发电无补贴平价上网有关工作的通知〉解读》，国家能源局，http：//www. nea. gov. cn/2019－01/10/c _ 137733708. htm.

③ 能源转型委员会、落基山研究所：《中国 2050：一个全面实现现代化国家的零碳图景》。

④ 中金公司研究部：《碳中和，离我们还有多远》。

⑤ Van Der Zwaan B，The role of nuclear power in mitigating emissions from electricity generation，*Energy Strategy Reviews*，2013，1.

效益。[①] 目前，中国已全面掌握三代核电技术，并正在积极推动四代核电技术的发展，具有国际市场竞争力。[②] 但同时，核电面临着来自供应链建设、经济性、核安全、政治因素、公众接受度等多方面的挑战。核能在我国未来发展潜力被普遍看好，具有清洁能源属性的核电在中国能源系统转型中的地位持续提高。中国核电进一步发展仍需有力政策支持，积极攻关下一代核电技术。

（四）地热能

地热资源包括温泉、通过热泵技术开采利用的浅层地热能、通过人工钻井直接开采利用的地热流体以及干热岩体中的地热资源等。地热能的利用除了发电，还包括直接利用，如供暖、制冷、医疗保健、温泉洗浴、旅游、水产养殖、温室种植等，在零碳电力系统中主要考虑地热能的发电作用。地热能具有储量丰富、分布较广、稳定可靠的优点，不受昼夜、季节、气候等因素影响，能源利用系数高，平均为73%，是太阳能的5.4倍、风能的3.6倍。[③] 然而，目前地热资源开发利用程度较低，探明的地热储量规模小、品质差，产业尚处在起步阶段，地热开发以供暖、医疗保健、温泉洗浴等直接利用为主，地热发电比重偏低，地热能发电的发展受到资源分布不均衡、勘查程度较低、核心技术欠成熟和政策管理体制不成熟的制约，其中政策因素较为关键。2020年财政部发布《关于加快推进可再生能源发电补贴项目清单审核有关工作的通知》，指出符合我国可再生能源发展相关规划的地热发电项目可分批纳入补贴清单，在此之前地热无法享受可再生能源电价补贴。未来地热发展具有巨大的市场潜力与向好的政策支持，国家

---

① International Energy Agency. 2015. Energy Technology Perspectives 2015. https://www.iea.org/reports/energy－technology－perspectives－2015.

② 张廷克、李闽榕、潘启龙：《核能发展蓝皮书：中国核能发展报告（2019）》，社会科学文献出版社2019年版，第21—25页。

③ 周总瑛、刘世良、刘金侠：《中国地热资源特点与发展对策》，《自然资源学报》2015年第30期。

能源局2021年发布《关于促进地热能开发利用的若干意见（征求意见稿）》，对各地区地热资源开发进行了部署，“在京津冀晋鲁豫以及长江流域地区，结合供暖（制冷）需求因地制宜推进浅层地热能利用……在京津冀、山西、山东、陕西、河南、青海等区域大力推进中深层地热能供暖……在西藏、川西、滇西等高温地热资源丰富地区组织建设中高温地热能发电工程”[①]。各地可因地制宜开发利用地热能，着力在高温地热资源丰富的地区规划建设地热发电项目，进一步完善地热能政策管理体系，鼓励核心技术研究攻关。

（五）生物质能

生物质能是将有机物通过现代技术转化为固态、液态和气态燃料，从而用于电力及运输等领域，满足人们的能源需求。其来源广泛，易于获得，污泥、农林残留物、能源作物、多年生木质纤维素植物等生物质原料均可作为生物质能的来源。[②] 生物质能技术相对成熟，但总体体量较小，仅依赖边际土地和雨水灌溉种植能源作物无法满足我国深度减排需求；发电成本较高，亟待技术突破和政策调整来继续降低成本；对局地环境影响和人群健康影响不确定性较大，取决于生物质燃料的具体种类和利用方式；大规模发展可能带来占用土地资源、增加水资源压力等生态风险。因而，要尽量集中使用生物质能并与其他领域进行结合。在近期，能源作物主要服务于交通行业，可作为促进交通行业低碳及零碳化的过渡技术；在远期，能源作物主要服务于电力行业，末端需配合CCS技术进行使用。对待生物质能的发展应持有相对谨慎的态度，注意平衡生物质能大规模发展对其他可持续发展目标的影响。对上述主要减缓技术的综合影响分析见表4—1。

---

① 《国家能源局综合司关于公开征求〈关于促进地热能开发利用的若干意见（征求意见稿）〉意见的公告》，国家能源局，http：//www.nea.gov.cn/2021－04/14/c_139880250.htm.

② IEA. 2017. Technology Roadmap：Delivering Sustainable Bioenergy. https：//www.iea.org/reports/technology－roadmap－delivering－sustainable－bioenergy.

表 4—1 关键能源供给侧减缓技术的综合影响分析[①]

减缓技术	技术成熟度	经济影响	局地环境影响	生态影响	人群健康影响	社会影响
风电、光伏发电	成熟	较确定	较确定	不确定	较确定	较确定
CCS	尚未成熟	较确定	不确定	不确定	不确定	不确定
生物质能	较成熟	不确定	不确定	不确定	不确定	较确定
氢能	尚未成熟	较确定	较确定	较确定	较确定	不确定
核能	成熟	较确定	较确定	不确定	较确定	不确定

（六）火电＋CCS

通过 CCS 技术对二氧化碳进行捕捉封存是火电企业碳减排的方式之一。鉴于我国煤电仍处于规模扩张阶段，燃煤电厂等能源设施往往具有长周期性，且天然气火电厂可能成为煤电与新能源发电间的过渡能源等种种原因，在中短期内仍可能有部分火电厂难以退役，需要通过加装 CCS 装置使其实现零碳。在各类 CCS 技术中，燃烧后捕集技术最为成熟，已进入工程示范阶段，主要可应用于低浓度燃煤电厂。CCS 技术的成熟度在中短期来看尚未达到商业应用水平，其成本高昂。据测算，现阶段煤电若增加 CCS 装置，发电成本或将远高于可再生能源；其电能消耗和水资源消耗可能对局地环境造成负面影响；CCS 技术与化石能源结合，或导致现有化石能源的路径“锁定”，延缓传统高碳火电淘汰。然而，火电＋CCS 模式可一定程度上拉动就业，对整体经济发展带来一定积极作用，煤电 CCS 的就业贡献超过风电、太阳能等可再生电力部门[②]；且 CCS 技术代际更替及其电厂应用成本与能耗变化的预期前景较为乐观。总的来说，火电加装 CCS 装置

---

① 赵一冰、蔡闻佳、丛建辉等：《低碳战略下供给侧减缓技术的综合成本效益分析》，《全球能源互联网》2020 年第 3 期。

② Jiang Y, Lei Y, Yan X, et al. Employment impact assessment of carbon capture and storage (CCS) in China’s power sector based on input－output model, *Environmental Science and Pollution Research*, 2019, 26.

在传统技术经济、社会接受度、局地环境影响等方面仍面临较大挑战，其大规模部署取决于技术成熟度、技术经济性、自然条件承载力等因素，随技术逐渐成熟，经济成本和局地环境影响在一定程度上有望改善。因而，转型清洁能源仍为火电企业减排的主要路径，可将火电＋CCS模式作为在2030年后我国从化石能源为主的能源结构向零碳多元供能体系转变的重要战略储备技术，即难退役火电厂进行改造的备用选项，加大研究力度，保障能源结构稳定变革。

（七）生物质能＋CCS（BECCS）

BECCS技术将生物质能技术与CCS结合，通过CCS技术将生物质能使用过程中排放的CO_2进行分离、压缩并运输至封存地点，使其与大气长期隔离封存，农业剩余物、林业剩余物和能源植物是主要的生物质资源。BECCS相比于火电CCS有一个重要优势，火电CCS仅能实现零排放，而生物质中的碳来自光合作用，本身就是碳中性的，结合CCS技术使用时全过程就可以实现负排放。目前，生物质发电、生物质液体燃料和沼气是生物质能利用的主要方式。其中，生物质发电和生物质液体燃料由于容易与CCS相结合，是未来生物质能利用的主要方式。[①] 与生物质能技术相近，BECCS技术目前仍存在较大不确定因素及道德风险，包括生物质资源供应量、BECCS技术成熟度、BECCS技术大规模实施的经济性以及BECCS技术对社会和生态影响的不确定性。[②] 如何协调各区域BECCS的需求，平衡BECCS对土地、淡水、粮食和生态环境的影响是未来技术大规模使用过程中的重大挑战。

近年来，在我国政府的大力支持下，我国的新能源行业发展取

① 郑丁乾、常世彦、蔡闻佳、杨方、张士宁：《温升2℃/1.5℃情景下世界主要区域BECCS发展潜力评估分析》，《全球能源互联网》2020年第3期。

② 常世彦、郑丁乾、付萌：《2℃/1.5℃温控目标下生物质能结合碳捕集与封存技术（BECCS）》，《全球能源互联网》2019年第2期。

得了显著的成就，成为全球新能源快速发展的引领者。“十三五”时期，全国非化石能源装机年均增长13.1%，占总装机容量比重从2015年底的34.8%上升至2020年底的44.8%。截至2020年底，全国全口径水电装机容量达3.7亿千瓦、核电装机容量达4989万千瓦、并网风电装机容量达2.8亿千瓦、并网太阳能发电装机容量达2.5亿千瓦。全口径煤电装机容量达10.8亿千瓦，占总装机容量的比重为49.1%，首次降至50%以下。[①] 中国核电已实现自主设计、建造和运营，在建核电机组数量居世界第一。[②] 220千伏及以上输电线路长度达75.5万千米，220千伏及以上变电设备容量42.6亿千伏安，位居世界第一。[③]

2020年，习近平主席在气候雄心峰会上宣布：“到2030年，中国单位国内生产总值二氧化碳排放将比2005年下降65%以上，非化石能源占一次能源消费比重将达到25%左右，森林蓄积量将比2005年增加60亿立方米，风电、太阳能发电总装机容量将达到12亿千瓦以上。”[④] 在2060年实现碳中和的目标下，我国“十四五”规划高度重视新能源的发展，在科研、产业、国防等方面均为新能源的发展进行了积极部署，“非化石能源占能源消费总量比重提高到20%左右。加快抽水蓄能电站建设和新型储能技术规模化应用”。各省“十四五”规划中，新能源产业一片利好，西藏、陕西、甘肃等西北省份，将重点布局风光储等新能源，同时，甘肃还将加快氢能、动力电池等产业化步伐；广东、浙江、江西、云南等南方省份，将着重发展风电、光伏等新能源；吉林、辽宁、河北将重点发展氢能、光伏等新能源；浙江、

---

① 中电联电力统计与数据中心：《2020—2021年度全国电力供需形势分析预测报告》：http：//www.chinapower.com.cn/zx/zxbg/20210203/50117.html.

② 陈白平、陆怡、刘恭毅等：《中国气候路径报告：承前继后、坚定前行》，波士顿咨询公司，2020年10月28日。

③ 电力规划设计总院：《中欧能源技术创新合作展望》，2020年10月28日。

④ 《习近平在气候雄心峰会上的讲话（全文）》，中国政府网，https：//www.gov.cn/xinwen/2020_12/13/content_5569138.htm.

江苏、山东、江西等地将大力推广“光伏＋”模式。[①]

我国未来新能源增长空间仍然十分巨大。预计到2060年我国在运光伏（含光伏制氢）、风电、核电、水电装机可分别达到14700GW、1660GW、386GW、520GW，我国国内光伏累计装机空间将成长70倍，年需求或超20倍。[②] 抓住新能源技术发展契机，有利于在能源革命中抢占先机，实现低碳及零碳化转型的同时取得利好的综合效益。

二、储能技术

由于大部分新能源发电技术均具有间歇性、不稳定的特点，造成电力消纳时间与空间上的错配问题，未来能源体系需要配套大规模储能系统，以解决电网削峰填谷、新能源稳定并网问题，提高电力系统安全性、稳定性、可靠性、灵活性，实现跨时段、跨季节的发用能平衡，避免能源浪费。[③] 储能技术主要分为物理储能、电化学储能和电磁储能三类。其中，抽水蓄能是一种主要的物理储能方式，其起步早、技术最成熟，目前装机规模占比持续超过90%，但具有选址要求高、一次投资大等缺点。除抽水蓄能外，电化学储能是最受关注的技术，其性能突出且具有不受地域条件限制、成本呈快速下降趋势等优点，预计未来电化学储能将脱颖而出。以可再生能源电解制氢，使用氢作为跨季节、跨地区的储能手段也备受关注。与氢类似，氨也可作为长期储能的一种方式。着眼于2060年碳中和愿景，下面重点介绍极具发展潜力的氢储能、氨储能、电化学储能三种储能方式及储能电站。储能技术分类及全球主要储能技术发展阶段如图4—4所示。

---

① 《17省市“十四五”新能源规划》，能源一号，http：//www. chinapower. com. cn/tynfd/hyyw/20210312/57643. html.

② 参见中金公司研究部：《碳中和，离我们还有多远》。

③ 《全球碳中和储能大趋势》，华创电新，http：//www. escn. com. cn/news/show－1185868. html.

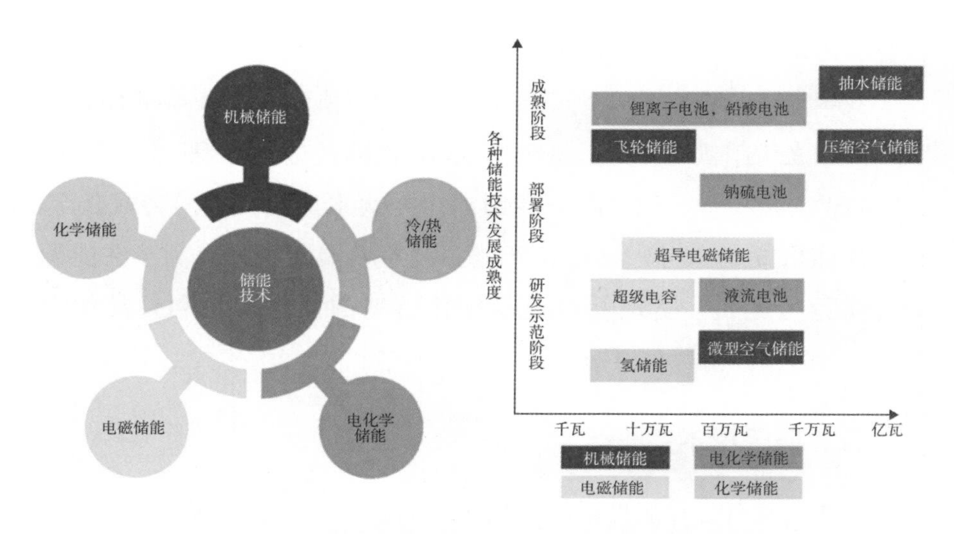

图 4—4　储能技术分类及全球主要储能技术发展阶段

（一）氢储能

氢可同时适用于极短或极长时间供电，是极具潜力的新型大规模储能技术，是世界能源技术变革的重要方向。氢能被视为零碳电力的重要载体，通过电解可以将水分解成氢气和氧气，亦可从生物质能、化学能源以及电力等不同的初级或次级能源生产获得氢进行储能，一些处于研发阶段中的项目还可直接利用阳光从水中制造氢气。世界能源理事会把伴有大量二氧化碳排放制得的氢称为“灰氢”，把将二氧化碳通过捕集、埋存、利用，避免了大量排放制得的氢称为“蓝氢”，而通过来源于风能和太阳能等可再生能源电解水制取的氢被称为“绿氢”。在存储阶段，氢既能以气、液相的形式存储在高压罐中，也能以固相的形式储存在储氢材料中，目前氢主要以压缩气体或液体形式储存。在运输阶段，由于氢可扩散到普通金属中，现有高压天然气管道不适用于氢的输送，大规模、远距离的运输和配送氢需要建设新的基础设施。在使用阶段，将氢以燃料电池等方式进行供电。氢储能具有能量密度高、存储时间长、转化效率高、运行维护成本低、几乎无污染的优点，是少有的能够储存百 GW・h 以上的储能技术方式。随着制氢技术和储氢材料的快速发展，氢能技术发展迅速，可带来大量就业机会。然而氢能大规模开发仍面临技术成熟度不足、产业成本高昂、前期基础设施投入大、价值链高度复杂、大规模储存及运输安全风险高、政策法规不完善、社会影响不确定等挑战。不同制氢技术方式显著影响氢能产业的环保性，使用零碳可再生能源的制氢技术节能环保性最佳，核能利用制氢次之，而传统化石能源制氢的节能环保性最差。总的来看，氢能产业发展应遵循“灰氢不可取，蓝氢可以用，废氢可回收，绿氢是方向”这一原则，着力于发展攻关清洁的“绿氢”制取、储存及运输技术，实现技术成本的快速降低。我国氢能发展仍然落后于其他国家或地区，急需进一步的技术突破和政策支持。

（二）氨储能

氨作为富氢载体，是一种更安全的大规模储能方式。氨储能是将电力、水和空气无碳转化为氨气，将氨气储存在储罐后，可用于燃烧发电、运输设备燃料及工业，其完全燃烧只产生氮气和水。目前大部分氨气生产来自化石燃料，预计未来可直接利用再生能源电力电解水方法大规模生产氢气，再将氢气转换成氨气，该制氢方式可减少化学转化过程中的能量损失。氨作为燃料具备能量密度高、易储存运输、防爆特性好的优点。与氢相比，氨同样具有不受地理位置限制、响应时间快等优势[①]，同时其制造、存储和运输过程更加安全、能量损失更小、所需的成本更低：氨具有与化石燃料相似的储存和运输特性；氨气加气站的建设可以在现有的液化石油气加气站基础设施上稍作改动，前期建设成本更低。飞机并不是唯一使用氨作为燃料的运输设备。在船舶和汽车中，正在积极开发氨发动机。

---

① 王月姑、周梅、王兆林、郑淞生：《以氨燃料为介质的全生命周期储能效率估算》，《储能科学与技术》2018 年第 7 期。

（三）电化学储能

2020年，我国新增投运电化学储能项目规模呈现爆发式增长，首次突破GW大关，达到1.56GW。[①] 全球锂离子电池的累计装机13.1GW，首次突破10GW大关，在各类电化学储能技术中规模最大。电化学储能性能最佳，不受地域限制，可以分布式匹配，当前成本偏高但远期下降空间可期。电化学储能对于装机地域限制更少，除了依靠发电侧共建储能以及电网独立储能外，未来还可能出现用户侧储能、车网互动（V2G）等多种新形式参与电力辅助服务，通过盘活用户侧存量资产、减少闲置，实现整体电力系统成本的最优化。“十四五”期间，我国的电化学储能市场将正式跨入规模化发展阶段。

（四）储能电站

作为电力系统辅助服务，储能电站是储能系统中的一个重要部分。2016—2019年，中国储能电站行业发展整体呈稳步上升趋势，储能电站装机规模从2016年的24.3GW上升至2019年的32.4GW（见图4—5）。其中，抽水蓄能的累计装机规模最大，电化学储能的累计装机规模位列第二。预计未来几年储能电站市场规模将以10%的速度增长，至2025年，市场规模将超过2600亿元。储能电站建设在区域上并不均衡，我国储能电站相关的企业主要分布在华东和南方地区，其他区域则较为分散。在国家政策的大力扶持下，可以预期储能电站的建设范围将进一步扩大，市场需求和行业潜力巨大。但目前仍存在安全性隐患、盈利模式受限、实际应用单一等挑战，电网侧、用户侧参与建设储能电站的动力不足，不时发生的储能电站燃烧爆炸事件为其大规模发展的安全性、稳定性提出了更高的要求，急需国家及各地政策的进一步推动及规范。

---

① 参见《储能产业研究白皮书2021》。

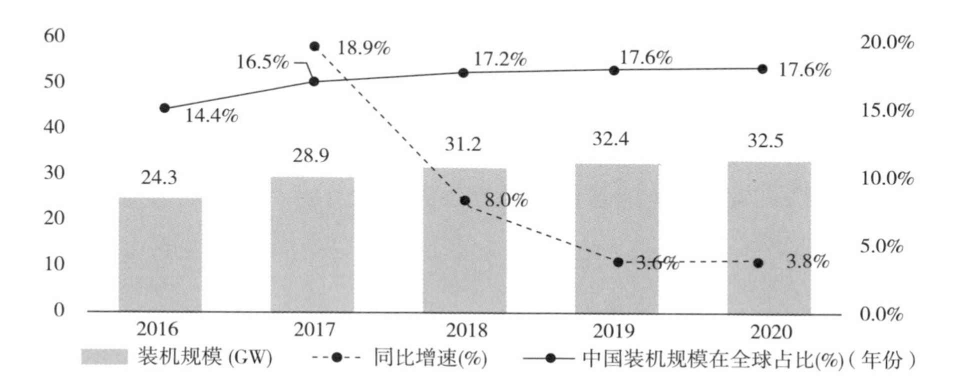

图 4—5　中国储能电站装机规模情况

数据来源：CNESA 前瞻产业研究院整理。

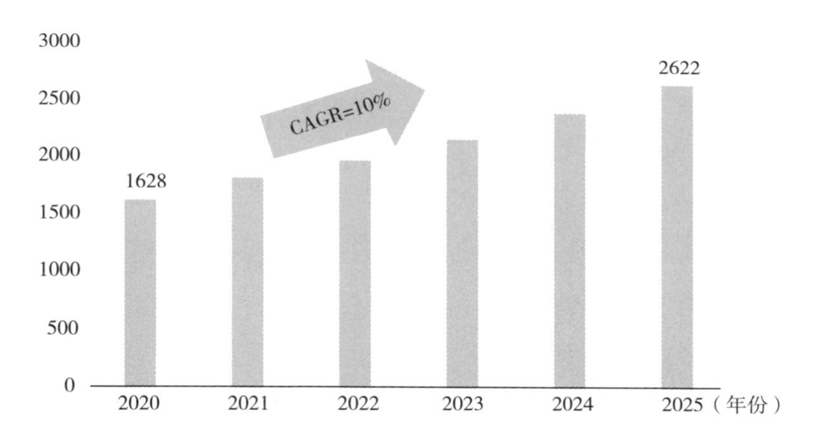

图 4—6　中国储能电站行业发展前景预测（单位：亿元）

数据来源：CNESA 前瞻产业研究院整理。

总的来看，不同储能方式在储能时长、储能效率、储能规模上各有特长。对短期与低容量输电来说，电池储能系统是最快与方便的办法，但是如果要长期储电或是大规模应用，氨气储能系统可能更有效。2021 年 4 月，国家发展改革委、国家能源局发布《关于加快推动新型储能发展的指导意见（征求意见稿）》[①]，部署了未来 10 年新型储能

① 《关于对〈国家发展改革委国家能源局关于加快推动新型储能发展的指导意见（征求意见稿）〉公开征求意见的公告》，中华人民共和国中央人民政府，http：//www.gov.cn/xinwen/2021—04/22/content_5601283.htm.

(除抽水蓄能外的新型电储能技术）的发展方向：到 2025 年，实现新型储能从商业化初期向规模化发展转变，标准体系基本完善，产业体系日趋完备，市场环境和商业模式基本成熟，装机规模达 3000 万千瓦以上；到 2030 年，实现新型储能全面市场化发展，装机规模基本满足新型电力系统相应需求。在政策支持下，新型储能技术将成为能源领域碳达峰碳中和的关键支撑之一。

三、智能电网

由于未来零碳新能源的分布式特性，预计未来电网及电源结构将会发生根本性的变革，电网的调度模式和能力将极大程度影响能源的利用效率，催生着电网智能化调度、智慧能源服务、电网智能控制的出现。电网系统需要从传统只聚焦稳定性、可靠性、坚强性的集中性网络，向更加智能、灵活的分布式网络进化。

根据《国家发展改革委　国家能源局关于促进智能电网发展的指导意见》，“智能电网是在传统电力系统基础上，通过集成新能源、新材料、新设备和先进传感技术、信息技术、控制技术、储能技术等新技术，形成的新一代电力系统，具有高度信息化、自动化、互动化等特征，可以更好地实现电网安全、可靠、经济、高效运行。”[①] 智能电网将各类能源联系起来，进行智能化开采、输送及使用，将促使能源的生产、传输、存储、消费等全价值链各环节的变革，进而形成集中式与分布式协调发展、相辅相成的能源供应模式，实现信息流对能量流的灵活管控。国家《能源发展“十三五”规划》等针对智能电网发输配用全环节，提出了未来 5 大重点发展领域：清洁友好的发电、安全高效的输变电、灵活可靠的配电、多样互动的用电、智慧能源与能源互联网（见图 4—7）。目前，智能电网的相关技术、模式及业态仍

① 《国家发展改革委　国家能源局关于促进智能电网发展的指导意见》，国家能源局，http://www.nea.gov.cn/2015—07/07/c_134388049.htm.

然处于探索发展阶段，需继续配套相关政策，开展试点示范及推广应用。[①]“十四五”期间，国家电网、南方电网及各地方政府进一步加强智能电网建设，南方电网提出在海南投资270亿元左右，高标准推进海南自贸港智能电网建设；海南提出2025年全面建成安全、可靠、绿色、高效的智能电网综合示范省；2035年智能电网发展居于世界领先水平。智能电网发展前景可期。

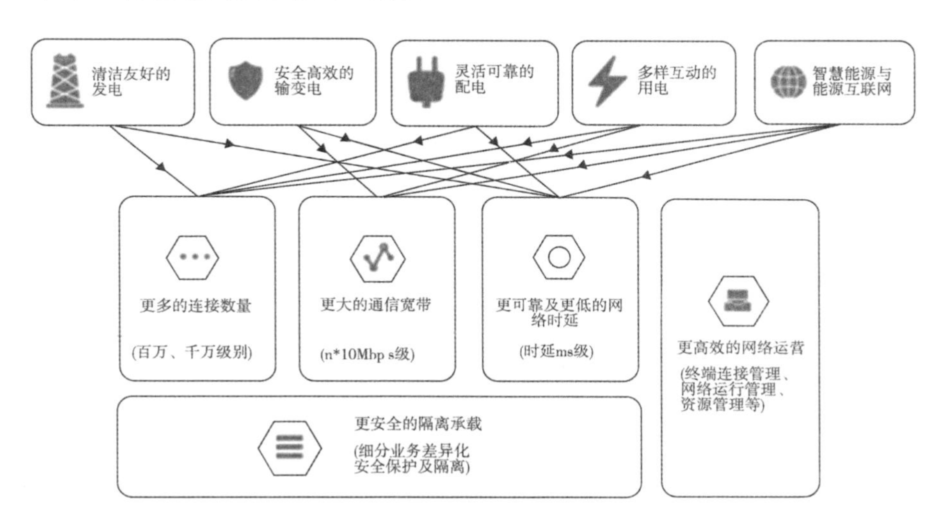

图4—7 智能电网发展目标及重点方向

① 《关于推进“互联网＋”智慧能源发展的指导意见》，国家能源局工业和信息化部，http://www.nea.gov.cn/2016－02/29/c_135141026.htm.

第三节 低碳、零碳终端用能技术

实现碳中和不仅需要能源的来源的低碳化，也需要终端使用侧做出脱碳努力，本节将低碳、零碳的终端用能技术分为五大类——节能、电气化、燃料替代、产品替代与工艺再造，以及碳循环经济。节能技术是帮助用能终端实现脱碳的一类关键技术，此类技术综合性强，适用范围广。用能终端的电气化需要与低碳或零碳能源供应结合，实现终端用能的脱碳。在不能实现电气化或电气化成本过高的情况下，可以使用生物质能、氢能等能源进行燃料替代。特别地，在工业部门可以通过产品替代和工艺再造等措施提高整体效率，实现低碳或零碳生产。在系统层面上，可以应用循环经济的策略使经济增长不再依赖有限的资源，转而打造更加坚韧、可持续的经济社会系统，从而帮助实现碳中和目标。

一、节能技术

节能技术几乎适用于所有终端用能部门，这类技术可以通过提高能效、调整结构和生活方式的转变，在保证人们生活水平的前提下实现降碳。

根据国际能源署的估算，建筑部门可以对全球能源效率提升作出超过 40%的贡献[①]，实现这种改善的节能技术包括高效烹饪和其他家用电器的能效提升、高效供冷供热技术、以建筑设计为主导的低碳营造技术等。这类技术的成熟度较高，推广的限制因素不在于技术水平，而在于是否有足够的政策激励（如能效标准等）支持其成为市场主流。

---

① IEA. 2019. World Energy Outlook 2019. https：//www. iea. org/reports/world－energy－outlook－2019.

因此，需要在建筑部门提升建筑设计、施工、运维相关的能效和碳排放标准，引导用能方式，推广节能技术。

节能技术是实现交通部门降碳的常规技术，主要包括传统燃油载运工具的降碳技术、运输结构的优化调整、运输装备和基础设施用能清洁化等。对于传统燃油载运工具，可以通过节油技术实现碳减排，以乘用车为例，国际清洁交通委员会报告指出，发动机技术、变速器技术、混合动力和电池动力技术、附件能效技术、减重五大类技术可以不同程度上降低乘用车油耗并相应带来二氧化碳减排。[①] 在运输结构方面，可以通过推动货物运输“公转铁”“公转水”提高运输效率，实现节能。另外，低碳沥青筑路技术、可再生能源的分布式发电与储能应用等技术可以帮助在运输基础设施方面实现节能降碳。

工业生产过程中节能技术涉及范围较广，相关技术繁多。例如，可通过动力系统部分的能效提高、能源转化类主体生产工艺及设备的革新、系统模拟和集成管理，实现换热流程优化、设备效率提升，从而提高系统能源效率。工业节能措施大致有六个主要方面：一是优化核心工艺的能源效率，使用更有效的技术手段达到同样的目的，用风扇、鼓风机、真空泵、电刷等替代压缩空气系统；二是设计更高效的分配系统，通过适当的尺寸调整、缩短距离、绝缘管道、避免管道90°弯曲等，降低配电系统的损失；三是使用尺寸合适的设备，根据需要平衡制冷系统和冷却器的容量，使得设备在最佳负载下运行；四是安装高效设备，选择能提供足够流量的泵和风扇，使用高效可控电机、变速驱动器等；五是控制系统有效运行，避免设备空转，减少产品流

① 何卉、Anup Bandivadekar：《从中、美、欧盟2020—2025乘用车油耗标准严格程度与中美节油技术比较看中国2020年新乘用车平均油耗标准的可行性》，https://theicct.org/sites/default/files/publications/Tech%20feasibility%20China%20Working%20Paper%20v4_CN2.pdf.

程中的可变性；六是及时对设备进行升级，配合系统重新设计。[①]

二、电气化技术

电气化是实现碳中和的重要推动力，在低碳或零碳能源供应的前提下，需要推动用能终端的电气化实现用能环节的碳中和。据估算，中国当前人类活动温室气体排放量脱碳的约50%可通过使用清洁电力来实现，包括交通运输系统的电气化、生产绿色氢能和各种工业流程的电气化。[②]

公路交通是电气化技术应用的关键领域。随着充电基础设施建设的推进、电池效率提升与充电等技术的进步，以及绿色出行政策的支持，新能源汽车的保有量在全球范围内快速增长。根据预测，到2025年左右，新能源汽车将在多数细分市场与燃油车实现平价，得到更大规模的普及。《节能与新能源汽车技术路线图（2.0版）》[③] 指出，节能汽车、纯电动和插电式混合动力汽车、氢燃料电池汽车、智能网联汽车、汽车动力电池、新能源汽车电驱动系统、充电基础设施、汽车轻量化、汽车智能制造与关键装备将成为未来技术发展的九大重点领域（见图4—8）。

交通电气化为5G通信、人工智能、大数据、超算等前沿技术的接入提供了空间。这些技术可以用于构建智能交通系统，帮助交通部门提供更加灵活、高效、经济和低碳的出行服务。例如，速度引导—智能交通系统技术通过GPS收集车辆位置信息和交通信号灯信息，之后由后台处理器计算出通过路口的正确行驶速度并引导驾驶员通过路

---

① Rissman J, Bataille C, Masanet E, et al. Technologies and policies to decarbonize global industry: Review and assessment of mitigation drivers through 2070, Applied Energ, 2020, 266.

② Goldman Sachs. 2021. Carbonomics－China Net Zero: The Clean Tech Revolution. https://www.goldmansachs.com/insights/pages/gs－research/carbonomics－china－netzero/report.pdf.

③ 中国汽车工程学会：《节能与新能源汽车技术路线图（2.0版）》。

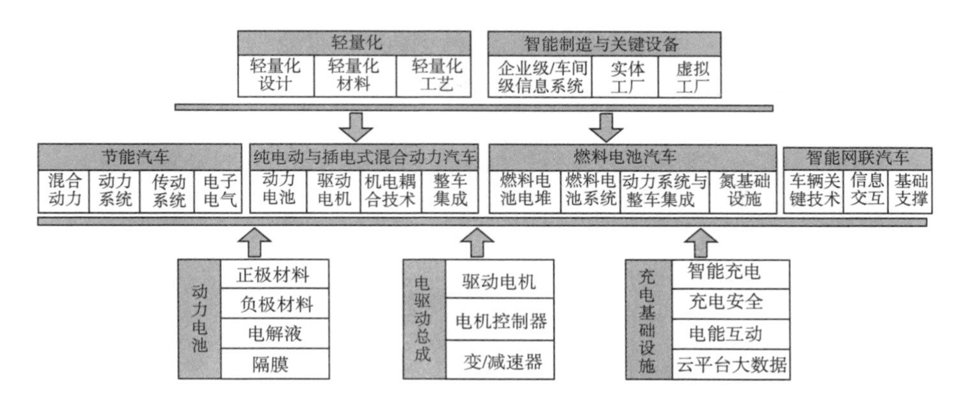

图 4—8　新能源汽车相关技术体系[①]

口。这种技术可以通过降低启动和停止的频率、加速的强度、加速和怠速的时间比例，显著降低两种测试车辆（轻型汽油车和重型柴油卡车）的燃料消耗和污染物排放。[②] 未来，前沿技术与车路协同系统的融合发展将成为帮助交通部门脱碳的重要技术趋势。

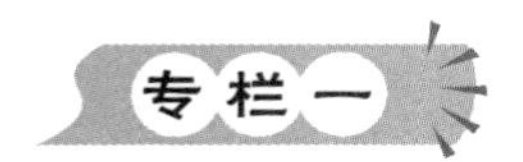

“光、储、直、柔”的建筑新型供配电技术

在“光、储、直、柔”技术系统中，“光”指的是在建筑场地内设置的分布式光伏发电装置，“储”在供配电系统中主要是储能电池，“直”是指低压直流配电系统，“柔”则是具有可调节、可中断特性的智能建筑用电设备，包括智能空调、智能照明、智能充电桩等智能化设备[③]（如图 4—9 所示）。这一技术系统的特点：一方面是源、储、荷的布局从分离到融合；另一方面终端建筑的用电需求也将从原来的

---

① 中国汽车工程学会：《节能与新能源汽车技术路线图（2.0 版）》。

② Yang、Z.，Peng、J.，Wu，L，et al. Speed－guided Intelligent Transportation System Helps Achieve Low－Carbon and Green Traffic：Evidence from Real－World Measurements，*Journal of Cleaner Production*，2020，268.

③ 深圳建筑科学研究院：《建筑电气化及其驱动的城市能源转型路径》，https：//www.efchina.org/Reports－zh/report－lccp－20210207－2－zh.

刚性需求（用户用多少、电网供多少）转变为柔性需求（可中断、可调节）；另外，低压直流配电技术的应用使建筑供配电系统简单化，促进能效提升、可靠性提高和能量智能化控制的发展。

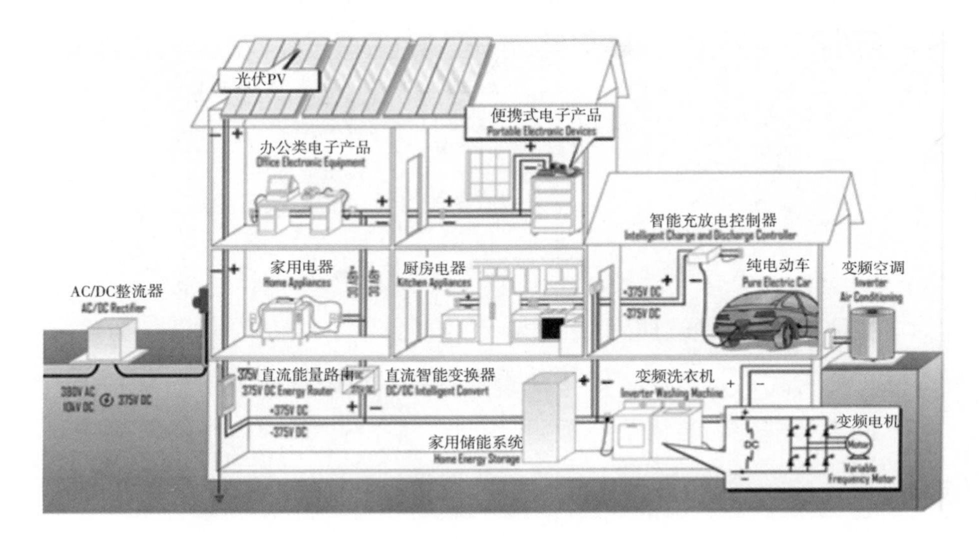

图 4—9　“光、储、直、柔”的建筑新型供配电技术①

在建筑部门，照明、制冷、家用电器等已基本实现电气化，热泵供暖将成为电气化技术早期部署的关键领域。据 IEA 分析，2019 年热泵在全球家庭用能中的占比只有 5%，预计到 2030 年，这一比例将提高到 22%，这将降低取暖能耗，为建筑部门减少 50%的碳排放。② 在目前的发电碳强度下，世界上 53 个地区的热泵能够满足全球 95%的家庭供暖需求，且排放强度大大低于以化石燃料为基础的技术。③ 另外，炊事电气化、“光、储、直、柔”的建筑新型供配电技术也具有较大减排潜力，但这两种技术面临公众接受度低、成本高、技术成熟度

① 深圳建筑科学研究院：《建筑电气化及其驱动的城市能源转型路径》，https：//www. efchina. org/Reports－zh/report－lccp－20210207－2－zh.

② IEA. 2020. Heat pumps. https：//www. iea. org/reports/heat－pumps＃recommended－actions.

③ Knobloch F，Hanssen S V，Lam A，et al. Net emission reductions from electric cars and heat pumps in 59 world regions over time，*Nature sustainability*，2020，3.

不足等挑战。

用电力进行工艺加热或者锅炉加热将是工业部门电气化工作的早期重点。具体而言，可以通过热泵、感应加热、红外、微波和射频激发分子来提供一般用途的加热；在一些特殊用途中，可使用激光烧结、电阻加热和电弧炉等技术提供热源，也可通过紫外线和电子束作为热量的非热替代品。工业电气化主要面临着成本和技术的挑战。因为目前煤炭、石油和天然气等化石燃料价格较低，在没有外加碳税惩罚的约束下，企业很难有动力对工艺进行电气化改造。此外，工业过程电气化改造技术复杂，需要考虑因材料而异的电磁作用、高热源温度需求带来的瞬时发电需求等因素，难度较大。

三、燃料替代技术

在不能实现电气化或电气化成本过高的情况下，利用氢能或生物质能进行燃料替代可以帮助实现用能终端的脱碳。

氢能可以用于燃料替代以应对减排难度最大的20%温室气体排放，如交通业可利用氢+燃料电池解决长距离运输问题，工业可以利用氢解决钢铁和化工业的高排放问题，建筑业可以通过在天然气掺混氢气降低燃气供热过程的碳排放。[①] 类似氢能，通过可持续方式获得的生物质也可以用于燃料替代，减少化石燃料所产生的碳排放。生物质通过光合作用从大气中固定碳排放，经过燃烧过程或其他化学反应重新释放到大气中，从全生命周期的角度看，采用生物质能具有近零碳排放的属性。生物质燃料替代在北方农村清洁供暖、交通运输，以及水泥、钢铁、化工等工业领域均有广阔的应用空间。

---

① Sonja van Renssen, The hydrogen solution?, *Nature Climate Change*, 2020, 10.

不同的替代燃料技术具有不同的特点和技术发展重点。[①] 生物燃料，特别是生物柴油和固体生物质，已经用于交通和工业部门，具有成本优势和较好的商业化推广前景。实现生物燃料生产的可持续性是未来技术研发的重点，例如，可以通过热解或气化对原料进行热化学转化，对可生物降解的废物进行厌氧消化，以及将废物管理有效纳入强化生物燃料的生产中。氢气具有很高的能量密度，是高温工业过程或运输部门燃料替代的潜在解决方案。然而，氢气也被广泛用于其他用途，这意味着只有有限的数量可用于燃料应用。另外，氢燃料的制备、压缩、储存、分配全链条基础设施尚未形成网络，仍存在技术成熟度和经济可行性方面的挑战。乙醇衍生燃料也可以用于燃料替代，这类燃料具有较低的热值，因此改造或开发专用的内燃机，是实现更高的效率的必要条件。目前，甲醇已经成功地进行了船舶应用的测试，在发动机性能和减少废气排放方面取得了令人鼓舞的结果。

四、产品替代与工艺再造技术

产品替代与工艺再造是适用于工业部门的低碳终端用能技术。

产品替代主要体现在混凝土和钢铁等建筑材料方面。例如，可通过胶合层压木材作为高层建筑的承重，将木纤维和稻草用作隔热材料，采用纤维板代替石膏板等，以木材替代混凝土实现减排。另外，辅助胶凝材料可替代普通硅酸盐水泥中部分或大部分石灰石基熟料，包括粉煤灰、煤炭燃烧的副产品、高炉矿渣颗粒、钢铁工业的副产品、煅烧黏土以及天然火山灰矿物等。目前，辅助性凝胶材料已取代了全球水泥中近20%的熟料，通过适当组合该材料可替代40%的熟料。煅烧

---

① Stančin H, MikulčićH, Wang X, et al. A review on alternative fuels in future energy system, *Renewable and Sustainable Energy Reviews*, 2020, 128.

黏土和惰性填料是减少水泥熟料含量的最广泛使用的选择，据估计通过该种方法每年可减少水泥行业6亿吨CO_2的排放量。

另外，通过智能化、新技术、新装备及具有颠覆性的节能工艺等工业流程再造技术研发，可降低工业生产的能耗，提高能源和资源利用率，有效降低碳排放。2020年12月，中国工业和信息化部发布《国家工业节能技术装备推荐目录（2020）》，对五大类59项工业节能技术进行了梳理，并对这些技术未来五年的推广比例及节能能力进行了预测，文件中涉及多个流程和工艺再造技术，例如，新型水泥熟料冷却技术、高能效长寿化双膛立式石灰窑装备及控制技术、燃煤锅炉智能调载趋零积灰趋零结露深度节能技术等，这些技术均已在中国的工业企业进行实践，在保证企业收益的前提下取得了较好的节能减排效果。

钢铁行业的工艺改造案例

HYBRIT项目：2016年，瑞典钢铁集团（SSAB）、瑞典卢基矿业公司（LKAB）和瑞典大瀑布电力公司（Vattenfall）设立了通过改良的直接还原铁—电弧炉法（DRI－EAF）实现炼钢脱碳的合作项目，旨在用可再生电力生产的氢替代传统炼铁使用的焦炭，从而实现净零碳排放足迹的无化石燃料炼钢。

ΣIDERWIN项目：为安赛乐米塔尔（ArcelorMittal）的一个研究项目，目前处于试验阶段。该项目利用可再生能源供电的电化学过程将氧化铁转化为钢板，大大降低了能耗。

COURSE50项目：该项目由日本钢铁联合会实施，旨在提高铁矿石还原过程中的氢基燃料用量比例并捕集工艺流程中的二氧化碳排放，从而减少钢铁生产的碳足迹。

HIsarna 项目：2004 年，几家欧洲钢铁公司（包括塔塔钢铁公司）和研究机构成立了超低二氧化碳排放的炼钢公司 ULCOS，旨在探索有望到 2050 年实现吨钢碳减排 50%的技术，HIsarna 是此类技术之一。在 HIsarna 装置中，原材料以粉末的形式喷入炉内，直接转化为铁水。该工艺不需要生产高炉工艺所需的球团矿和烧结矿等铁矿石团块，也无须生产焦炭，能够减少至少 20%的碳排放，并且产生的 CO_2 纯度高，易进行捕集封存。

乌海氢基熔融还原项目：由内蒙古赛思普科技有限公司投资 10.9 亿元，于 2021 年建成，是中国首条氢基熔融还原高纯生铁生产线。与传统高炉流程相比，该项目的二氧化硫排放减少 38%以上、氮氧化物减少 38%以上、颗粒物减少 89%，同时大幅降低二氧化碳排放，没有二噁英、酚氰废水等污染物排放。

五、循环经济模式

循环经济是以再生和恢复为基础的经济模式，其目标是让经济增长不再依赖有限的资源，转而打造更加坚韧、可持续的经济社会系统。循环经济基于三大原则：从设计之初避免废气和污染、延长产品和材料的使用周期，以及促进自然系统再生。循环经济系统可以分为技术循环和生物循环两个方面（如图 4—10 所示）：在生物循环中，食物和生物基产品通过堆肥、厌氧消化等处理重新加入生命系统，为经济提供可再生资源；技术循环则通过重新使用、修复、再制造和回收等手段修复及重建产品、组件和材料。[①]

① 艾伦·麦克阿瑟基金会：《循环经济：应对气候变化的另一半蓝图》，https://www.ellenmacarthurfoundation.org/publications/completing-the-picture-climate-change.

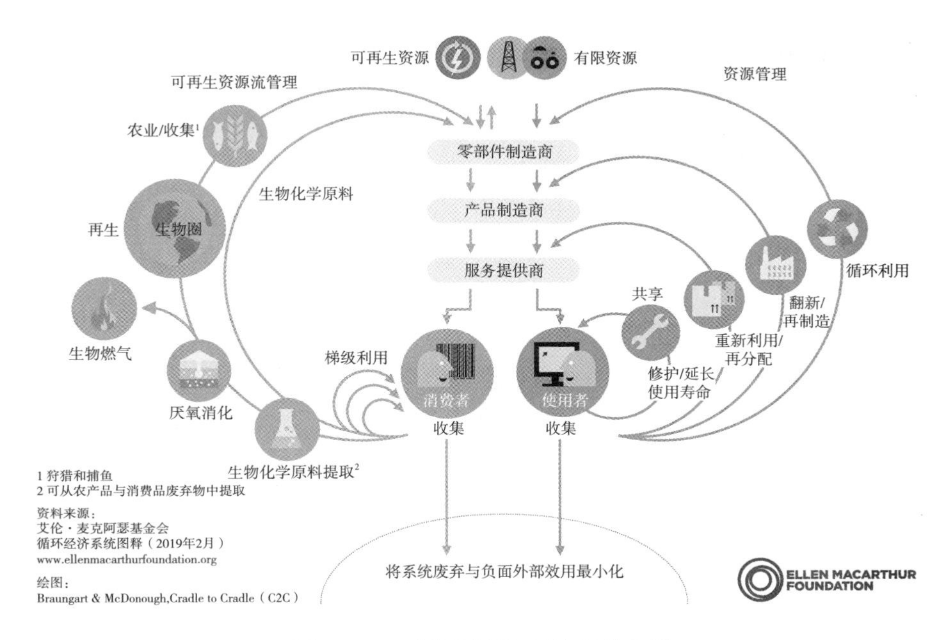

图 4—10　循环经济系统示意图①

循环经济策略在工业领域有巨大的减排潜力，这类策略包括在产品设计源头避免废弃、重复使用产品和部件、材料再循环等。据测算，若在水泥、钢铁、塑料和铝四大关键工业领域运用循环经济策略，则能在 2050 年前减少其 40%的二氧化碳排放量，约为 37 亿吨。② 循环经济策略不仅具有减排潜力，也具有较高的成本效益。图 4—11 展示了不同循环经济举措的二氧化碳减排成本曲线，其中共享商业模式、高质量回收利用、在建筑施工过程减少废弃等举措有望实现负减排成本，即在减排的同时创造收益。③

① 艾伦·麦克阿瑟基金会：《循环经济：应对气候变化的另一半蓝图》，https：//www. ellenmacarthurfoundation. org/publications/completing—the—picture—climate—change.

② Energy Transition Commission. 2018. Mission Possible — Reaching net—zero carbon emissions from harder—to—abate sectors by mid—century. https：//www. energy—transitions. org/publications/mission—possible/.

③ Material Economics. 2018. The Circular Economy — a Powerful Force for Climate Mitigation. https：//materialeconomics. com/publications/the—circular—economy—a—powerful—force—for—climate—mitigation—1.

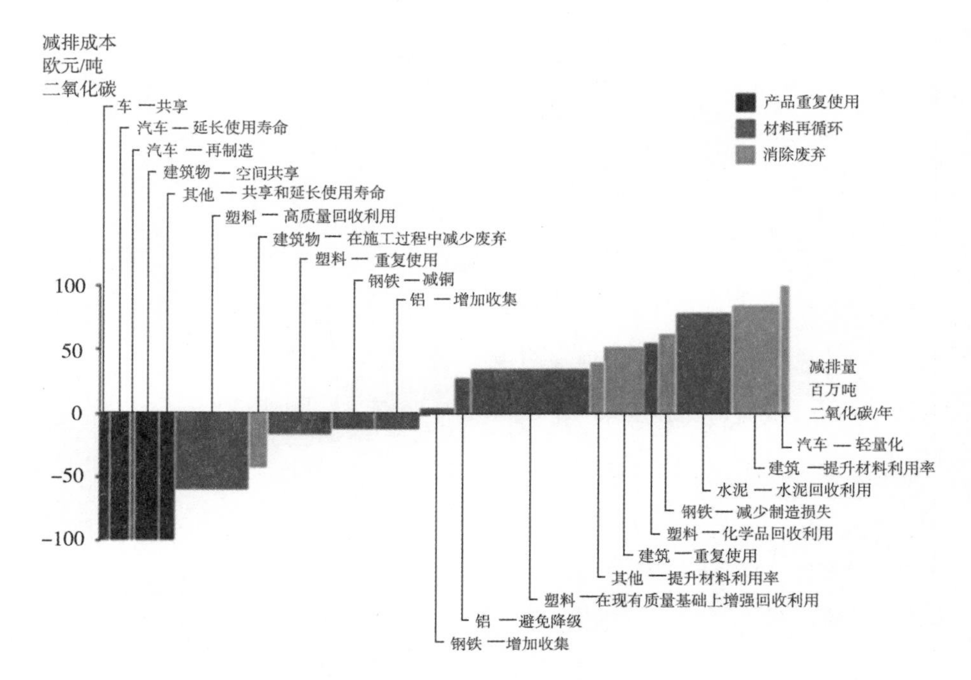

图 4—11　循环经济举措的减排成本曲线[①]

① 艾伦·麦克阿瑟基金会：《循环经济：应对气候变化的另一半蓝图》，https：//www.ellenmacarthurfoundation. org/publications/completing－the－picture－climate－change.

第四节　负排放技术

负排放技术又称为碳移除技术（Carbon dioxide removal，CDR），在 IPCC 于 2018 年发布的《温升 1.5℃：IPCC 特别报告》[①] 中有系统提及，关于其准确定义是“能够从大气中清除二氧化碳，并将其持久地储存在地质、陆地或海洋的储层中或其他产品中的人类活动。它包括人类通过生物或地球化学方法吸收的 CO_2 以及直接空气捕获和封存的 CO_2 的现有能力和未来潜力，但是，不包括非人类活动直接引起的自然二氧化碳吸收”。

二氧化碳净零排放的概念可以理解为人类活动产生的 CO_2 排放完全被人类活动去除的 CO_2 排放相抵消的状态。根据《温升 1.5℃：IPCC 特别报告》，全球平均气温上升不超过 1.5℃的可能性只有 2/3，这一目标的实现需要全球所有可能产生排放二氧化碳的部门实现平均零排放，负排放技术不可或缺。其中，负排放技术存在的主要意义在于从空气中去除和隔离 CO_2，以抵消难以避免的甲烷等非 CO_2 温室气体排放和难脱碳部门的 CO_2 排放，帮助各地区和经济体真正实现净零排放的目标。

随着碳中和概念的提出和对于地球碳循环宏观视角的扩大，负排放技术也逐渐被用来总括所有能够产生负碳效应的技术路径，既包括人类活动产生的 CO_2 吸收，诸如人工植树造林和碳捕集利用与封存等技术，也包括自然界能够发挥的 CO_2 吸收能力，如森林、草地和湿地等生态系统的固碳。

---

① IPCC：Special report：global warming of 1.5 ℃. 2018 Oct 8.

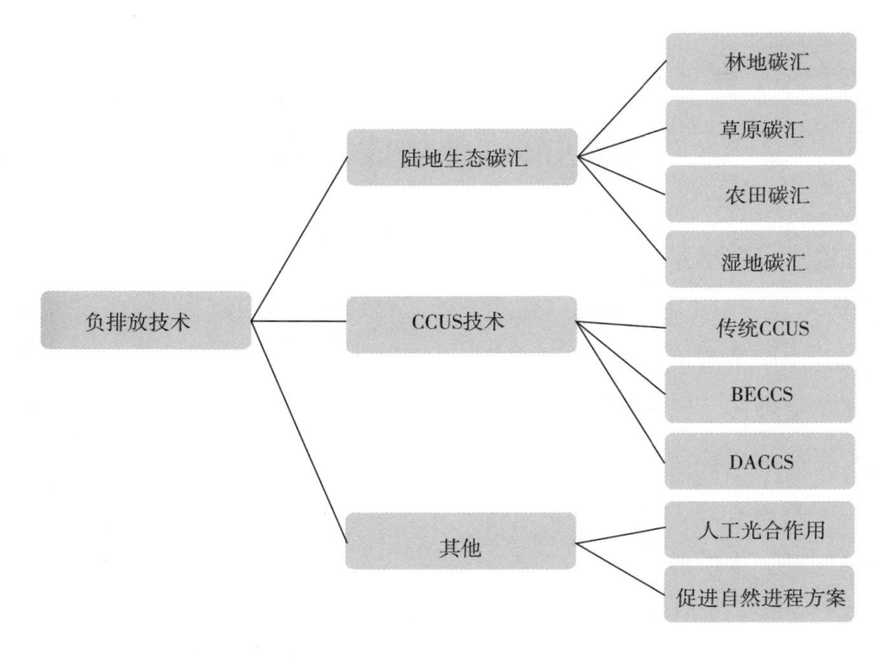

图 4—12　负排放技术体系图

一、负排放技术对碳中和的贡献

对于全球 1.5 度目标的实现，负排放技术不可或缺。

为了实现温升不超过 1.5℃的目标，在《温升 1.5℃：IPCC 特别报告》中给出了四种不同的情景路径，分别可以称为社会结构变革路径、可持续性路径、半技术路径和全技术路径。通过模型模拟发现，这四种路径的实现都需要依赖负排放技术在其中的贡献；当然，不同情景路径下对负排放技术的贡献程度和技术组成要求各有差异。

P1 社会结构变革路径：在这种情况下，社会、商业和技术创新将促使 2050 年的能源需求下降，能源系统由于其规模变小而能够实现迅速脱碳。在这种路径下，造林作为唯一的负排放技术将发挥重要的作用。

P2 可持续性路径：这是一个广泛关注可持续性的情景，包括能源强度、人类发展、经济融合和国际合作以及可持续和健康的消费模式、低碳技术创新和管理良好的土地系统等领域。在这种路径下，在增加造林的基础上，结合生物能源的碳捕集利用与封存技术也将发挥一定的负排放贡献。

P3 半技术路径：社会和技术发展遵循历史模式的中间道路场景。减排主要通过改变能源和产品的生产方式以及在需求方面的较低程度上减少排放来实现。在这种路径下，相比在农业、造林和其他土地利用方面产生的负排放，BECCS 将发挥更大规模的贡献。

P4 全技术路径：经济增长和全球化的步伐依旧依靠大量传统的高碳资源和生产生活方式支撑，温室气体的制造量依旧可观。为了对冲排放进入大气中的温室气体，减排主要通过技术手段来实现。在这种情况下需要全面部署 BECCS，充分利用 CDR 技术以实现温室气体的大规模减排。

表 4—2　四种路径下的负排放技术贡献度

	P1	P2	P3	P4
到 2100 年 CCS 的累积贡献（$GtCO_2$）	0	348	687	1218
其中 BECCS 的贡献（$GtCO_2$）	0	151	414	1191
生物能源作物的土地利用面积（百万 km^2）	0.2	0.9	2.8	7.2

数据来源：《温升 1.5℃：IPCC 特别报告》。

中国碳中和目标下各部门对于负排放技术需求旺盛。

在电力部门，中国巨大的燃煤电厂固定资产具有广大的 CCUS 改造需求和潜力。我国现有燃煤电厂的 CO_2 排放量约为 50 亿吨，主要集中在中东部区域，占我国排放量的 45%。燃煤电厂是最适合进行 CCUS 装置改造的行业之一，这是由于其产生大量持续稳定的 CO_2 排放刚好与 CCUS 技术提供的大规模减排能力匹配。同时，我国燃煤电厂的年龄普遍“年轻”，截至 2021 年，平均服役年限只有 13 年左右，资产寿命和资产质量仍然具有巨大的利用价值。综合考虑改造的土地、水等限制因素，假设投资回收期为 10—15 年，我国燃煤电厂加装

CCUS的改造潜力仍然十分可观。

未来我国电力总体需求将持续上升，未来CCUS技术在我国电力部门的减排贡献也将逐渐增加。根据IEA ETP CCUS特别报告，在可持续发展情景下，中国的CCUS容量预计将快速增长。[①] 到2030年电力部门CCUS捕集规模约为1.9亿吨/年，到2050年，这一数据将上升到7.7亿吨/年，到2070年将超过12亿吨/年。

工业部门脱碳离不开CCUS技术。根据IEA ETP CCUS特别报告，2019年，全球工业部门CO_2排放量约90亿吨，占总排放量的25%。水泥、钢铁、化工等产业是最主要的工业排放部门，占工业部门总排放量的70%以上。[②]

2019年，我国工业部门CO_2排放量约为40亿吨，占全球工业部门CO_2总排放量的约45%。作为世界上最大的发展中国家，2019年我国钢铁与水泥产能占全球总量均超过50%。我国钢铁排放源主要分布在东部地区，水泥排放源主要集中在华北、华中和华南地区。此外，与其他国家不同的是，煤化工作为我国较为特有的化工类型行业，也是排放大户，主要集中在鄂尔多斯、渤海湾、松辽盆地与准噶尔盆地。总体上，工业部门的脱碳难度在于其复杂的工艺流程和多个排放环节，同时一方面无法通过电气化完全替代化石能源供应，另一方面化石能源还发挥重要原料作用，多种因素使得工业部门需要CCUS帮助其实现大规模的减碳可能性。据分析，预计到2030年，CCUS对我国工业减排贡献约0.8亿～2亿吨/年；到2050年约2.5亿～6.5亿吨/年，2070年可达6.7亿～6.8亿吨/年。[③]

未来中国低碳氢能的发展与利用需要和CCUS技术高度结合。中

---

① IEA：Energy Technology Perspectives：Special report on CCUS. 2020.

② IEA：Energy Technology Perspectives 2020：Special Report on Carbon Capture，Utilisation and Storage. 2020a.

③ IEA：Energy Technology Perspectives 2020：Special Report on Carbon Capture，Utilisation and Storage. 2020a.

国是当前世界上最大的氢气生产国和消费国。2019 年我国氢气生产规模约为 3340 万吨[①]，多是以工业副产制氢为主。据中国氢能联盟预测，到 2050 年氢能将在中国终端能源体系中占比达到 10%，这种能源替代减排的效应相当于每年少排放 7 亿吨 CO_2。未来，我国将从化石能源如煤制氢耦合 CCUS 技术，逐步发展到可再生能源电解水制氢。据 IEA 预估，到 2070 年全球耦合 CCUS 的低碳化石燃料制氢可累计减排 19 亿吨 CO_2。[②]

BECCS 的最大优势在于帮助那些脱碳门槛巨大的部门排放的 CO_2 及其他温室气体的直接或替代降低，从而实现整个经济社会的净零排放。从原料供应端看，2016 年我国可收集的生物质资源潜力约为 11.1 亿吨标准煤，通过 BECCS 技术应用，2020—2050 年理论累计负排放潜力可达到 9 亿～13 亿吨 CO_2。[③] 从技术应用端看，基于电力行业尤其是生物质发电和燃煤耦合生物质发电的 BECCS 技术在我国拥有较大的发展空间和理论减排潜力，中国矿业大学（北京）和清华大学等单位的联合研究结果表明，中国现存燃煤电厂耦合生物质的 BECCS 减排潜力为 0～2.3 亿吨 CO_2/年，2035—2060 年的累计减排潜力为 24 亿～30 亿吨 CO_2。此外，目前诸多工业领域和非 CO_2 温室气体还不具备成熟的减排技术，需要以 BECCS 等负排放技术帮助其实现直接或替代的温室气体净零排放。

二、陆地碳汇

碳汇是地球碳循环中碳的汇集流向与出口。在应对气候变化领域，

---

① 中国氢能联盟，https：//www. hitia. cn/download/6. html. 2019.

② IEA：Energy Technology Perspectives 2020：Special Report on Carbon Capture，Utilisation and Storage. 2020a.

③ Yating Kang，Qing Yang，Pietro Bartocci，et al. Bioenergy in China：Evaluation of domestic biomass resources and the associated greenhouse gas mitigation potentials，*Renewable and Sustainable Energy Reviews*，2020（127）.

碳汇既可以指广义的碳汇集，包括人工碳汇也包括自然碳汇；也可以单指狭义的自然碳汇，即通过自然界的力量所形成的碳吸收或者碳储存。

自然碳汇是依靠自然要素相互联通联系而形成的碳循环链条，是自然界天然存在的碳循环和碳清除的主要方式，主要包括森林、海洋、土壤、湿地、冻土等生态系统吸收并储存二氧化碳的能力。根据具体载体和种类不同，碳汇一般可以分为陆地生态系统碳汇和海洋生态系统碳汇两大类。本节主要讨论的就是陆地生态系统的碳汇，简称陆地碳汇。

陆地碳汇，是指依靠陆地生态系统而存在的二氧化碳吸收和固定的能力。根据固碳物质的不同，可分为农业碳汇、森林碳汇、草地碳汇和湿地碳汇等。依据《中华人民共和国气候变化第二次两年更新报》[①]，2014 年中国“土地利用、土地利用变化和林业（LULUCF）”温室气体清单，中国陆地生态系统碳汇量为 11.5 亿吨 CO_2 当量/年，其中林地碳汇量 8.36 亿吨 CO_2 当量/年、木产品碳储量增加 1.10 亿吨 CO_2 当量/年、农田碳汇量约为 0.49 亿吨 CO_2 当量/年、草地碳汇量约为 1.09 亿吨 CO_2 当量/年、湿地生态系统净 CO_2 交换量为 0.45 亿吨 CO_2 当量/年。

林地碳汇，是指通过森林生态系统中的植物光合作用实现的二氧化碳吸收与固定效应。森林中的植物主要是高大乔木，具有长期、稳定和规模化的固碳能力。林地碳汇是陆地生态系统碳汇中贡献最大的组成，主要原因是大规模的森林蓄积量需要二氧化碳作为生长原料，以实现光合作用将无机碳转化为植物体内的碳水化合物，保证其生存所需。

草原碳汇，是指通过草原生态系统中的植物光合作用实现的二氧

---

① 《中华人民共和国气候变化第二次两年更新报》，生态环境部，https：//www.mee.gov.cn/ywgz/ydqhbh/wsqtkz/201907/P020190701765971866571.pdf.

化碳吸收与固定效应。草原植物多是草本植物，其中很大一部分会被人为利用，如开垦或畜牧草原植物所固定的碳容易被转化进入生物循环或大气中。因此，与林地碳汇不同，草原碳汇的不稳定性使得其容易发生碳汇的泄漏，特别是在过度开垦和放牧的情况下，草原有可能从碳汇变成碳源。①

农田碳汇，也可以被称为耕地碳汇，是人类种植的农作物生产过程中形成的二氧化碳汇集能力。农田碳汇的固碳过程一方面可以通过农作物自身的光合作用形成，另一方面则将这些有机物通过枯枝落叶层和根系进入土壤中形成土壤固碳。显然，土壤固碳更加具有持续性，也是农田碳汇的主要组成部分；相较而言，农作物的生长固碳比较容易再次释放到大气中。

湿地碳汇，是指湿地生态系统中的植物与水源共同组成的固碳能力。在森林、草原、农田和湿地四种主要陆地碳汇中，湿地碳汇的固碳能力较弱。

提升陆地碳汇的主要途径有四点：

（1）提升森林蓄积量和森林改造是提升林地碳汇的主要方式。具体手段包括森林保护、封山育林、森林抚育、林分改造、森林可持续经营等森林减排增汇技术措施。

（2）草原碳汇需要草原保护和防止过度开垦放牧，包括建立草原生态补偿的长效机制、实施退牧还草工程。

（3）农田碳汇主要通过提高农田生产率和改善土壤质量实现吸收固定碳的能力。特别是提升农田土壤有机质含量，能够增强土壤对温室气体的吸收和固定。

（4）湿地碳汇的增加主要通过湿地的总量增加和生态恢复实现。主要方式包括保护湿地、湿地生态恢复与重建、增加湿地面积等。

---

① 杨季：《试论草原碳源与碳汇的对立统一关系及草原碳汇的作用》，《国家林业和草原局管理干部学院学报》2019 年第 2 期。

三、CCUS技术

CCUS技术的中文名称是碳捕集利用与封存技术，一直被认为是实现化石能源零碳利用的唯一伙伴。CCUS技术的主要原理是阻止各类化石能源在利用中产生的CO_2进入大气层。在碳中和目标下，化石能源在能源消费体系中将大幅度下降，最终将保留一定的占比以支持电力系统稳定、难脱碳工业部门和其他部门的应用等。这部分化石能源的利用需要匹配CCUS技术以保证其净零排放的目标。

CCUS技术最早在2005年被提出，当时还被称作碳捕集与封存（CCS）技术，IPCC给出的定义是“将CO_2从工业或相关能源产业的排放源中分离出来，输送并封存在地质构造中，长期与大气隔绝的过程”[①]。2009年，在全球碳捕集领导人论坛上，中国建议应重视除CCS原有捕集、运输和封存三个环节之外的CO_2利用环节，并正式提出CCUS的概念，此后CCUS这一提法在世界范围内被广泛接受和使用。[②]

CCUS技术体系覆盖的范围不断扩大。近年来，负排放技术被广泛认可和关注。以CCUS技术为基础的负排放技术，能够直接从大气中降低CO_2浓度，由此进一步带来了CCUS技术体系的扩展。至此，广义的CCUS技术体系初步形成：“将二氧化碳从工业、能源生产等排放源或空气中捕集分离，并输送到适宜的场地加以利用或封存，最终实现CO_2减排的技术”。可以说，CCUS技术作为一项可以实现化石能源大规模低碳利用的技术，是未来我国实现碳中和与保障能源安全不可或缺的技术手段。

---

① IPCC：Special Report on Carbon Dioxide Capture and Storage. 2005.

② 参见科技部社会发展科技司、中国21世纪议程管理中心：《中国二氧化碳利用技术评估报告》，科学出版社2014年版。

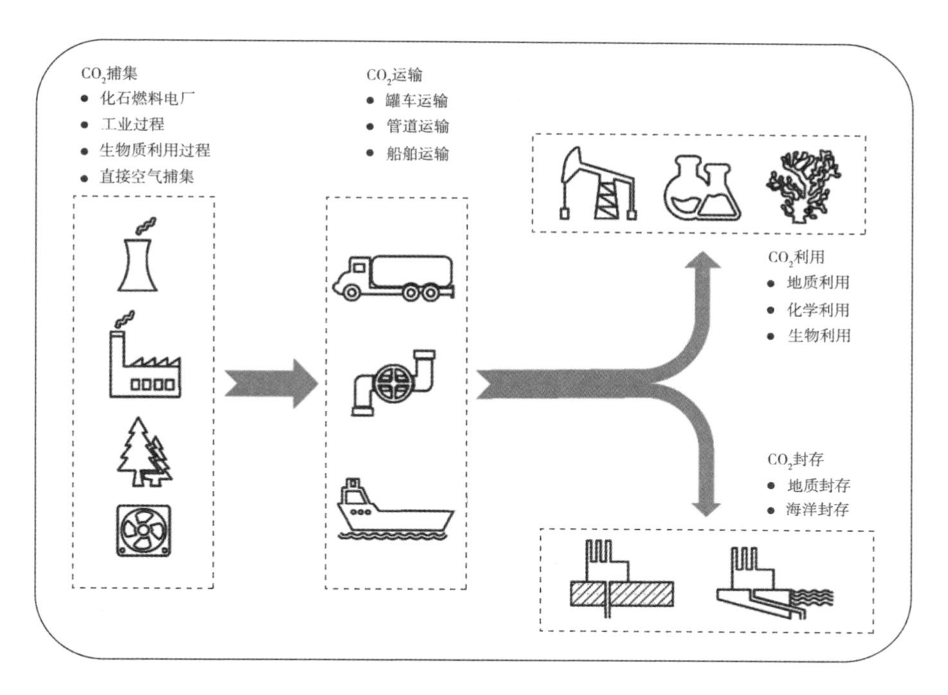

图 4—13　全流程 CCUS 技术示意图

图片来源：《CCUS 技术发展评估及展望》。

CCUS 按技术流程可分为捕集、运输、利用与地质封存四个环节，各技术环节简要概述如下。

CO_2捕集是指利用吸收、吸附、膜分离、低温分馏、富氧燃烧等技术将不同排放源的 CO_2进行分离和富集的过程。捕集过程中面向的 CO_2源主要为电力、钢铁、水泥、化工等能源生产和工业过程中产生的大型集中的排放源，当前以 CCUS 为基础的“负排放”技术将 CO_2捕集的源头拓展到大气和其他分散的碳源。

CO_2运输是指将捕集的 CO_2通过不同方式转运到利用或封存场所的过程，转运方式主要包括船舶、铁路、公路罐车以及管道运输。

CO_2利用技术是指利用 CO_2的不同理化特征，生产具有商业价值的产品，可以分为地质利用、化工利用和生物利用三种形式。其中，CO_2地质利用技术是将 CO_2作为工质强化地下能源与资源开采，同时实现CO_2地质隔离的技术；CO_2化工利用技术是通过化工过程，将CO_2和共反应物转化成能源燃料、高附加值化学品以及矿物材料等目标产物，从而实现CO_2减排的技术；CO_2生物利用技术是通过生物转化过程将CO_2转化成食品、饲料、生物肥料和生物燃料等有用产品，且实现CO_2减排的技术。

CO_2地质封存技术是指通过工程技术手段将捕集的二氧化碳注入深部地质储层，实现与大气长期隔绝的技术，主要包括陆上封存和离岸封存两种方式。

CCUS技术细分和成熟度可以概括如下：

（一）CO_2捕集技术

根据捕集方式与能源系统集成方式的不同，CO_2捕集技术可以分为燃烧前捕集、燃烧后捕集、富氧燃烧和化学链燃烧四类。根据CO_2捕集原理的不同，捕集技术分为溶液吸收法、固体吸附法、膜分离法、低温分馏法等。

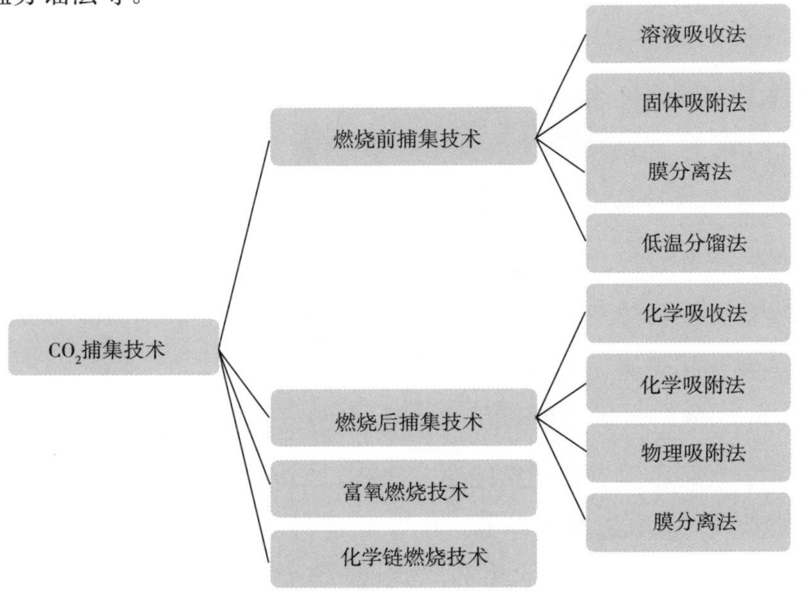

图4—14　CO_2捕集技术的最新发展类型

国际上将捕集技术按照能耗与成本区分技术代际，第一代捕集技术指现阶段已能进行大规模示范的技术，第二代捕集技术指目前还在小型示范阶段，技术成熟后可比第一代技术的能耗和成本降低 30%以上的新技术。

（二）CO_2运输技术

CO_2从捕集端到利用或封存端需要完成CO_2的压缩、输运和注入，其中运输环节更加关键，方式多样。CO_2运输技术是指将捕集的CO_2运输至封存或利用场地的技术，是碳源和封存、利用环节的中间纽带。为了保障 CCUS 项目的经济性、安全性和稳定性，需要合理的运输技术以实现大规模碳源与碳汇的有效匹配。①

根据运输方式的不同，CO_2运输技术可分为罐车运输、船舶运输和管道运输。不同的运输技术所需的压力等级有明显差异，小型运输装备如罐车和船舶一般需要低压力等级，管道输送需要中级或高压力等级。决定运输方式的主要因素有三个：第一是运输位置和距离；第二是输送量、温度、压力和成本；第三是输送设备。② 当前陆地运输范围的小规模和短距离运输可考虑选用公路罐车，而长距离规模化运输或 CCUS 产业集群优先考虑管道运输，离岸封存则需要船舶运输。整体来看，管道运输的平均成本最低。

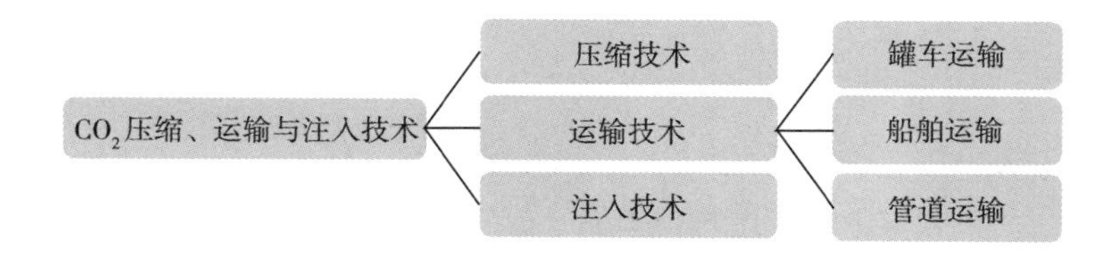

图 4—15　CO_2捕集技术的最新发展类型

---

① 陈霖：《中石化二氧化碳管道输送技术及实践》，《石油工程建设》2016 年第 4 期。

② KING，G. G.，Here are Key Design Considerations for CO_2 Pipelines，*Oil and Gas Journal*，1982，80.

（三）CO_2利用与封存技术

CO_2利用技术包括化学利用技术、生物利用技术和地质利用技术。广义的地质利用技术还可以包括CO_2的地质封存技术。

CO_2化学和生物利用技术路线众多，能够与现有的能源、化工、生物等工艺过程实现深度耦合生产高附加值产品。利用技术的优势在于通过直接利用CO_2减少CO_2总量，同时利用技术生产的产品能够替代原本由石油和煤炭制造的工艺，产生直接减排和间接减排效应，综合减排潜力巨大。CO_2化学利用技术包括CO_2化学转化制备化学品技术和CO_2矿化利用技术；CO_2生物利用技术包括CO_2气肥利用技术和CO_2微藻生物利用技术等。

CO_2地质利用与封存是指将CO_2注入条件适宜的地层，利用其驱替、置换、传热或化学反应等作用开采和生产资源，同时实现CO_2与

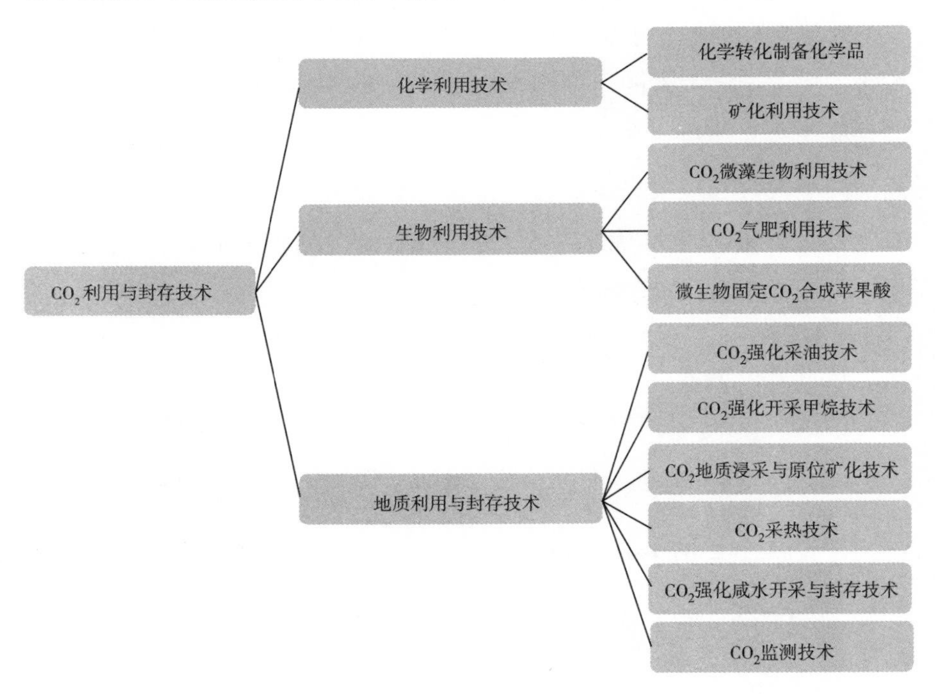

图 4—16　CO_2利用与封存技术的最新发展类型

大气长期隔离的工业过程。CO_2地质利用与封存技术主要包括强化采油、强化开采甲烷、浸采采矿、采热以及强化深部咸水开采与封存技术五大类。相对于早期在枯竭油气藏、深部咸水层进行CO_2地质封存，CO_2地质利用与封存技术因其高价值的资源产品和多样化的应用领域，具有更广阔的发展前景。

（四）CCUS 技术的成熟度比较

根据2019年发布的《CCUS技术发展路线图》[①]，与国外CCUS相比，我国整体研发应用水平与国际先进水平相当，但关键技术仍存在差距。

在文献研究方面，中国的进展迅速但质量仍然存在深入发展的空间。在专利申请方面，全球CCUS领域的专利申请数量持续增加，中国相关专利的增长速度飞快，于2012年超越美国成为CCUS领域专利申请数量最多的国家。但我国在CCUS领域的核心技术专利掌握不多，仍然需要加大研究力度。在论文方面，中国学者发表论文数量自2009年迅速增加，并在2016年超越美国。同样，论文领域的短板是被引频次较低，论文总体影响力不高。相比较而言，美国在CCUS论文成果方面一直处于领先地位。

在关键技术应用方面，中国部分技术已经具备国际竞争力。在燃烧前物理吸收法、罐车运输、船舶运输、浸采采矿技术、合成可降解聚合物等技术领域，国内外的研究应用水平相当，其中我国CO_2驱替煤层气、CO_2制备烯烃技术水平处于国际领先位置。同时需要看到的是，我国在部分技术领域仍处于工业示范阶段或中试阶段，与国外差距明显，包括CO_2捕集潜力最大的燃烧后化学吸收法、CO_2输送潜力最大的管道运输技术以及经济效益更好、封存潜力更强的CO_2强化采油技术，这些技术在国外均已进入了商业示范阶段。

---

① 参见中国21世纪议程管理中心：《中国碳捕集、利用与封存（CCUS）技术路线图》，科学出版社2019年版。

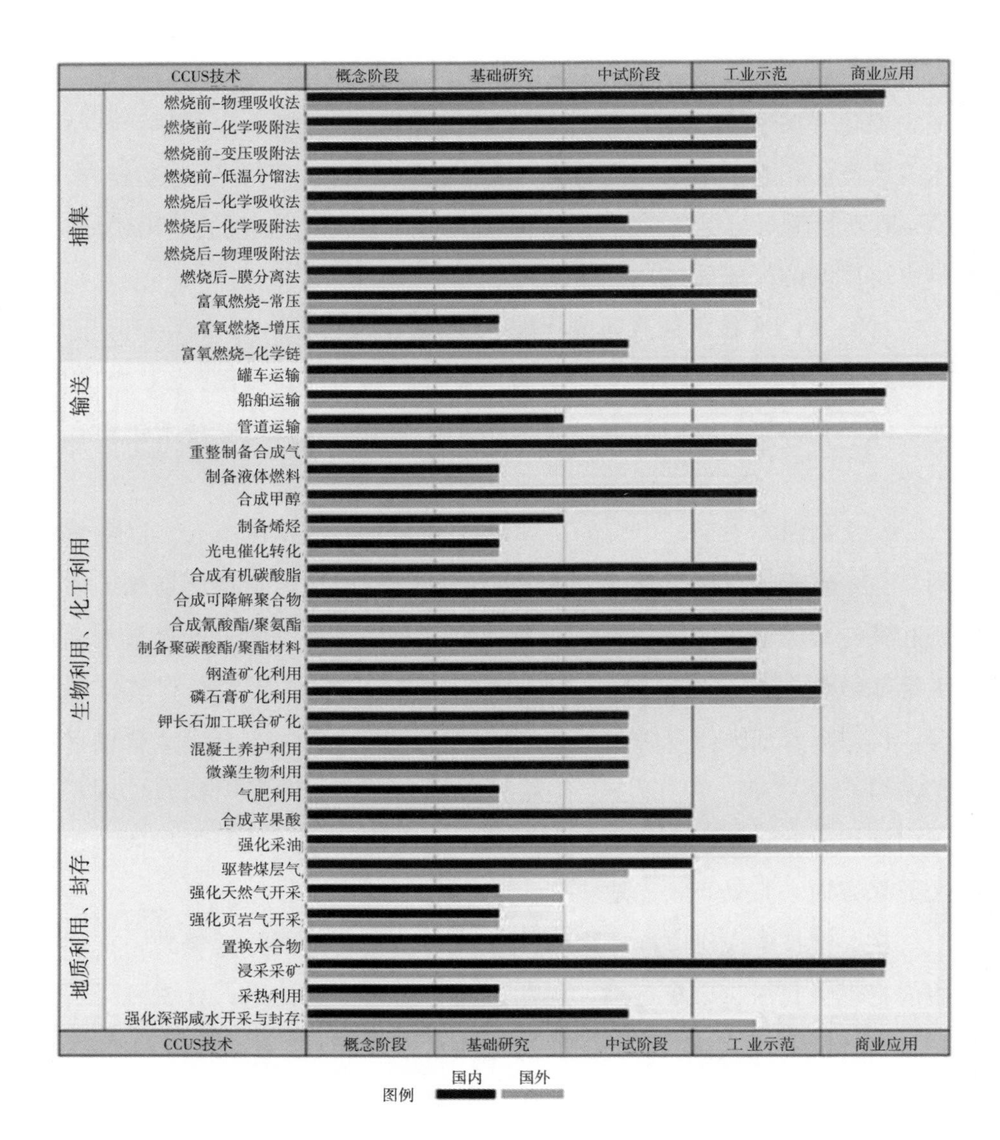

图 4—17 国内外 CCUS 各环节主要技术发展水平（2019）

数据来源：科技部：《CCUS 技术发展路线图》。

说明：概念阶段：提出概念和应用设想；基础研究：完成实验室环境下的部件或小型系统的功能验证；中试阶段：完成中等规模全流程装置的试验；工业示范：1～4 个工业规模的全流程装置正在运行或者完成试验；商业应用：5 个以上工业规模正在或者完成运行。

（五）BECCS 与 DACCS

BECCS 是指生物能源耦合 CCUS 的技术，DACCS 是指空气直接捕集耦合 CCUS 技术，二者都是以传统的 CCUS 技术为基础发展而来的负排放技术，只是 CO_2 的捕集方式有所不同。BECCS 是通过生物能源在生长过程中的光合作用捕集和固定大气中的 CO_2，DACCS 则是利用人工制造的装置直接从空气中捕集 CO_2。由此可见，相比传统的 CCUS 技术，BECCS 和 DACCS 能够实现大气中 CO_2 浓度的降低，是真正实现“负排放”的技术手段，且对于捕集装置的分布地点可以更加灵活便捷。

无论是 BECCS，还是 DACCS，二者的大规模发展以 CCUS 技术的成熟商业化应用为基础，当前还处于示范阶段，技术成本依旧是制约其发展的重要因素。DACCS 当前还处于基础研究阶段，其成本约在每吨 CO_2 数百美元或更高，但也可能是 CO_2 去除潜力最高的负排放技术，IEA 给出的成本更为精确，约在 134～345 美元/吨 CO_2。[①]

相比 DACCS，BECCS 技术则显得价格更为适宜，成本在 100～200 美元/吨 CO_2[②]，IEA 给出的成本在 15～85 美元/吨 CO_2。[③] 相比 DACCS，BECCS 的价格显然更具有落地潜力，广泛存在的生物能源原料也为 BECCS 的快速发展提供了现实可能。不过 BECCS 的广泛部署依然依赖于 CCUS 技术的大规模成熟应用，而当前制约 CCUS 技术的成本因素自然也成为 BECCS 技术快速发展的限制因素之一。

过去 10 余年，世界主要国家关于 CCUS 技术的发展已经展开了全面的部署，包括美国、英国、挪威、加拿大、澳大利亚等在内的国家和地区在这一领域走在了前列。根据 GCCSI 的统计，全球 CO_2 捕集能

---

① IEA：Energy Technology Perspectives：Special report on CCUS. 2020.

② Chris Palmer：Mitigating Climate Change Will Depend on Negative Emissions Technologies，*Engineering*，2019，6.

③ IEA：Energy Technology Perspectives：Special report on CCUS.

力集中应用于驱油开采，全球 CCUS 设施的区域分布并不平衡，北美优势明显，开发和在建的 CCUS 设施完工后，全球碳捕集能力将翻番。[①]

表 4—3 截至 2020 年，各国 CCUS 设施部署情况

地区	美国	加拿大	巴西	中国	澳大利亚	韩国	挪威	英国	沙特阿拉伯	阿联酋	荷兰	新西兰	爱尔兰	卡塔尔	总计
早期开发	9			1		1		7			1	1	1		21
高级开发	9				1		2			1					13
在建	1			2											3
运营	14	4	1	3	1		2		1	1				1	28
合计	33	4	1	6	2	1	4	7	1	2	1	1	1	1	65

数据来源：GCCSI：《全球碳捕集与封存现状 2020》。

根据全球碳捕集与封存研究院统计，截至 2020 年：

• 总计有 65 个商业 CCS 设施：26 个正在运行；2 个已暂停运行：一个是因为经济不景气，另一个是因为火灾；3 个在建项目；13 个处于高级开发阶段，已进入前端工程设计阶段；21 个处于开发早期。

• 目前运行中的 CCS 设施每年可捕集和永久封存约 4000 万吨二氧化碳。另有 34 个试点和示范规模的 CCS 设施正在运行或开发中，还有 8 个 CCS 技术测试中心。

• 为了实现 2 度目标，2040 年必须运行 2500 个 CCUS 设施（基于 CO_2 捕集能力约为 1.5 Mtpa 的 CCUS 设施），全球 14%的累计减排量必须来自 CCUS 系统。

• 到 2060 年，预计 CCUS 能够减排的 140 总吨 CO_2 中，经济合作和发展组织（OECD）国家的累计减排量占 27%，非 OECD 国家占 73%，电力部门占 52%，工业部门占 48%。而这其中包括 CCUS 与生

① GCCSI：CCS Global Status of Report 2020.

物能源的结合技术。

• 在建或运行的 15 个 CCUS 枢纽和集群中，6 个在北美洲，5 个在欧洲。

表 4—4 2020 年全球在建或运营的 CCUS 枢纽和集群

名称	规模（万吨/年）	名称	规模（万吨/年）
ACTL 项目	170—1460	Teesside 净零项目	80—600
北达科他州 CarbonSAFE 项目	300—1700	零碳亨伯项目	最高 1830
美国中部一体化堆集式碳封存枢纽	190—1940	PORTHOS 项目	200—500
伊利诺伊州 CarbonSAFE 项目	200—1500	阿托斯项目	100—600
沃巴什 CarbonSAFE 项目	150—1800	阿布扎比集群	270—500
墨西哥湾 CCUS 枢纽	660—3500	新疆准噶尔盆地 CCS 枢纽	20—300
巴西石油桑托斯盆地 CCS 集群	300	CarbonNET 项目	200—500
北极光项目	80—500	/	/

资料来源：GCCSI:《全球碳捕集与封存现状 2020》。

截至 2020 年，我国 CCUS 技术项目遍布 19 个省份。CCUS 技术的示范工程主要分为捕集端示范、利用或封存端示范以及全流程示范三大类，当前都呈现多样化分布特点。我国目前已经具备大规模捕集及封存利用的工程能力，正在积极筹备全流程 CCUS 产业集群。

根据专家调研结果，截至 2020 年，我国已建成 36 个 CCUS 示范项目，累计注入封存 CO_2 超过 200 万吨。捕集端示范项目中，13 个涉及电厂和水泥厂的示范项目，总体捕集规模达 85.65 万吨 CO_2/年；利用或封存端示范项目中，11 个 CO_2 地质利用与封存项目，累计利用规模达 182.1 万吨 CO_2/年，其中用于驱油的规模约为 154 万吨/年。

从示范项目应用的技术种类来看，捕集技术的示范包括在燃煤电厂燃烧前、燃烧后和富氧燃烧捕集，燃气电厂燃烧后捕集，煤化工的CO_2捕集以及水泥窑尾气的燃烧后捕集等多种技术；CO_2封存及利用技术包括咸水层封存、驱油、驱替煤层气、地浸采铀、CO_2矿化利用、CO_2合成可降解聚合物、重整制备合成气、微藻固定等方式，并已经展开海上封存的可行性研究。

表 4—5　我国部分典型 CCUS 示范项目

项目	规模（万吨/年）	技术
齐鲁石化胜利油田 CCUS 项目	100	低温甲醇洗＋EOR
长庆油田 CO_2－EOR 项目	5	燃烧前＋EOR
海螺集团白马山水泥厂 CCUS 项目	5	燃烧前（化学吸收）＋利用
中石化华东油气田 CCUS 项目	10	燃烧前＋EOR
国家能源集团鄂尔多斯 CCS 项目	10	煤制油捕集＋咸水层封存
延长石油陕北煤化工 CCUS 项目	30	煤制气捕集＋EOR
中石油吉林油田 CO_2－EOR 项目	60	伴生气分离＋EOR
中原油田 CO_2－EOR 项目	10	合成氨尾气分离＋EOR
华中科技大学 35MW 富氧燃烧项目	10	富氧燃烧＋工业应用

资料来源：作者收集整理。

我国 CCUS 技术集成、海底封存和工业应用与国际先进水平差距较大。第一，我国刚刚开展百万吨级的 CCUS 技术全流程集成示范，目前的示范规模大多是十万吨级，与美国、加拿大等拥有多个大规模全流程 CCUS 技术示范项目经验的国家差距明显。第二，海洋 CO_2封存能力薄弱，也尚未开展技术示范，与国际技术进展存在距离。第三，钢铁等工业领域 CCUS 技术示范滞后，落后于欧洲和中东国家。

四、其他

其他负排放技术包括人工光合作用和提升自然的进程方案等。

人工光合作用是模拟自然界的植物进行的光合作用过程。植物进行光合作用时会消耗水和二氧化碳，并利用阳光将这些原材料转化为自身生长所需的碳水化合物。人工光合作用也是利用水和 CO_2，生成的碳水化合物是可供人类直接使用的燃料。目前这种技术还处于基础研究阶段，包括模拟自然光合作用，利用酶将水分解成氢气燃料的系统，或者将阳光、二氧化碳和水转化为氧气和甲酸。

提升自然进程方案主要包括增强风化作用和海洋施肥/碱化（IPCC，2018）。增强风化作用是指溶解天然或人工制造的矿物，以去除大气中的 CO_2；海洋施肥/碱化指向海水中添加碱性物质，以增强海洋吸收碳的能力。这些技术目前还处于概念阶段或基础研究阶段，其负排放潜力、经济成本和对环境影响都尚未可知。

第五章

重点行业的碳中和路径

本章导读

实现碳中和的目标需要全社会各行业的协同努力。从能源供给端看，实现零碳电力系统迫在眉睫。从能源消费端看，实现工业、交通、建筑等领域的能源结构转型势在必行。由于不同行业的产业结构、碳排放来源、减排技术和减排难度存在明显的差异，碳中和愿景下各行业需要根据自身产业特征选择一条特定的转型路径。本章从自下而上的行业视角，聚焦电力、工业、交通和建筑四大重点领域，结合多源碳中和相关研究文献和报告，回顾并分析各行业碳排放的现状与变化趋势，深入挖掘行业的能源结构和技术特征，探索近期和中长期重点行业实现双碳目标的排放路径、技术选择和投资需求，总结重点行业实现碳达峰和碳中和的时间表和路线图，展望各行业应当重点突破的“卡脖子”低碳技术领域。碳中和描述的是全经济体碳排放的总和达到净零状态，本章从行业的视角拆分并具化了这一目标，有助于读者从特定的行业视角理解碳中和愿景下未来中国经济社会发展的具体蓝图。

第一节　电力部门

一、碳排放现状与趋势

电力部门作为重要的能源生产与供给部门，是温室气体排放的重要来源之一。全球电力部门的二氧化碳排放量持续增长，自 1990 年的 8.60Gt 增长至 2018 年的 15.59Gt，从碳排放结构上看电力部门排放占全球总排放量的四成有余。在过去，与高速的经济增长相伴随的是大量的能源电力需求和消耗，电力部门二氧化碳排放量的显著增加。如图 5—1 所示，1990 年中国电力部门温室气体排放量仅为 0.73Gt，在 2012 年后电力部门的碳排放量进入了平台期，并于期间出现了短暂的下降，到 2018 年中国电力部门的碳排放量达到 5.21Gt。电力部门对总排放量的贡献率在 1990 年至 2003 年间增长较大，此后略有下降，在 45％～50％波动。2018 年电力部门碳排放量占当年全国二氧化碳总

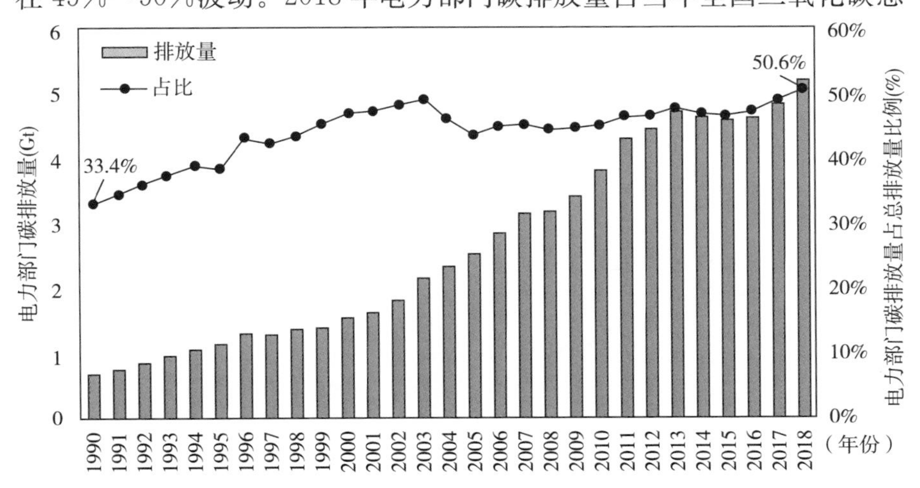

图 5—1　1990—2018 年中国电力部门碳排放量及占总排放量比例

数据来源：World Resources Institute.

排放量的 50.6%，是全球电力部门总排放量的 1/3[①]。

中国电力生产和需求持续增长，2020 年发电量为 76236 亿千瓦时[②]，较 2010 年相比增长了 80.3%，是 1990 年发电量的 12.3 倍。其中，以化石燃料燃烧为主的火力发电是电力生产及其增长的最主要贡献者，也是我国电力部门温室气体排放的主要贡献者。如图 5—2 所示，2020 年火力发电量为 51743 亿千瓦时，虽然占总发电量比重从 2010 年的 80.8%下降至 67.9%，但火电发电量在此十余年间增长了 51%。如图 5—3 所示，火电装机量从 2010 年的 7.1 亿千瓦增长至 2020 年的 12.45 亿千瓦，占总装机比重反而从 2010 年的 73.4%下降至 56.6%。

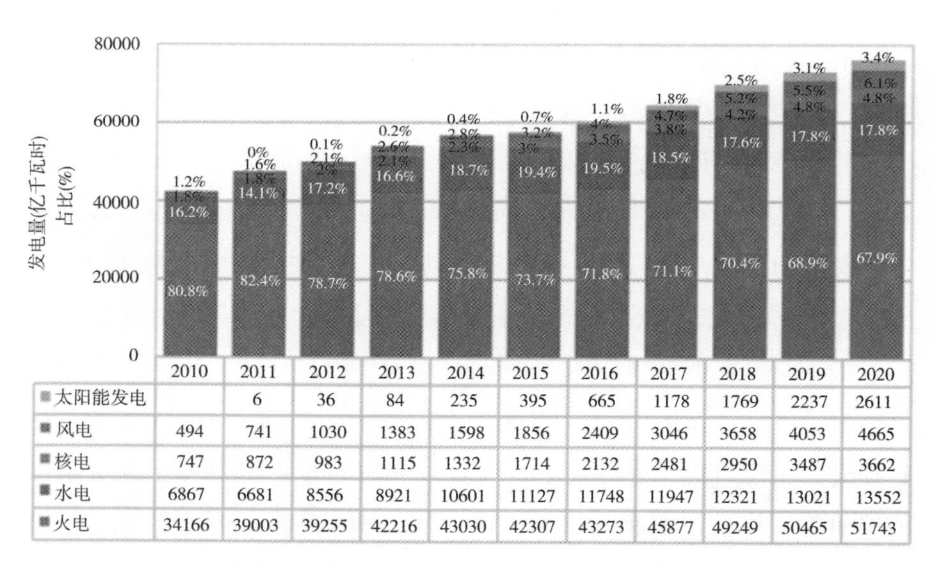

	2010	2011	2012	2013	2014	2015	2016	2017	2018	2019	2020
太阳能发电		6	36	84	235	395	665	1178	1769	2237	2611
风电	494	741	1030	1383	1598	1856	2409	3046	3658	4053	4665
核电	747	872	983	1115	1332	1714	2132	2481	2950	3487	3662
水电	6867	6681	8556	8921	10601	11127	11748	11947	12321	13021	13552
火电	34166	39003	39255	42216	43030	42307	43273	45877	49249	50465	51743

图 5—2　2010—2020 年各类电源发电量及占比变化

数据来源：中国能源统计年鉴。

① 本段落二氧化碳历史排放数据来源于 World Resources Institute. Climate Watch Historical Country Greenhouse Gas Emissions Data（1990－2018）[EB/OL]. https：//www. climatewatchdata. org/ghg－emissions? breakBy＝sector&end _ year＝2018®ions＝CHN§ors＝total－excluding－lucf&start _ year＝1990.

② 2010 年至 2019 年中国发电量和装机容量数据来自于《中国能源统计年鉴》，2020 年数据来源于中国电力企业联合会《2020 年全国电力工业统计快报一览表》。

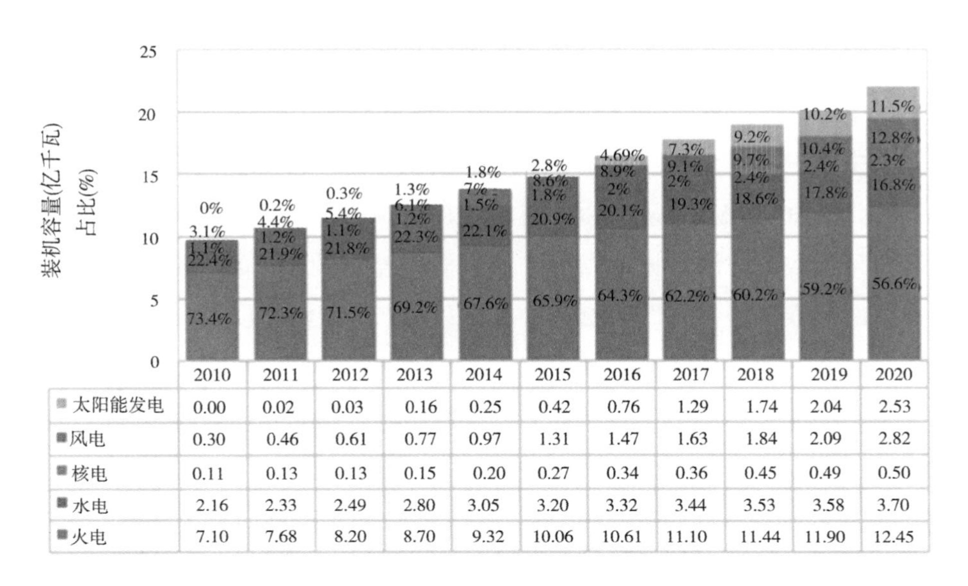

	2010	2011	2012	2013	2014	2015	2016	2017	2018	2019	2020
太阳能发电	0.00	0.02	0.03	0.16	0.25	0.42	0.76	1.29	1.74	2.04	2.53
风电	0.30	0.46	0.61	0.77	0.97	1.31	1.47	1.63	1.84	2.09	2.82
核电	0.11	0.13	0.13	0.15	0.20	0.27	0.34	0.36	0.45	0.49	0.50
水电	2.16	2.33	2.49	2.80	3.05	3.20	3.32	3.44	3.53	3.58	3.70
火电	7.10	7.68	8.20	8.70	9.32	10.06	10.61	11.10	11.44	11.90	12.45

图 5—3　2010—2020 年各类电源装机量及占比变化

数据来源：中国能源统计年鉴。

过去十年间零碳排放的可再生能源发电量快速增长，全球光伏和陆上风电的平准化发电成本（LCOE）分别下降了 85%和 60%，海上风电成本也快速下降，近 5 年来成本下降了 60%[①]。受到成本快速下降的影响，我国风电、光伏发展势头迅猛，装机容量增长迅速，从 2010 年 0.3 亿千瓦增长至 2020 年的 5.35 亿千瓦。水电、核电平稳增长，水电增速略低，因而装机容量占比略有下降，而核电装机占比略有提升。虽然可再生能源发电量增量及装机容量增量仍低于火电增加的绝对值，但是其增速远快于火电，从 2010 年比重不到 20%增长至 2020 年的 32%。

除上述可再生能源外，目前生物质能源发电技术在我国的能源结构中比例仍较低，生物质及垃圾发电装机规模自 2010 年来呈现上升趋势，累计装机容量由 2010 年的 5.6GW 增加至 2019 年的 22.5GW，年发电量 111 亿千瓦时，其中农林生物质并网装机容量为 9.73GW，已

① Bloomberg New Energy Finance，1H 2020 LCOE Update，2020.

投入运行的生物质发电中，绝大多数为生物质直燃技术，耦合发电项目仍十分有限，仅个别机组进行了示范性改造[①]。

中国电力部门的减排脱碳对中国实现 2030 年碳达峰和 2060 年碳中和具有重要意义，是目标达成的关键组成部分和重要行动抓手，也对全球气候变化温升控制目标的实现具有重要价值。此外，实现电力部门的低碳转型将有助于增强中国的国际气候治理领导力、促进传统能源行业的创新升级、提升关键新能源技术的国际竞争力、加强能源安全、促进就业增长和经济繁荣、改善环境质量和人体健康。

二、碳中和路径

在碳中和路径下，电力系统面临着重大的结构性调整，从当前以高温室气体排放的化石燃料为基础的电力生产结构，逐渐调整为以零碳排放的可再生能源为主体，配合以高灵活性的电力传输供应网络，构建现代化新型零碳电力系统。随着碳中和路径下工业、交通、建筑等能源需求部门电气化水平的不断提高，未来经济社会对零碳电力的需求将迅猛扩张，这也将成为中国电力部门低碳转型的新挑战和新机遇。

电力部门碳中和发展的三个阶段如下：

第一阶段（2021—2030 年），主要目标是实现电力部门的碳排放达峰。主要特点：在电力生产侧，光伏和风电等可再生能源成本的持续下降，新能源发电低于标杆电价水平，核能、水电稳步发展，煤炭等化石能源发电需求量和使用量达峰，电力系统碳排放达峰；针对火力发电进行灵活性改造，使其具有以更低的成本为电力系统稳定提供辅助支持的能力；规范可再生能源电力生产标准，减少因规范不匹配导致的弃风弃光问题。在电力传输供应侧，持续推进特高

① 李晋、蔡闻佳、王灿、陈艺丹：《碳中和愿景下中国电力部门的生物质能源技术部署战略研究》，《中国环境管理》2021 年第 13 期。

压电网建设，增强电网的传输能力，推进灵活性电网技术的研发，与可再生能源并网能力相匹配，加大力度推进储能技术的研发，推进智能化需求侧响应管理系统的研发。在此阶段中，非化石能源发电量占比将从 2020 年的 32%增长至 2030 年的 46%[①]～53%[②]，非化石能源装机量将从 2020 年的 43%增长至 2030 年的 65%[③]～69%[④]，当前主要研究认为电力系统在 2030 年前甚至是 2025 年左右[⑤]有较大可能性实现碳达峰。

第二阶段（2031—2045 年），主要目标是实现电力部门的碳排放的快速下降。主要特点：在电力生产侧，可再生能源的发电量和装机占比不断增加，通过非化石能源发电补足新增电力需求增量，并逐渐通过非化石能源发电加速替代已有化石能源生产产能存量；在电力传输供应侧，灵活性电网技术基本成熟，与非化石能源高比例装机发展速度相匹配，智能化的生产与用户需求双向管理技术基本成熟，新商业运营模式出现。在此阶段中将实现电力需求侧储能技术的率先应用，期间储能成本将显著下降，并实现可再生能源电力生产端加储能成本低于标杆电价水平[⑥]，加速可再生能源的部署发展。到 2045 年，非化石能源发电量将增长至 88%左右，装机量将达到 94%左右[⑦]，电力部门的碳排放量随着高比例可再生能源的应用而显著下降。

第三阶段（2046—2060 年），主要目标是实现电力部门的碳中和。

---

① 参见中金公司研究部：《电力碳中和是必经之路》。

② 参见落基山研究所、能源转型委员会：《中国增长零碳化（2020—2030）：中国实现碳中和的必经之路》。

③ 参见落基山研究所、能源转型委员会：《中国增长零碳化（2020—2030）：中国实现碳中和的必经之路》。

④ 参见中金公司研究部：《电力碳中和是必经之路》。

⑤ 参见能源基金会：《中国碳中和综合报告》；清华大学气候变化与可持续发展研究院：《中国长期低碳发展战略与转型路径研究综合报告》。

⑥ 参见中金公司研究部：《碳中和目标加速中国经济和能源转型》。

⑦ 参见中金公司研究部：《电力碳中和是必经之路》。94%为 2040 年与 2050 年预测数据的平均值。

主要特点：通过长期发展，氢能生产技术成本达到具有竞争力的水平，随着以工业为主的电力需求侧部门对氢能使用的增加，电解制氢所需要的电力供给进一步增长。因此，从电力生产侧，非化石能源发电技术随着电力需求的增加进一步增长，并在上一阶段的基础上进一步完成必要的化石能源发电的存量替代；从电力传输供应侧，灵活性电网技术完全成熟，智能化的电力生产与消费匹配技术完全成熟并广泛应用于电力系统管理调度，电力部门完全实现碳中和。现有研究认为，电力部门在2050年左右有很大的可能性实现零碳排放[①]，并于2060年利用生物质能等技术实现电力部门的负碳排放，从而促进全经济系统于2060年实现碳中和[②]。到2050年，电力部门的发电量将达到11亿～18亿千瓦时，其中非化石能源发电量占比在80％～94％，化石能源发电量占6％～20％。

在碳中和愿景下，非化石能源发电量将占零碳电力系统总发电量的80％以上。提高能源需求部门的电气化水平，并确保电力生产来源于零碳资源，是现有研究公认的实现碳中和目标的关键。因此，电力系统的低碳转型同时面临着零碳能源替代的结构性调整、高电气化水平的电力需求扩张两方面的挑战，而这也被全球越来越多的国家视为碳中和愿景下的新需求和新机遇。

已有研究基于不同的情景假设，预测了中国碳中和路径下电力生产的规模和结构构成，如表5—1所示。研究结果普遍认为，中国在碳中和愿景下2050年的发电量在11万亿～18万亿千瓦时，相较于2020年中国总发电量7.6万亿千瓦时提高了1.4～2.4倍，而其中80％将用于建筑、轻型公路运输、铁路运输和工业等部门直接电气化的终端消

① 参见能源基金会：《中国碳中和综合报告》；清华大学气候变化与可持续发展研究院：《中国长期低碳发展战略与转型路径研究综合报告》；全球能源互联网组织：《中国2060年前碳中和研究报告》。

② 参见能源基金会：《中国碳中和综合报告》。

费，20%用于氢气、合成氨等以电力为基础的燃料生产。[①]

表 5—1　已有研究对碳中和愿景下发电量及其结构的预测

时间点（年份）	发电量（万亿千瓦时）	非化石能源占比（%）	煤电占比（%）	来源
2050	13.1～14.3	90.7～90.9	6.3～6.5	《中国长期低碳发展战略与转型路径研究》，清华大学气候变化与可持续发展研究院
2050	/	80	12	《中国气候路径报告》，波士顿咨询公司
2050	15	93	7	《中国 2050：一个全面实现现代化国家的零碳图景》，能源转型委员会
2050	11.8	90	10	《零碳之路："十四五"开启中国绿色发展新篇章》，世界资源研究所
2050	13	80	/	《2050 世界能源展望》，中石油
2050	15	/	/	《中国增长零碳化（2020—2030）：中国实现碳中和的必经之路》，落基山研究所，能源转型委员会
2050	16	/	/	《中国 2060 年前碳中和研究报告》，全球能源互联网发展合作组织
2060	17	/	/	《中国 2060 年前碳中和研究报告》，全球能源互联网发展合作组织

如表 5—1 所示，研究普遍认为中国在碳中和路径下光伏、风电、水电、核电等非化石能源发电占比在 80%～93%，根据发电量预测可估算出中国碳中和路径下非化石能源发电量将达到 8.8 万亿～15.0 万亿千瓦时，而 2020 年中国非化石能源发电量仅为 2.4 万亿千瓦时，这意味着我国非化石能源发电量将扩张 4～6 倍。在非化石能源发电的结

① 参见能源转型委员会：《中国 2050：一个全面实现现代化国家的零碳图景》。

构中，风电和太阳能的发电量占全社会总量发电量的比重将从当前的9.5%增长至59.6%～70%，核电发电量将从当前的5%增长至10%～18%，考虑到水电的开发程度，未来水电装机容量将上升但发电量比重将由当前的18%下降至10.4%～14%[①]，如图5—4所示。

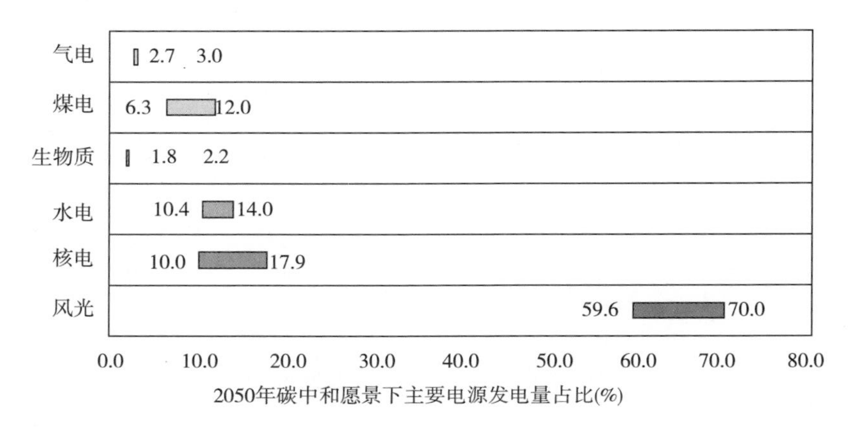

图5—4 2050年碳中和愿景下主要电源发电量比例

研究预计2050年电力部门的总装机容量为57亿～80亿千瓦[②]。图5—5展示了已有研究对在碳中和愿景下各类电源装机容量的预估结果，其中风电的装机容量将从当前的12.8%增长至31.3%～43.6%，为23.1亿～27.4亿千瓦，是当前装机容量的9倍左右。光伏发电装机占比将从当前的11.5%增长至35.2%～44.4%，为22.1亿～35.5亿千瓦，是当前装机容量的9～14倍。核电装机容量比例将从当前的2.3%增长至3.1%～5.8%，为2.3亿～3.3亿千瓦，是当前装机容量的4.6～6.6倍。水电装机增长至6.6%～7.8%，为4.2亿～5.8亿千瓦，是当前装机的1.5倍左右。在碳中和图景下，非化石能源发电装

① 参见能源转型委员会：《中国2050：一个全面实现现代化国家的零碳图景》。

② 清华大学气候变化与可持续发展研究院：《中国长期低碳发展战略与转型路径研究综合报告》，预计在56.86亿～62.84亿千瓦装机容量。能源转型委员会：《中国2050：一个全面实现现代化国家的零碳图景》中预计为71亿千瓦装机容量。全球能源互联网组织：《中国2060年前碳中和研究报告》，预计2050年装机容量为70亿千瓦，2060年为80亿千瓦。

机将显著增加，具有广阔的发展前景和投资机会。

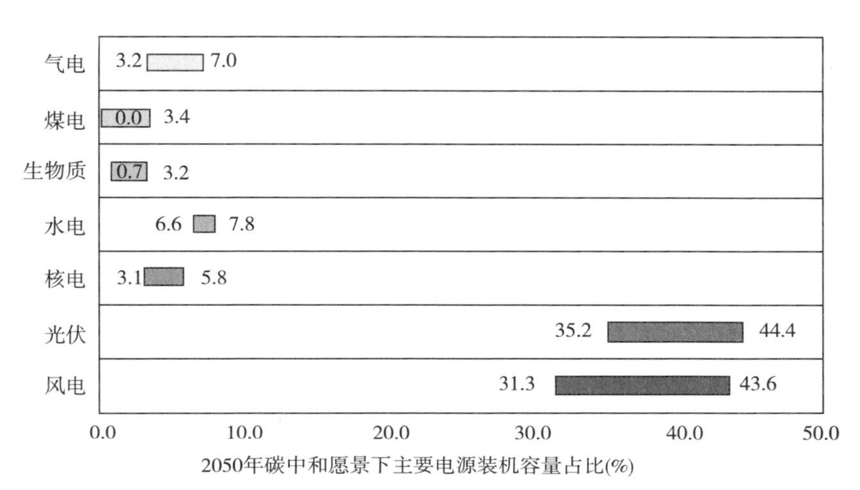

图 5—5　2050 年碳中和愿景下主要电源装机容量比例

非化石能源发电技术的部署选择是个综合性问题，需要考虑多个维度。第一，目标自然资源存量现状及未来变动趋势，是否满足技术需求。例如，风电和光伏装机所在地需要全年风力资源和光照强度满足生产需求，碳捕集的封存地地质条件及容量是否足够等。第二，技术的环境生态友好性，例如技术应用对空气质量、水资源、生物多样性是否有负面影响。第三，经济和技术可行性，该技术的成熟度是否可以支持商业化应用，技术对经济增长和就业会产生何种影响。第四，公众的接受度，新技术的发展是否为民众所接受，该技术对居民健康、居民收入公平性会产生何种影响。

在碳中和愿景下，化石能源存量产能将占零碳电力系统总发电量的 6%～20%，化石能源存量产能的科学合理退出是电力系统结构化调整的关键决策。根据表 5—1 所展示的情景研究结果得知，化石燃料的利用将大幅缩减，碳中和愿景下化石能源发电比例将显著下降至 6%～20%，仅存部分电力系统灵活性调配必需的化石燃料使用，碳捕集封存和利用技术将用于处理难以替代的化石燃料燃烧的排放。根据发电量预测估算的中国碳中和路径下化石能源发电量在0.55万亿～3.2万亿千瓦时之间。其预测差异主要源自于不同模型和情景中对未来可再生能源和储能等技术成本、碳中和路径设置、政策情景设置等变量判断存在差异，但在碳中和愿景下火电比例将显著下降已经成为当前研究的共识。电力系统转型存在较强的路径依赖和锁定效应，已有的高排放投资将导致未来搁浅资产数量增加、相关项目投资和金融风险增加，此外社会接受程度、制度建设惯性等也增加了电力系统转型的难度。考虑到转型的经济社会成本应逐步停止新建火电项目及与其相关的投资。

目前研究对于未来利用煤电还是气电进行电力系统灵活调峰尚未达成共识，图5—3和图5—4汇总了当前研究中对碳中和留存煤电和气电发电量和装机比例的估算值，煤电发电量比例在6.3%～12%，装机容量比例在0～3.4%；气电发电量比例为2.7%～3.0%，装机容量比例为3.2%～7.0%。在碳中和愿景下，二氧化碳捕集与封存技术（CCS）将发挥重要作用，未来捕集率将达到90%以上。生物质能+CCS技术也将成为重要的负排放技术，不同研究间存在一定的差异。根据与留存的火电装机容量以及使用的生物质能技术相匹配，到2050年CCS和BECCS技术的装机容量将达到0.48亿～1.49亿千瓦，二氧化碳捕集量在1.9亿～2.8亿吨①。

在确保控制火电零增量的同时，化石能源发电存量产能的科学合理处理路径选择对未来经济和社会将产生重要影响。从较长的时间期限出发，实现碳中和目标意味着火电装机和发电量的大幅下降，在最激进的估计中火电发电量将减少90%左右。短期内，火电仍然是维持电力系统稳定运行不可或缺的组成部分，虽然近年来可再生能源成本大幅下降、装机显著增加，但是火电仍是近年来电力生产增长的最主

① 参见清华大学气候变化与可持续发展研究院：《中国长期低碳发展战略与转型路径研究综合报告》。

要贡献者。可再生能源的消纳、供给的不确定性、对电网稳定性的影响仍是制约可再生能源大规模部署的现实问题。正因如此，关于化石能源发电存量产能的具体退出路径应当依据当地具体的资源禀赋、经济社会条件、电厂自身特征、技术发展成熟度等综合因素，平衡短期行动与长期目标，对其进行系统科学而具体的分析规划。

在碳中和路径中，电力系统结构化调整的背后是行业和产业的替代、就业部门的转变，尤其随着传统火电行业的退出以及相应煤炭等化石能源需求量的下降，相关行业的就业情况将承受结构化转型的社会阵痛，新能源发电产业的地区转移也将影响地区间居民收入公平性的实现。因此，在规划碳中和路径的同时，在未来实施火电产能削减的过程中，应当考虑制定出台相应的配套措施，促进能源部门的“公平转型”。

在碳中和愿景下，电力和储能的技术研发和部署建设具有较大潜力。电网和储能的技术研发和部署建设是供电侧安全稳定运行的必要保障。高比例非化石能源电力系统的安全性、灵活性及其与能源消费侧的响应关联成为近期能源部门转型需要攻克的难点。以风电和光伏为代表的非水可再生能源技术，因其对光照强度、风速的高度依赖性，与传统化石能源电力供给相比具有每日内、季节性的不确定性和高资源禀赋区与高电力需求区的地域差异性。碳中和愿景下的新能源电力系统对电网、储能、需求侧响应的技术研发和基础设施建设提出了更高的要求。

与可再生能源技术经济竞争力相比，电网消纳高比例非水可再生能源技术和经济有效性是中国面临的关键性问题。从可再生能源并网的技术角度，频率控制、电压控制、故障穿越和远距离高压直流输电线路利用是最主要的四大技术性挑战，当前已有可以对标的国外商用实例进行一定的改进和规避①。此外，应加强区域间电力传输能力，

① 参见落基山研究所、能源转型委员会：《电力增长零碳化（2020—2030）：中国实现碳中和的必经之路》，2021年。

提高电力生产与电力消费间的匹配，到2030年，跨区跨省电力流将达到4.6亿千瓦，到2060年，将进一步提升到8.3亿千瓦[①]。

而非水可再生能源资源与用电负荷的每日用电高峰和资源季节性差异的时间错配为电力系统平衡提出了挑战。抽水蓄能、电化学储能等储能措施和可调度的燃煤、燃气、生物质发电等灵活机组配合以碳捕集封存和利用技术、利用过剩电力水解制氢等方法成为未来灵活的电力系统中重要的生产端调峰措施。在碳中和愿景下，抽水蓄能的装机容量将达到1.4亿～1.8亿千瓦，电池储能的装机容量将增长至5.1亿～6亿千瓦，电解制氢作为储能方式之一也将达到1亿～2亿千瓦的装机容量[②]。从需求端出发，交通、建筑和工业的智能用电管理，通过可调节的用户用电需求，鼓励错峰用电，成为重要的新兴低成本调峰方案。[③]

三、技术和资金需求

科技创新是低碳能源转型的核心驱动力，培育和发展战略性新兴产业可以全面加快电力系统的脱碳转型进程，对我国未来科技布局、经济发展、实现全经济系统碳中和目标都具有重要意义。

当前，电力部门零碳转型路径已经较为明晰，但是必要的支撑性技术仍处于研发或待研发阶段，碳中和愿景的实现需要突破性技术的支持，特别需要关注当前仍不太成熟、成本较高，但发挥战略性关键作用的技术。提高电力系统稳定性高度依赖电网技术、储能技术、分布式可再生能源技术和需求侧响应技术，然而与已经具备竞争力的可再生能源发电技术相比，上述技术的应用成本仍较为高昂，部分技术

① 参见全球能源互联网组织：《中国2060年前碳中和研究报告》。

② 参见全球能源互联网组织：《中国2060年前碳中和研究报告》；能源转型委员会：《中国2050：一个全面实现现代化、国家的零碳图景》，2020年。

③ 参见能源转型委员会：《中国2050：一个全面实现现代化国家的零碳图景》，2020年。

仍处于研发阶段，尚未有成熟的应用案例。安全稳定的电力供应对零碳电力系统的实现至关重要，是当前面临的重要技术热点和难点。

在电源侧，以风电、太阳能发电为主的可再生能源发电技术，虽然经过多年来的发展培育，其经济成本已经具备一定的竞争力，但是其发电效率和经济效益仍有待进一步研发提高。此外，核能、生物质能、碳捕集和封存技术作为未来零碳电力系统中重要的组成部分，在未来的碳中和路径中不可或缺，相关技术的更新换代、研发推广至关重要。此外，基于技术研发进程，兼顾能源转型的综合影响，合理规划现有化石能源发电产能退役路径，配合以科学的政策引导，对电力系统以更经济有效的方式进行零碳转型至关重要。

除了技术研发支持外，碳中和路径的实现具有持续的投资需求。根据当前研究估计，电力系统累计投资规模将在 99 万亿～138 万亿元[①]，其中清洁能源、能源传输和能源效率投资是三个重要组成部分，分别占总投资比重的 50％、32％和 12％左右[②]。

---

① 清华大学气候变化与可持续发展研究院《中国长期低碳发展战略与转型路径研究》综合报告中估算，2020 年至 2050 年 1.5℃情景投资规模为 137.66 万亿元，2℃情景投资规模为 99.07 万亿元；全球能源互联网组织《中国 2060 年前碳中和研究报告》中估算，2020 年至 2060 年碳中和路径累计投资规模为 122 万亿元；平安证券研究所《迈向碳中和的机遇和挑战》估算投资规模为 127.66 万亿元。

② 参见全球能源互联网组织：《中国 2060 年前碳中和研究报告》。

第二节　工业部门

一、碳排放现状与趋势

本节探讨工业部门的碳排放现状、趋势。工业的一般性概念较为宽泛，包括采矿业、制造业和电力、燃气及水的生产和供应业。为了区分于能源部门，本书中工业部门的概念仅包含采矿业和制造业。

与电力、交通和建筑等部门不同的是，工业温室气体排放不仅包括能源使用，还包括工业过程涉及的化学反应产生的温室气体。在工业温室气体排放中，90%以上为二氧化碳气体，仅有少量来自工业过程的非二氧化碳的温室气体，例如，来自炭黑生产的甲烷，用于制冷的氟化气体，以及乙醛酸和硝酸生产的氧化亚氮。从全球视角看，工业每年排放温室气体约 170 亿吨，约占全球人为排放总量的 33%。

从国内视角看，中国工业部门分行业的碳排放变化趋势如图 5—6 所示。可以看出，中国工业部门在 2000 年到 2017 年间经历了一个迅速上升然后缓慢下降的趋势。工业部门碳排放占全国人为碳排放总量的比例也呈现先升后降的趋势，目前约占到 40%，是仅次于能源行业的最大碳排放源。不同子部门的碳排放差距较大，从图 5—6 中可以看出工业部门碳排放主要集中在黑色金属冶炼和压延加工行业、非金属矿物制品、化工原料及化工产品、石油加工与炼焦等子部门。其中，黑色金属冶炼和压延加工行业的碳排放以钢铁生产为主，非金属矿物制品的碳排放以水泥生产为主。由于钢铁生产涉及较多高温冶炼环节，水泥锻造的化学反应会释放大量二氧化碳，这些环节很难通过简单的电气化进行脱碳处理，因此工业部门具有碳排放机制复杂，实现碳减排挑战更大的特征。

中国是世界第一大钢铁和水泥的生产和消费国，贡献了全球近一半的钢铁和水泥产量。钢铁和水泥是城市化和基础设施发展的关键投入，中国在过去几十年中经济飞速发展，基础设施建设的需求迅猛增长，造成了钢铁、水泥等工业用品的急剧增加。不过，中国正在进入钢铁和水泥消费的成熟阶段，预计工业排放量将在未来稳步下降。从全球来看，许多发展中国家仍处于城市化的进程，对基础设施服务日益增长的需求会导致对钢铁和水泥等工业品需求的增加，因此未来工业部门碳排放最大增长点可能主要集中在印度和非洲等地区。

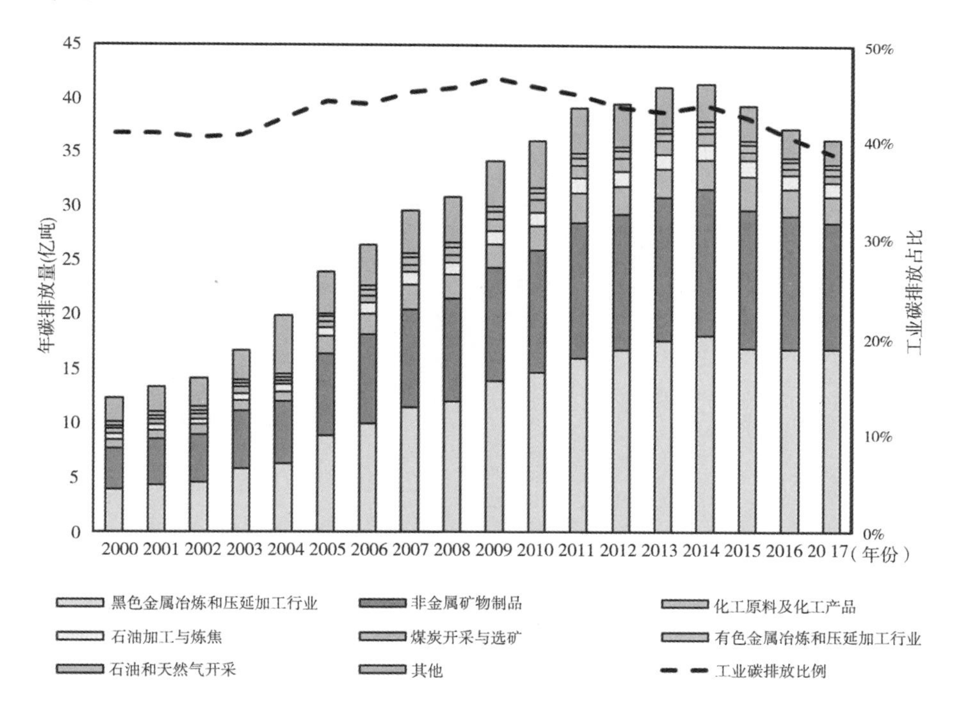

图 5—6　中国工业分部门碳排放趋势及占其全国碳排放比例

数据来源：CEADs 数据库①。

① 数据网站：https：//www. ceads. net/data/nation/.

二、碳中和路径

为了探索碳中和愿景下工业部门的低碳减排路径，本节总结了不同来源的碳中和相关的文献或报告中对未来中国工业部门减排路线的描绘和认识，如表5—2所示。

表5—2 不同研究报告对中国工业部门碳排放的预测汇总

参考文献	行业	情景	达峰时间	峰值	目标年份	目标年份排放	下降趋势
刘俊玲等①	工业	基准情景	2041年	59亿吨	2050年	59亿吨	—
		低碳情景	立即达峰	—		21亿吨	先慢后快
清华大学②	工业	政策情景	2025年左右	58亿吨	2050年	46.1亿吨	—
		强化政策	2025年左右	57亿吨		34.2亿吨	—
		2℃情景	2025年左右	53亿吨		16.7亿吨	—
		1.5℃情景	立即达峰	—		7.1亿吨	近似线性
BCG③	工业	基准情景	—	—	2050年	37亿～39亿吨	—
		2℃情景	—	—		25亿～27亿吨	—
		1.5℃情景	—	—		13.65亿～15.6亿吨	—
能源基金会④	工业	2℃情景	立即达峰	—	2050年	8亿～18亿吨	—
		1.5℃情景	立即达峰	—		2亿～10亿吨	—

① 刘俊伶、夏侯沁蕊、王克等：《中国工业部门中长期低碳发展路径研究》，《中国软科学》2019年第11期。

② 参见清华大学气候变化与可持续发展研究院：《中国长期低碳发展战略与转型路径研究》，2020年。

③ 参见BCG：《中国气候路径报告》，2020年。

④ 参见能源基金会：《中国碳中和综合报告2020：中国现代化的新征程，“十四五”到碳中和的新增长故事》。

续　表

参考文献	行业	情景	达峰时间	峰值	目标年份	目标年份排放	下降趋势
WRI①	工业	强化行动	立即达峰	—	2050年	约29亿吨	先慢后快
高盛②	工业	碳中和路径	立即达峰	—	2060年	约4亿吨	近似线性
DNV-GL③	工业	最佳估计	立即达峰	—	2050年	约4亿吨	先慢后快
Duan et al④	工业	1.5℃情景	立即达峰	—	2050年	0～13亿吨	不统一
中金⑤	水泥	碳中和情景	立即达峰	—	2060年	4.96亿吨	先快后慢
	钢铁		立即达峰	—		4.6亿吨	先快后满
中金⑥	水泥	碳中和情景	立即达峰	—	2060年	3.1亿吨	先快后慢
	钢铁		立即达峰	—		3.2亿吨	先快后慢

从图5—6的历史曲线可以看出，中国工业部门在2015年已进入碳排放的平台期。对于未来的排放趋势的预测，不同的研究也表现出类似的趋势：在与碳中和接近的情景（例如1.5℃情景）下，研究普遍认为中国工业部门的碳排放将立即达峰，即从2020年开始工业部门的碳排放将稳步下降。仅在一些研究的基准情景下，中国工业部门的碳排放还会保持一定的上升趋势，年排放量的峰值在50亿～60亿吨。

对于工业部门碳减排的远景而言，各研究选择了2050年或者2060年作为目标年份，表明在目标年份下，工业部门仍会存有一定的正碳排放。在与碳中和接近的情景中，工业部门的正碳排放普遍认为在0～15亿吨，其中水泥和钢铁部门仍是工业部门中主要排放的子部

---

① 参见WRI：《零碳之路："十四五"开启中国绿色发展新篇章》。

② 参见高盛：《碳经济学：中国走向净零碳排放之路：清洁能源技术革新》，2021年。

③ 参见DNL GL：《能源转型展望：面向2050年的全球和地区预测》。

④ 参见Duan H，Zhou S，Jiang K，et al. Assessing China's efforts to pursue the 1.5℃ warming limit [J]. Science，372.

⑤ 参见中金公司：《碳中和，离我们还有多远》。

⑥ 参见中金公司：《绿色制造：从绿色溢价看碳减排路径》。

门，分别会保留3亿～4亿吨的碳排放。这意味着当整个经济社会满足净零排放的情况下，工业部门仍需要靠其他部门（例如能源部门和农林碳汇等）的负碳排放去抵消其难以完全脱碳的部分。WRI报告①中对2050年中国工业部门的排放估计较高，认为在强化行动情景下其年排放仍会在29亿吨左右。当不考虑碳中和等目标的约束条件，一些研究的基准情景下未来中国工业部门的排放甚至还会保持在40亿～60亿吨。可见对于工业部门而言，实现2030年碳达峰的任务较为容易。但从长期视角看，工业部门尽可能地降低温室气体排放，以保证2060年碳中和目标的顺利实现，仍需要付出很大的努力。

然而对于工业部门的碳排放动态变化趋势而言，各研究对其下降的趋势判断不统一。一部分研究得到的碳排放曲线呈现先缓慢下降，再快速下降的趋势②；另一部分研究给出的碳排放曲线呈现近似线性下降的趋势③；还有一部分研究得到先迅速下降，再缓慢下降的碳排放变化趋势④。Duanetal⑤比较了8个综合评估模型对中国满足1.5℃温升控制目标下的碳排放路径，上述的三种工业部门碳排放变化趋势在这8个综合评估模型中均有体现。可见，就碳中和愿景下中国工业部门的具体排放路径而言，仍存在较大的不确定性。

能源消费结构调整是我国工业部门实现碳中和的重要抓手。具体而言，钢铁、水泥、化工等工业部门，需要进一步提高电力及其他非化石能源的比例，逐步降低煤炭、石油、天然气等化石能源的消费比例。

---

① 参见WRI:《零碳之路:“十四五”开启中国绿色发展新篇章》。

② 刘俊伶、夏侯沁蕊、王克等:《中国工业部门中长期低碳发展路径研究》,《中国软科学》2019年第11期。

③ 参见清华大学气候变化与可持续发展研究院:《中国长期低碳发展战略与转型路径研究》,2020;高盛:《碳经济学:中国走向净零碳排放之路:清洁能源技术革新》,2021年。

④ 参见中金公司:《碳中和,离我们还有多远》;中金公司:《绿色制造:从绿色溢价看碳减排路径》。

⑤ Duan H, Zhou S, Jiang K, et al. Assessing China's efforts to pursue the 1.5℃ warming limit [J]. Science, 372.

随着电力系统的最先脱碳，对部分依靠化石燃料燃烧的工业过程实现电气化转型，例如，通过电炉取代传统高炉，改用热泵技术提供热源等，将极大程度地降低工业部门的碳排放。目前我国工业部门的电气化率在25%左右。在碳中和愿景下，工业部门的电气化率将逐渐提高。研究认为，2050年中国工业部门的电气化率将达到48%、50%甚至69%。由于炼钢等工业环节需要在极高温的情况下进行，工业部门的能源利用很难完全实现100%的电气化。具体实现电气化的比例具有不确定性，并且与未来零碳电力的价格存在密切的关系。当零碳电力价格较低时，企业更倾向对其工业过程的排放实现电气化改造；当零碳电力价格高于一定范围时，企业或许更倾向使用碳捕获等技术去除生产中的碳排放。①

除了提高电气化率，提高氢能和生物质能等非化石能源在工业部门的利用也会极大程度地帮助较难电气化的工业环节进行深度脱碳。对于不同的子部门而言，相关的能源消费结构比例也会存在差异。在一项对于2050年零碳愿景的研究②中，钢铁行业的能源消费结构占比为化石燃料40%、电40%、氢20%。水泥行业的能源消费结构占比为：化石燃料30%、电20%、氢30%、生物质20%。石化化工行业的能源消费占比为化石燃料20%、电35%、氢40%、生物质5%。可见，在工业部门的零碳愿景中，仍然会有一定比例的化石燃料存在（依托碳捕获技术进行脱碳），但会有超过一半的能源消费来自零碳电力、氢能及生物质等非化石能源。

钢铁和水泥部门的碳排放占到了工业部门碳排放的近80%，因此实现钢铁和水泥部门的深度脱碳是工业部门保障碳中和愿景完成的关键条件。随着我国基础设施的建设趋近饱和，钢铁、水泥的人均保有量接近发达国家水平，未来的钢铁和水泥产量将会进一步下降。同时，

---

① McKinsey Company. Decarbonization of industrial sectors：the next frontier. 2018.

② 参见能源转型委员会：《中国2050：一个全面实现现代化国家的零碳图景》。

目前我国钢铁生产中电炉的比例较低（约10%），而发达国家这一比例达到60%左右，而电炉的吨钢排放是高炉吨钢排放的20%左右。然而电炉的比例取决于废钢资源的供应，随着我国废钢资源的逐渐提高，未来电炉的比例存在很大的提升空间。

表5—3总结了不同的研究中对未来钢铁、水泥产量及电钢比例的预测情况。除了个别研究认为水泥和钢铁产量仍会继续增长并于2040年达峰，大部分研究均认为钢铁和水泥产量已进入平台期或峰值，后期会持续下降。在2050年或2060年，钢铁产量预计会降低到7.1亿吨或6.5亿吨，甚至4.75亿吨，是目前钢铁产量的45%～70%；不同研究对电炉比例的预测较为统一，其将会提高到50%或60%，接近发达国家水平；水泥产量在2050年或2060年将达到7亿～8亿吨，而IEA的估算中中国水泥产量在2050年甚至还会达到15亿吨。尽管存在不确定性，钢铁、水泥产量的降低及电炉比例的提升将在我国工业部门深度脱碳进程中发挥至关重要的作用。

表5—3　不同研究中对未来钢铁、水泥产量及电钢比例的预测结果

研究/报告	行业	预测结果
刘俊玲等①	工业	水泥和钢铁的产量2040年达峰，峰值分别为25.07亿吨与8.80亿吨
清华大学②	工业	产量逐渐下降，2050年相比2020年水泥产量下降71%（约7亿吨）
能源转型委员会③	钢铁	2050年钢铁产量为4.75亿吨电炉比例为60%
	水泥	2050年水泥产量为8亿吨
IEA④	钢铁	2050年钢铁产量为7.1亿吨电炉比例为50%
IEA⑤	水泥	2050年水泥产量大约为15亿吨

① 刘俊伶、夏侯沁蕊、王克等：《中国工业部门中长期低碳发展路径研究》，《中国软科学》2019年第11期。

② 参见清华大学气候变化与可持续发展研究院：《中国长期低碳发展战略与转型路径研究》，2020年。

③ 参见能源转型委员会：《中国2050：一个全面实现现代化国家的零碳图景》。

④ IEA. Iron and Steel Technology Roadmap.

⑤ IEA. Techonology Roadmap. Low－Carbon Transition in the Cement Industry.

续 表

研究/报告	行业	预测结果
中金公司①	水泥	产量逐渐下降，2060 年水泥产量约 7.6 亿吨
	钢铁	产量逐渐下降，2060 年钢铁产量约 6.5 亿吨电炉比例达到 60%

终端用能的低碳技术主要包括节能、电气化、燃料替代、产品替代与工艺再造、循环经济以及负排放技术。相较于交通、建筑等部门，工业部门碳排放机制更加复杂，涉及的低碳技术也最为广泛，在未来的减排路径中几乎包括了上述全部低碳技术类型。一些研究中定量讨论了不同低碳技术在工业部门碳中和路径中的相对贡献，汇总到表 5—4 中。由于基准情景设定的不同，及减排技术归类方法的差异，不同研究中关于减排技术的贡献量难以进行直接比较。但是在三项研究的定量结果中，工业部门实现碳中和路径中贡献比例最为显著的技术/手段均体现在能效提升和 CCS 技术两个方面，分别代表了近期和远期工业部门脱碳的最关键的技术途径。贡献比例较为显著的技术/手段还包括生产工艺改变、能源结构调整等。

表 5—4　不同研究中的工业部门碳中和的技术路径汇总

研究/报告	2050/2060 年减排技术贡献量	技术路径曲线
刘俊玲等②	能效提高 16 亿吨； 生产结构调整 4 亿吨； 能源结构转型 5 亿吨； CCS13 亿吨	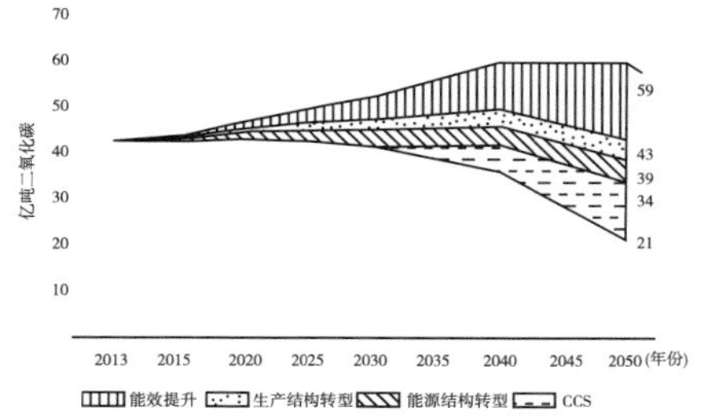 亿吨二氧化碳 70 60 50 40 30 20 10；59 43 39 34 21；2013 2015 2020 2025 2030 2035 2040 2045 2050(年份)；能效提升 生产结构转型 能源结构转型 CCS

① 参见中金公司：《碳中和，离我们还有多远》。

② 刘俊伶、夏侯沁蕊、王克等：《中国工业部门中长期低碳发展路径研究》，《中国软科学》2019 年第 11 期。

续　表

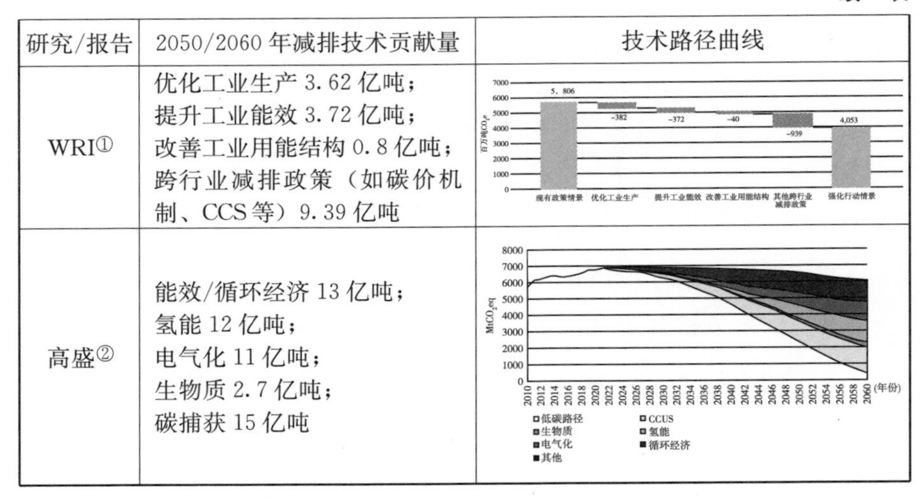

研究/报告	2050/2060 年减排技术贡献量	技术路径曲线
WRI①	优化工业生产 3.62 亿吨； 提升工业能效 3.72 亿吨； 改善工业用能结构 0.8 亿吨； 跨行业减排政策（如碳价机制、CCS 等）9.39 亿吨	
高盛②	能效/循环经济 13 亿吨； 氢能 12 亿吨； 电气化 11 亿吨； 生物质 2.7 亿吨； 碳捕获 15 亿吨	

三、技术和投资需求

工业部门碳排放机制复杂、脱碳难度高、减排技术种类繁多。与发达国家相比，我国在关键性低碳技术领域仍有一定的差距，亟须加快研发进程。

对于钢铁部门，我国需要加大对氢能炼钢技术的研发。各国目前对氢能炼钢技术已实现一定的研发突破。例如，德国钢铁生产商蒂森克虏伯正式启动氢能炼钢项目，第一次实现在炼钢工艺中利用氢能代替煤炭；韩国政府从 2017 年到 2020 年投入约 9.15 亿元人民币，以政企合作方式研发氢还原炼铁技术；瑞典的 SSB 等钢铁厂目前也开展通过电解生产氢，实现氢能还原铁的生产。我国目前在氢能炼钢技术领域的发展较为落后，需要加快研发与应用进程。

对于水泥部门，我国在能源效率提高和降低熟料系数方面已走在前列，需要加大对燃料替代和原料替代技术的研发。在燃料替代方面，

① 参见 WRI：《零碳之路："十四五"开启中国绿色发展新篇章》。

② 参见高盛：《碳经济学：中国走向净零碳排放之路：清洁能源技术革新》，2021 年。

可利用沼气或生物质（高热值固体废物）代替化石燃料，依托国内垃圾分类制度的推进，研发多源替代燃料的综合处理与应用技术；在原料替代方面，可使用脱硫石膏、电炉渣等低碳排放的替代原料，降低石灰石分解带来的碳排放，研发氧化镁和碱/地质聚合物黏合剂等更广泛替代原料的综合应用技术。

研发重点工业部门的CCS技术有助于保障我国工业部门打赢碳中和目标下的“决胜战”。由于工业生产过程不可避免会释放二氧化碳，因此CCS技术将是工业部门深度脱碳的兜底技术。目前CCS技术还未能实现商业化应用规模，在国际上有一些大型试点项目，我国应当在钢铁、水泥等重点部门开展重点研发工作。例如可采用创新的窑炉设计，将燃料燃烧的废气（低二氧化碳含量）与煅烧废气（高二氧化碳含量）实现分离。

由于工业部门的深度脱碳需要能效提升、氢能/生物质能进行燃料或原料替代、电气化等关键性技术组合的支持，因此碳中和愿景下工业部门的低碳转型需要大规模的资金投入。相关研究测算了2020年到2050年工业部门满足碳中和愿景的投资需求在7万亿～18万亿元[①]，主要集中在生产工艺创新和CCS技术两大领域。这也意味着实现2060年碳中和目标，需要建立完善的投融资机制和资金保障措施，助力工业部门实现深度脱碳。

① 参见清华大学气候变化与可持续发展研究院：《中国长期低碳发展战略与转型路径研究》，2020年；BCG：《中国气候路径报告》，2020年。

第三节　交通部门

一、碳排放现状与趋势

交通运输业是推动国民经济和社会发展的基础性和先导性产业，是区域间贸易互通的重要纽带和资源、能源、产业联系的基础保障①②。随着我国经济发展水平的不断提高，交通运输业步入快速发展阶段，具体表现为交通固定资产投资逐年增加，营业性客货运输量不断上升，城市轨道交通网络日趋完善等。2019 年，全国完成交通固定资产投资达 32451 亿元；公路和铁路分别完成旅客周转量 8857.08 和 14706.64 亿人公里、货物周转量 59636.39 和 30181.95 亿吨公里；城市轨道交通运营里程已达 6172.2 公里③。与此同时，交通部门的能源消耗快速增长，占全社会能源消耗总量的比重不断上升（图 5—7）。随着脱贫攻坚的胜利和全面建成小康社会目标的实现，预计未来人民生活水平将持续大幅度提升，汽车等交通工具的普及度将越来越高，交通运输服务的需求必将不断增加，交通部门在能源消费总量中的占比亦将继续扩大。

交通运输业作为能源密集型部门，约占全球碳排放的 24%。在中国，其已经成为仅次于工业的第二大二氧化碳排放生产服务部门④，

---

① 赵晶晶、李清彬：《我国交通基础设施建设与城市化的互动关系——基于省际面板数据的经验分析》，《中央财经大学学报》2010 年第 8 期。

② 冈小明、张宗益：《我国交通运输业能源强度影响因素研究》，《管理工程学报》2012 年第 4 期。

③ 中华人民共和国交通运输部：《2019 年交通运输行业发展统计公报》，https：//xxgk.mot.gov.cn/2020/jigou/zhghs/202006/t20200630_3321335.html.

④ 黄晗：《中国交通运输业能源回弹效应研究》，《交通运输系统工程与信息》2017 年第 1 期。

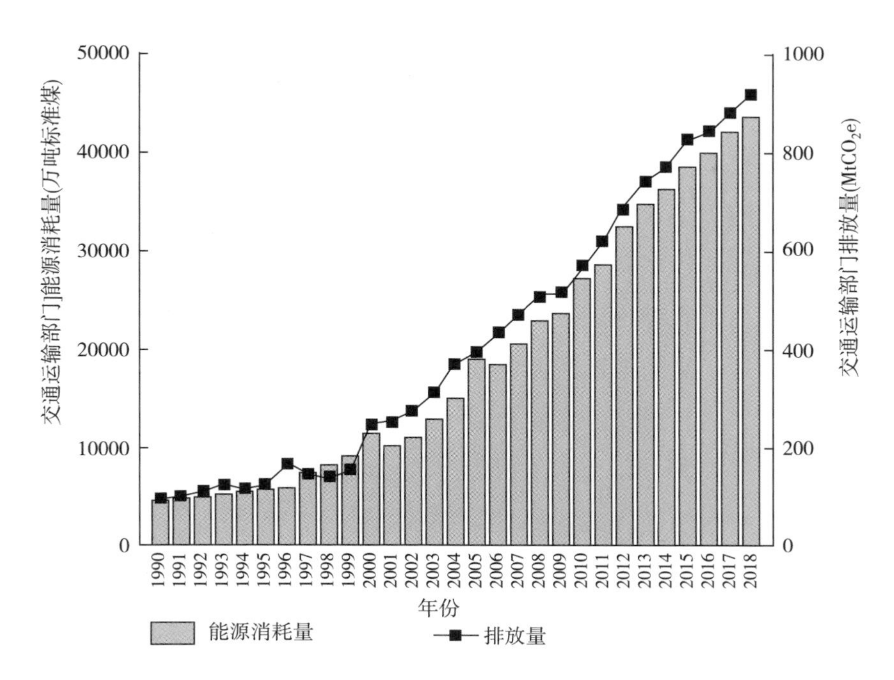

图 5—7 1990—2018 年中国交通运输部门能源消耗量与排放量[①]

且排放量年均增长率保持在 7.5%以上（图 5—7）。目前，我国交通运输碳排放占总排放量的比例虽小于发达国家，但近年来也呈增长趋势[②]。分区域来看，北京、上海、浙江、广东等经济较发达地区的交通碳排放增加更为显著，尤其是北京市[③]和广州市[④]的交通碳排放已超过制造业。随着未来居民收入的稳步增长，交通碳排放的增长空间仍

① 国家统计局．[EB/OL]. https：//data. stats. gov. cn/easyquery. htm? cn=C01 [2021—4—12]．World Resources Institute. Climate Watch Historical Country Greenhouse Gas Emissions Data（1990—2018）[EB/OL]. [2021—4—12]. https：//www. climatewatchdata. org/ghg—emissions? breakBy=sector&end _ year=2019&gases=CO_2®ions=CHN§ors=total—including—lucf%2Ctransportation&source=CAIT&start _ year=1960.

② 参见杨源：《基于居民出行规律实证研究的城市低碳交通政策模拟》，清华大学，2016。

③ 刘博文、张贤、杨琳：《基于 LMDI 的区域产业碳排放脱钩努力研究》，《中国人口·资源与环境》2018 年第 4 期。

④ 谢鹏程、王文军、廖翠萍等：《基于能源活动的广州市二氧化碳排放清单研究》，《生态经济》2018 年第 3 期。

然很大。以客运为例，预计 2050 年中国城市私家车将达到 3.56 亿辆[①]，其客运量占比近 80%[②]，汽车总保有量达到 4.8 亿辆。若交通部门未尽快进行绿色转型，那么排放量不容小觑。加之交通部门的碳排放具有很强的锁定效应和路径依赖，温室气体减排成本高于其他部门；且由于涉及主体较多，受制于技术进步和行为变化，其减排难度较大，因此也被认为是碳减排最具挑战的部门之一。[③]

综上所述，交通运输业是影响和决定中国碳排放趋势的重要领域之一，碳中和愿景与路径中需给予交通运输部门更多的关注，避免其走向发达国家高排放的老路，积极引导其走向绿色低碳发展的新路。尽快完成交通运输部门碳达峰与碳中和，将有助于推进美丽中国和交通强国建设；更将为应对气候变化，实现 2060 年国家碳中和目标提供有力支持和重要保障。

二、碳中和路径

交通运输业作为我国迈向 2060 年碳中和愿景的重要领域，减排任务十分艰巨。如何加快绿色转型，实现碳中和目标是交通运输部门发展中亟待回答的问题。本节将介绍交通部门的碳中和愿景及其实现路径。

（一）碳中和愿景

2060 年碳中和目标下，交通部门应尽快转向低碳发展，在建设交通强国的同时，实现二氧化碳净零排放。交通行业碳排放量要在 2030 年前尽快达峰，在经历平台期后快速下降，力争到 2050 年排放量相较

---

① Nan Zhou，Fridley D，Khanna N Z，et al. China's energy and emissions outlook to 2050：Perspectives from bottom－up energy end－use model. Energy Policy，2013，53：51－62.

② Hailin Wang，Xunming Ou，Xiliang Zhang. Mode，technology，energy consumption，and resulting CO_2 emissions in China's transport sector up to 2050. Energy Policy，2017，190：719－733.

③ Robert C. Pietzcker，Thomas Longden，Wenying Chen，et al. Long－term transport energy demand and climate policy：Alternative visions on transport decarbonization in energy－economy models. Energy，2014（64）：95－108.

于 2015 年减少 80%[①]。排放路径可以分为以下三个阶段：

第一阶段：2020—2030 年，为达峰期。该阶段的主要目标是尽快实现交通部门碳排放达峰，严控排放峰值，为后期碳排放的下降过程留出缓冲时间。燃油等传统能源的改造升级和氢能等新能源的开发利用“双管齐下”应是这一阶段的重要战略。具体而言，加快交通用油结构优化，并争取用油量于 2025 年前后达峰[②]。同时，加快电力、氢能、生物质能等清洁能源的替代使用。力争到 2030 年实现新上市乘用车全部转型为纯电动、燃料电池等新能源汽车，大幅降低新能源汽车的购置和使用成本，达到与传统燃油车辆相当或更为经济，实现新能源汽车总体占比达到 40%的目标，并实现汽车全生命周期的碳中和。清华大学气候变化与可持续发展研究院预测，2030 年中国交通运输部门能源需求约为 5.83 亿吨标准煤，排放量为 10.37 亿～10.75 亿吨 CO_2e[③]。

表 5—5　部分已有研究对交通行业低碳转型路径的研究结果

指标	时间点		来源
	2030	2050	
新能源汽车占比	40%～50%	100%	《节能与新能源汽车技术路线图（2.0）》[④]
纯电动汽车续航里程	500 km		《节能与新能源汽车技术路线图》[⑤]
燃料电池汽车保有量	100 万辆		
车身减重	35%		

① Energy Foundation China. 2020. Synthesis Report 2020 on China's Carbon Neutrality: China's New Growth Pathway: from the 14th Five Year Plan to Carbon Neutrality. Energy Foundation China, Beijing, China.

② 参见中国石油经济技术研究院：《2050 年世界与中国能源展望（2020 版）》，2020 年。

③ 参见清华大学气候变化与可持续发展研究院：《中国长期低碳发展战略与转型路径研究》综合报告，2020 年。

④ 参见中国汽车工程学会：《节能与新能源汽车技术路线图（2.0）》，中国汽车工程学会，2019 年。

⑤ 参见节能与新能源汽车技术路线图战略咨询委员会、中国汽车工程学会：《节能与新能源汽车技术路线图》，机械工业出版社 2016 年版。

续　表

指标	时间点		来源
	2030	2050	
交通行业整体减排		80%	*Synthesis Report 2020 on China's Carbon Neutrality*
公路交通减排		61%	《重塑能源：中国，面向 2050 年能源消费和生产革命路线图研究》
交通全行业用油量	3.7 亿吨（2025）	2.5 亿吨	《2050 年世界与中国能源展望（2020 版）》
氢能占交通用能比重		28%	
天然气占交通用能比重	10%	21%	《城市的交通“净零”排放》①
铁路电气化率		约 100%	《中国 2050：一个全面实现现代化国家的零碳图景》②
交通部门电力需求	0.42 万亿～0.56 万亿 kW・h	0.79 万亿～1.59 万亿 kW・h	《中国长期低碳发展战略与转型路径研究》综合报告
交通部门能源需求总量	5.83 亿吨标准煤	3.46 亿～4.02 亿吨标准煤	
交通部门总排放量	10.37 亿～10.75 亿吨 CO_2 e	1.72 亿～5.50 亿吨 CO_2 e	
2010—2050 年交通转型新增投资		12.2 万亿元（2010 年价）	《重塑能源：中国，面向 2050 年能源消费和生产革命路线图研究》
投资预期收益		23.4 万亿元（2010 年价）	

第二阶段：2030—2050 年，为平台期和下降期。该阶段的主要目标是加速脱碳。此阶段中，交通体系不断优化，用能效率持续提升，更多低碳新技术的重大突破和用能新模式的出现和发展将进一步推动交通能耗的低碳化和多元化。公路交通中，到 2035 年，新能源汽车将占到 50%以上③，氢燃料电池汽车保有量将突破 100 万辆，除极少部

① 参见世界资源研究所：《城市的交通“净零”排放：路径分析方法、关键举措和对策建议》，2020 年。

② 参见能源转型委员会、落基山研究所：《中国 2050：一个全面实现现代化国家的零碳图景》，2020 年。

③ 参见《节能与新能源汽车技术路线图 2.0》，2020 年。

分的低油耗车型外，传统燃油车将被禁止。航空飞行中，随着新燃料技术的进一步发展，生物质航空燃油和氢动力飞机将实现一定程度的商用，航空碳排放大大降低。

第三阶段：2050—2060年，为全面中和期。经过之前两个阶段的转型之后，中国交通运输部门的能源需求将在本阶段实现完全重塑。到20世纪50年代，乘用车中的电动汽车比例将接近100%，其他类型车辆中替代燃料的经济性也将高于传统车辆。电气化铁路的占比将接近100%，难以实现电气化的铁路可选择氢能，航空业中生物质燃油渗透率也将超过50%。清华大学气候变化与可持续发展研究院预测，2050年交通运输部门能源需求将降至3.46亿～4.02亿吨标准煤，排放量也将下降至1.72亿～5.50亿吨 CO_2e，比峰值下降一半以上。能源转型委员会和落基山研究所预测[①]，2050年中国交通运输领域能源消耗将降至3.8亿吨标准煤，其中电力将占到40%以上。在进一步提高交通领域能源利用的清洁化和低碳化的同时，联合多领域行动，并利用负排放技术，最终实现碳中和目标。

（二）碳中和措施部署与行动计划

第一，全面推进交通运输电气化是实现碳中和的根本途径。电气化是实现交通部门碳中和最为重要的技术手段，涉及公路、铁路、航空等各个领域，是最为本质、贡献最大的减排举措。

我国公路交通 CO_2 排放量占交通部门的80%以上，处于绝对主体地位[②③]，因此公路交通的电气化至关重要。2019年6月底，我国纯电动汽车保有量为281万辆，2030年这一数字将有可能超过5000万

① The Energy Transitions Commission, Rocky Mountain Institute. China 2050: A Fully Developed Rich Zero－carbon Economy. 2019.

② International Energy Agency. CO_2 Emissions from Fuel Combustion. Paris, 2016.

③ 蔡博峰、曹东、刘兰翠等：《中国交通二氧化碳排放研究》，《气候变化研究进展》2011年第3期。

辆[①]，可为交通行业低碳转型贡献至少35%的减排量[②]。公共交通领域，2019年纯电动公交车占比接近一半[③]，深圳和太原等城市的出租车已实现了100%电气化。货运方面，电气化是厢式货车、短距离配送货车的减排首选，而长途运输则更多地考虑实现清洁替代燃料转换。电池储能容量增大、转化效率提高等技术进步是公路交通电气化发展的关键动力，预计2025年纯电动汽车续航里程将普遍达到400千米，2030年达到500千米。公共充电桩的配套同样重要，2020年我国公共充电桩已突破50万个，并继续呈指数增长态势，有预测表明2030年公共充电桩将突破800万个。续航里程的增长和公共充电桩数量的增加将极大地减少用户的里程焦虑和续航焦虑，为电动汽车代替传统燃油汽车提供巨大机遇。

铁路运输减排同样以电气化为主，2018年全国铁路电气化率已达70%，"十四五"时期，高速铁路建设、普速铁路电气化改造、内燃机车淘汰仍继续增速，有利于提高综合运输能力的同时降低排放强度。2050年，我国绝大部分铁路货运交通将完全电气化，甚至有研究认为我国电气化率将达到100%。除直接减排效应外，我国高速铁路里程的增长和网络结构的完善，吸引短途和中长距离客运分别由公路和民航转向高铁，将显著降低出行的单位碳排放。

航空业碳排放所占比重不高，但由于其排放的CO_2处在大气平流层，产生的温室效应危害远大于其他部门[④]。当前，在航空领域推进电气化的空间较小，仅限于小型飞机的短距离航行，适用范围为100

① 张厚明：《我国新能源汽车充电桩新基建存在的问题与建议》，《科学管理研究》2020年第5期。

② 刘俊伶、孙一赫、王克等：《中国交通部门中长期低碳发展路径研究》，《气候变化研究进展》2018年第5期。

③ 中华人民共和国交通运输部：《2019年交通运输行业发展统计公报》，https://xxgk.mot.gov.cn/2020/jigou/zhghs/202006/t20200630_3321335.html.

④ Archer D, Eby M, Brovkin V, et al. Atmospheric lifetime of fossil fuel carbon dioxide. Annual Review of Earth and Planetary Sciences, 2009, 37 (1): 117.

座以下、500公里以内，虽然其适用范围未来有增加趋势，但难以带来能效的显著提高，因此电气化对航空领域的减排效应较为有限。

随着电力在交通能耗中的地位日益凸显，其需求量将快速上升，预计2030年将达到0.37万～0.56万亿kW·h，2050年将进一步提升至0.55万亿～1.59万亿kW·h。

第二，积极促进清洁燃料替代是实现碳中和的重要保障。对于交通部门中难以实现电气化的领域，推广使用清洁燃料是绿色低碳转型的重要选择。

公路交通领域，除纯电动汽车外，推广混合动力汽车和燃料电池汽车是去油化和清洁化的重要方向。以公交车为例，在全部电气化难以实现之时，用压缩天然气和混合动力公交车置换柴油公交车对减排具有积极作用，研究表明混合动力公交车CO_2排放量较柴油车可降低30%。燃料电池汽车则主要应用于重型长途领域。近年来，燃料电池的性能大幅提升，预计2030年，燃料电池汽车数量将有望突破100万，里程普遍将达到750千米。考虑到技术的成熟性和经济性，氢燃料电池得到较快发展，目前百公里氢耗已降低至7.0千克，2035年氢燃料重卡的成本将与传统燃油重卡相当，未来将主导公路重型运输，氢能也将占到该领域能源需求的70%以上。为实现这一目标，需选择最优制氢路线，加快氢燃料制备、压缩、储存、配送全链条基础设施网络建设，并提高其安全性。

铁路交通领域，除上面提到的实现100%电气化外，对于长距离低运量和自然环境恶劣地区的铁路进行电气化改造的投资成本和技术难度很大，因此氢能的利用也将成为铁路运输脱碳的另一条重要途径[①]。同时，太阳能和生物燃料的使用也将加快铁路部门脱碳。

航空领域，氢燃料飞机有望在2040年前后的中短途飞行中实现商

① 姜克隽、冯升波：《走向〈巴黎协定〉温升目标：已经在路上》，《气候变化研究进展》2021年第1期。

业运用。长距离飞行仍难以摆脱航空燃油，应加快可持续性生物燃油的推广应用，如以农业林业废弃物、餐厨废弃油等为原料，制成异丁醇/乙醇合成、加氢合成石蜡煤油[①]，加大研发力度，降低成本，尽快使其价格达到可接受范围。

第三，交通部门碳中和需要相关领域的配套支持。交通运输部门与技术革新、城市规划、法律法规制定等社会经济活动联系紧密，因此交通部门碳中和愿景的实现离不开相关领域的配套行动。

加强政策引导。针对特大城市、中小城市、小城镇制定不同的绿色交通发展政策，包括控制机动车总量与使用强度、新能源汽车财政补贴和免征车辆购置税、创建绿色行动方案、开展燃料电池汽车示范应用等。

大力发展公共交通。实施公共交通优先发展战略，适当降低公共交通票价，提升公共交通出行分担比例；优化线路和站点布局，提高公共交通的舒适性、便利性和快捷性，确立其在城市交通体系中的主体地位；综合统筹交通出行方式，公共交通改善与其他共享交通融合发展[②]，弥补公共交通短板。

科学制定城市空间规划。防止“摊大饼”式开发模式，避免出现因城市过度扩张引起的通勤距离增加；城市规划中考虑公共交通建设的需要，予以空间分配和投资安排的倾斜，避免公众过于依赖私家车出行[③]；优化城市非机动交通系统，为公众提供绿色交通环境，提高居民绿色出行意识。

践行低碳节能驾驶。缓慢加速、合理换挡等几乎零成本的节能驾

① 何皓、邢子恒、李顶杰等：《可持续航空生物燃料的推广应用及行业影响与应对措施》，《化工进展》2019年第8期。

② 参见杨源：《基于居民出行规律实证研究的城市低碳交通政策模拟》，清华大学，2016年。

③ Newman P，Kosonen L，Kenworthy J. Theory of urban fabrics：Planning the walking，transit/ public transport and automobile/motor car cities for reduced car dependency. Town Planning Review，2016，87（4）：429－458.

驶行为可使平均单位油耗至少降低10%，因此，大力推广低碳节油驾驶有助于道路运输的节能减排。可通过教育培训提高驾驶员的节能驾驶技能，通过媒体宣传提升驾驶员的减排意识，提升广大驾驶员的低碳驾驶水平，助力交通行业节能减排。

三、交通部门实现碳中和技术与投资需求

技术进步在电气化和清洁燃料替代中发挥着举足轻重的作用，极大地促进了交通运输部门的绿色低碳转型。目前，我国已有一系列技术处于世界前列，但仍有部分领域与国际先进水平存在差距，亟须加快研发进程。

扩大电池储能容量，提高储能安全性。目前，我国纯电动汽车的电机功率、续驶里程与国际一流企业产品间仍有差距。针对这一现状，一方面，应提升锂离子电池、铅酸电池等为代表的动力电池的能量密度和转化效率，避免电池容量衰减，加快研发比能量更高、循环性更稳定、使用寿命更长的新一代车用电池；另一方面，要发挥我国稀土资源优势，发展车用永磁电机等特色电驱动技术[①]；在提升续航里程的同时，完善热失控的防控技术[②]，提高安全性。

突破关键技术，加快氢燃料电池大规模推广。制氢领域，化石燃料制氢工艺相对简单，但纯度较低；电解水制氢目前成本较高，且规模较小，催化剂和质子交换膜等关键材料与国外先进水平仍有差距[③]。在储存和运输中，目前以高压气态氢气为主，在储存效率和安全性上仍有提升空间。未来需统筹提升制造和储存技术，研发高效且低成本的氢气分离纯化方法，提升储氢瓶、氢循环系统等关键零部件标准，

① 孙悦超：《电动汽车驱动方式及未来发展》，《电机与控制应用》2016年第11期。

② 王其钰、王朔、张杰男等：《锂离子电池失效分析概述》，《储能科学与技术》2017年第5期。

③ 马建、刘晓东、陈轶嵩等：《中国新能源汽车产业与技术发展现状及对策》，《中国公路学报》2018年第8期。

发展常压高密度有机液体储氢，降低氢燃料电池车使用的系统成本。

碳中和的实现需要加大对低碳交通的投资。中国交通行业的绿色低碳转型具有投资量大、期限长、回报慢的特点，投资需求主要包括技术研发投入、财政补贴、公共交通和慢行系统建设投资、高耗能车辆和基础设施提前报废的资产损失等，要求交通部门当前至2050年新增投资12.2万亿元（2010年价）。随着投融资渠道的拓宽和机制的完善，中国完全具有实现投资目标的能力。在不考虑空气质量改善等协同效益下，直接节约能源成本便可带来23.4万亿元的收益，实现净收益11万亿元以上①。

① 落基山研究所等：《重塑能源：中国，面向2050年能源消费和生产革命路线图研究》，https：//www. rmi－china. com/index. php/news? catid＝18.

第四节　建筑部门

一、碳排放现状与趋势

建筑部门的用能和排放涉及建筑的不同阶段（如图 5—8 所示），包括建材生产和运输、建筑施工、建筑运行、建筑拆除、废料回收和处理等相关的直接能耗和隐含能耗。隐含能耗是指钢筋、混凝土、玻璃等主要建材生产过程和运输中的能源消耗。本节涉及的建筑类型为民用建筑（不包括工业建筑）、住宅建筑、公共建筑和商业建筑（如表 5—6 所示）。

图 5—8　建筑部门全寿命周期碳排放的 5 个阶段

表 5—6　民用建筑分类

<table>
<tr><td rowspan="3">住宅建筑</td><td rowspan="3">住宅建筑</td><td>北方采暖建筑</td></tr>
<tr><td>城镇住宅建筑</td></tr>
<tr><td>农村住宅建筑</td></tr>
<tr><td>公共/商业建筑</td><td colspan="2">办公建筑、学校、商场、宾馆、交通枢纽、文体娱乐设施等</td></tr>
</table>

2018 年，全球建筑行业的碳排放量达到历史最高水平 97 亿吨，约占全球能源和过程相关二氧化碳排放的近 40%[①]。中国建筑行业规

① 国际能源署（IEA）和联合国环境规划署（UNEP），《2019 年全球建筑和建筑业状况报告》。

模位居世界第一，2018年现有建筑总存量为600亿平方米，这些建筑的使用和新增建筑的生产建设带来的全过程能耗为21.47亿tce，占中国能源消费总量的46.5%。与之相伴的全过程碳排放总量为49.3亿吨，约占全球总排放量的31%，占中国碳排放的51.3%。分阶段来看，建筑生产与运输阶段在建筑用能和CO_2排放的占比分别为53.4%和46.6%，而建筑运行阶段约占建筑用能和CO_2排放的54.8%和42.5%①。

2005—2018年，中国建筑部门全过程能耗增长了约2.29倍，年均增长6.6%。与此同时，中国建筑部门全过程CO_2排放增长了约2.2倍，年均增长6.3%。“十三五”时期以来，建筑部门能耗和CO_2排放的增速均明显放缓。2008—2017年，建筑运行用能的能耗强度就增加了28%（从214 MJ/m^2增至273MJ/m^2）。农村建筑的能耗强度增加了20%（从346MJ/m^2增至363 MJ/m^2），商业建筑能耗强度增加了20%（从586 MJ/m^2增加到703 MJ/m^2）。中国北方城市空间供暖能耗强度则降低了17%（从527MJ/m^2降至440 MJ/m^2）。

随着我国城镇化进程的持续和快速推进，城乡居民之间的建筑服务需求，包括炊事、热水、取暖、制冷，照明和电器使用将不断增加。而城镇化，伴随着经济增长、数字化程度的提高，以及新经济增长模式下的消费转型，将给我国住宅建筑和商业建筑的碳中和带来严峻挑战。

① 参见《中国建筑能耗研究报告（2020）》。

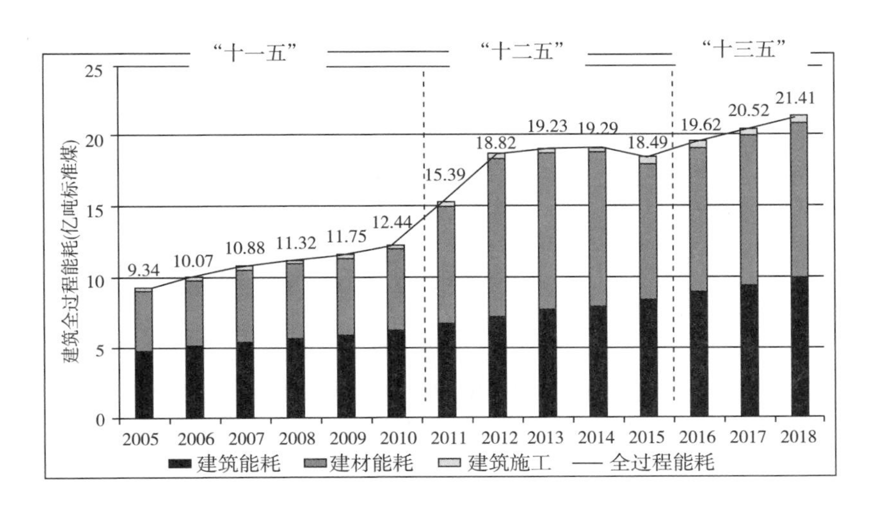

图 5—9　2005—2018 年我国建筑行业能耗历史趋势

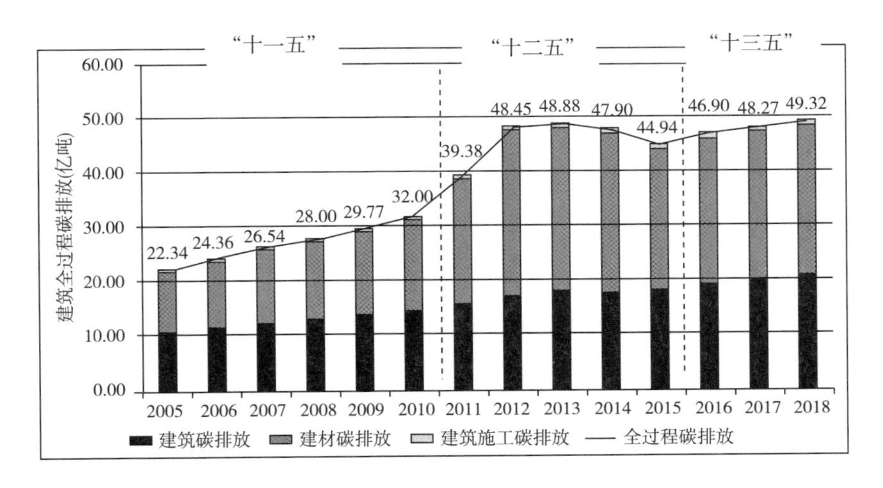

图 5—10　2005—2018 年我国建筑行业碳排放历史趋势

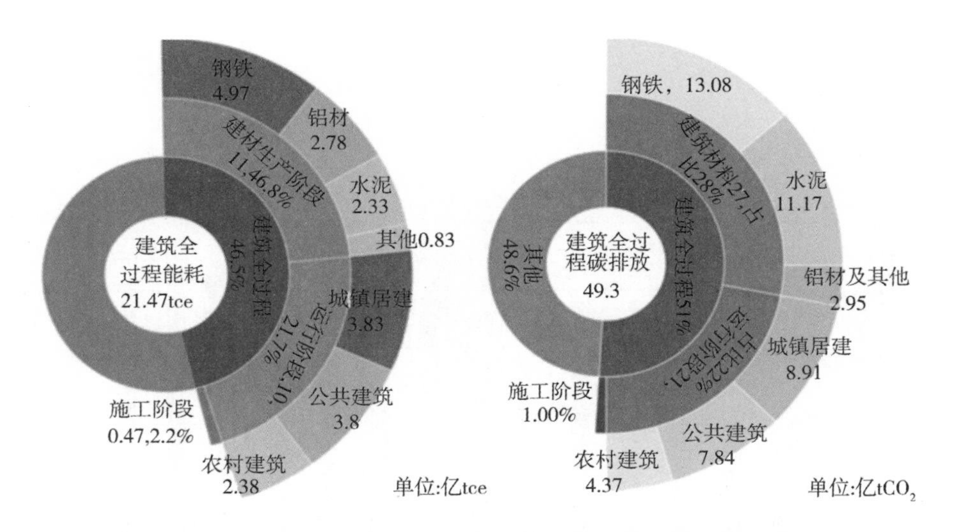

图 5—11　2018 年中国建筑部门全过程能耗和碳排放总量

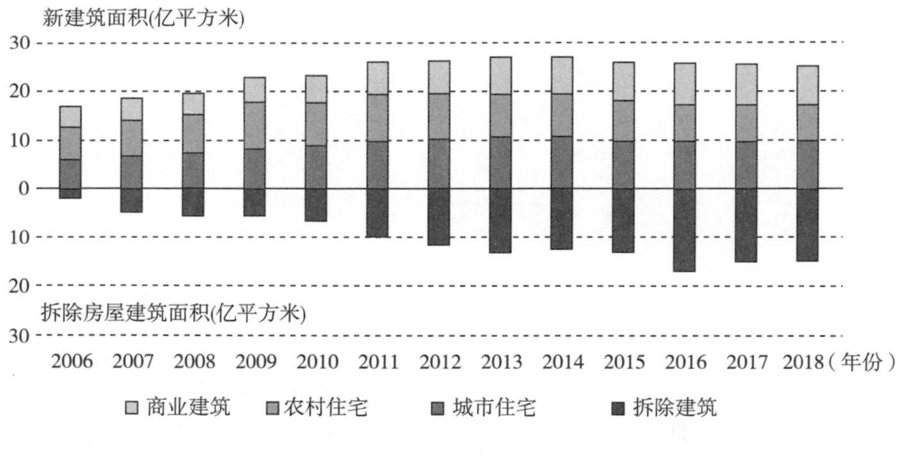

图 5—12　2006—2018 年中国建筑存量动态[①]

二、碳中和愿景与路径

建筑部门的节能减排对中国实现 2060 年碳中和目标具有重要意义。本部分将结合已有研究，提出建筑部门的碳中和愿景，并讨论其

① 参见清华大学建筑节能研究中心：《中国建筑节能年度发展研究报告 2020》，中国建筑工业出版社 2020 年版。

实现的具体路径。

（一）碳中和愿景

现有研究基于碳中和愿景下不同的情景假设，预测了建筑部门的排放路径、技术路径和投资路径，如表5—7所示。在碳中和愿景下，现有研究普遍认为，建筑部门碳排放将在2030年前尽快达峰，并力争到2050年碳排放较当前减少50%～90%。在碳中和愿景下，建筑部门将会经历从高碳到低碳到零碳的过程，具体可以分为以下三个阶段。

第一阶段（现在至2035年）：该阶段的主要目标是实现建筑部门的煤炭、天然气消费量达峰，实现建筑部门碳排放的达峰。该阶段下，碳中和路径对应的关键策略为提升电气化率，淘汰家庭煤炭和天然气使用，提高建筑物能效。具体策略主要包括：持续提高建筑节能设计标准，完善家电能效标准和标签计划；大规模翻新老旧建筑；提高分布式光伏发电和高效生物质利用技术在农村建筑中的应用。预计该阶段下，农村住宅煤炭使用将逐步淘汰，建筑材料行业在2025年前将全面实现碳达峰，水泥等行业在2023年前率先实现碳达峰。2030年绿色建筑面积在新建面积中的占比达90%以上。预计到2025年装配式建筑新增面积将达到10.69亿平方米。建筑部门整体的电气化率将达到50%以上。

第二阶段（2036—2050年）：该阶段的主要目标是大幅度降低碳排放。主要工作是以生物质、不产生额外碳排放的工业余热以及太阳能热等替代建筑部门的电力需求，继续推进建筑部门电气化率的提升。具体策略包括：实现因地制宜地开发高效的热泵技术提高供暖电气化率；进一步提升新建建筑中光伏一体化建筑和被动式建筑的比例；继续推广太阳能热水技术和分布式光伏技术在农村和城市建筑中的应用等。预计该阶段下，2050年北方城市集中供暖系统将实现完全脱碳，新增建筑实现零碳排放；此外，2050年，建筑部门整体的电气化率将达到85%。住宅和商用建筑的烹饪将实现100%的电气化。

表 5—7 已有研究对建筑部门碳中和路径的结果

情景	排放路径				技术路径			投资路径	其他	参考来源
	碳达峰时间	碳排放量	终端用能	用电量	能源强度	电气化率	清洁能源占比	投资规模		
碳中和情景	2030 年前后	2060 年：0（完全脱碳）	2050 年：6.75 亿吨标油	4 亿吨标油	0.3 吨 CO_2/标油	2050 年：65%	2050 年：22%（太阳能、地热能和氢能）	/	节能和用能结构优化减排贡献：23%和 73%	中国石油经济技术研究院①
2050 零碳情景	/	/	2050 年：4.02 万亿千瓦时，较2016 下降 25%	3.01 万亿 KWH	/	2050 年：75%（炊事 100%电气化）	太阳能 7%；工业余热 12%；生物质 7%	/	热泵技术占建筑采暖和热水的 60%	落基山研究所②
1.5℃情景	2030 年	2050 年：0.81 亿吨	2050 年：6.21 亿吨标煤	约 4.5 亿吨标煤		2050 年：60%	生物质和天然气：40%	7.88 万亿元	建筑总规模：2050 年 740 亿平方米以内	清华大学③
1.5℃情景	/	2060 年：0（完全脱碳）	/	/	/	100%电气化（炊事与热水）	/	/	/	BCG④

① 参见中国石油经济技术研究院：《2050 年世界与中国能源展望（2020 年版）》，2020 年。

② 参见能源转型委员会、落基山研究所：《中国 2050：一个全面实现现代化国家的零碳图景》，2020 年。

③ 参见清华大学气候变化与可持续发展研究院：《中国长期低碳发展战略与转型路径研究》综合报告，2020 年。

④ 参见 BCG：《中国气候路径报告》，2020 年。

续　表

情景	排放路径				技术路径			投资路径	其他	参考来源
	碳达峰时间	碳排放量	终端用能	用电量	能源强度	电气化率	清洁能源占比	投资规模		
低碳情景	2027年：7.8亿吨CO_2	2050年：6.15亿吨	2050年：9.2亿吨标煤	/	/	/	/	4255.2亿元	能效技术和能源结构调整减排贡献：33.4%和66.6%	刘俊伶①
电气化情景	2030年：21亿吨CO_2	2050年：5亿吨	2050年：1.5亿吨标煤（一次能耗）	5万亿kW·h	/	2050年：90%	/	7000亿元	“光储柔直”建筑面积：200亿平方米；建筑光伏累积装机容量：1000GW	深圳建筑科学研究院②
1.5℃情景	2030年：7亿吨CO_2	2050年：0～3亿吨	2050年：5.5亿～12亿吨标煤	3.65万亿～5万亿千瓦时(2015：1.45)		2050年：75%～85%	热能和天然气：15%～30%	/	农村淘汰煤炭；集中供暖脱碳	能源基金会③
低碳情景	2030年：30亿吨CO_2	2050年：10亿吨	2050年：10亿吨标煤	/	/	/	/	/	70%的现有建筑被翻修；节能和燃料转换减排贡献：81%和19%	Zhou Nan等④

① 刘俊玲、项启昕、王克等：《中国建筑部门中长期低碳发展路径》，《资源科学》2019年第41期。

② 参见深圳建筑科学研究院：《建筑电气化及其驱动的城市能源转型路径报告摘要》，2020年。

③ 参见能源基金会：《中国碳中和综合报告2020——中国现代化的新征程：“十四五”到碳中和的新增长故事》。

④ Zhou N，Khanna N，Feng W，et al. Scenarios of energy efficiency and CO_2 emissions reduction potential in the buildings sector in China to year 2050. Nature Energy，2018，3.

第三阶段（2051—2060年），主要任务是深度脱碳，实现碳中和目标。深度脱碳的关键在于实现电力的脱碳和负排放技术（CCUS、BECCS）。电力脱碳取决于电力部门的脱碳技术。对于无法实现零碳排放的部分，通过碳汇和负排放技术实现建筑部门的碳中和目标。

（二）碳中和路径

1. 提升建筑物能效是实现碳中和的关键要素

中国的节能和能效相关政策在提高建筑能效方面发挥了重要作用。通过提高建筑能效来合理引导建筑用能方式、降低能源需求，是实现建筑部门碳减排、碳中和的关键。现有研究预测，使用高效的照明设备和家用电器，改造现有的建筑物，到2050年，可以使中国建筑能耗下降约33%。

提升现有电器和设备的能效标准和渗透率。目前，我国现有的能效标准和标签计划（EES&L）已涵盖建筑中的许多关键用能设备，但其渗透率仍有可观的提升空间。目前中国的平均制冷能效只能达到当前可用最佳技术的60%。在碳中和路径下，应出台更加严格的设备能效标准，提高LED照明灯和变频空调等节能电器的渗透率。

设立更严格的建筑节能设计标准，实现新建建筑的近零/零碳能耗。当前，我国政府政策规定了针对城市地区和所有非家用建筑的新建筑热效率标准，而农村地区适用自愿标准，建筑节能标准仍有进一步改善的潜力，包括应用被动式建筑和光伏一体化建筑设计等。在碳中和愿景下，一方面，应提高现有的建筑节能标准，提升新建建筑包括住宅、商业和公共建筑中“被动式建筑”和“光伏一体化建筑”的占比；另一方面，应进一步将新标准推广至所有农村建筑，发挥农村建筑的能效潜力。

全面实现对老旧建筑的节能改造。据估计，通过翻新建筑外立面，可将原有建筑的供热和制冷需求降低40%。近年来，政府出资已经对华北地区建筑开展大规模节能改造，其成功经验尚未推广至其他住宅、商业和公共建筑。

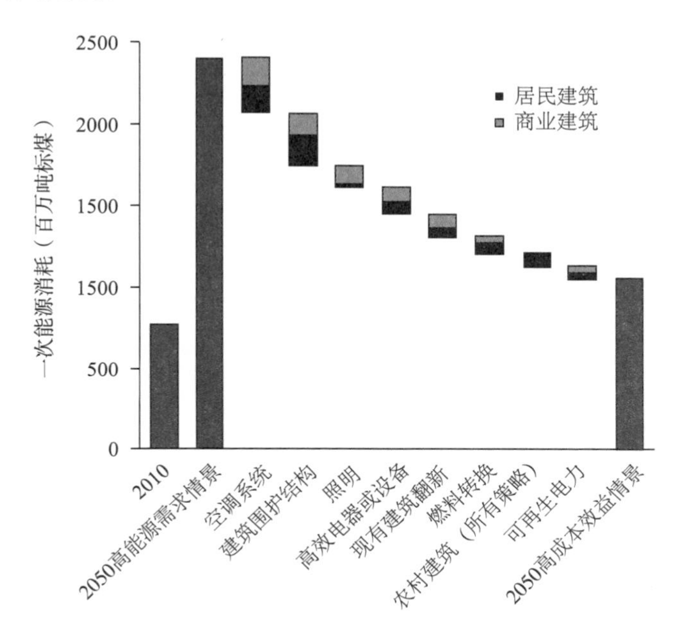

图 5—13　2050 年建筑不同减排策略的节能潜力①

2. 电气化是建筑部门实现碳中和的必然趋势

提升终端用能电气化率是降低建筑部门直接排放的关键，也是中国能源实现碳中和的必然趋势。2019 年中国建筑部门整体的电气化率仅为 37%。已有研究预测，如图 5—14 所示，在碳中和路径下，电力将占建筑部门终端能源的 75%～85%，热能和天然气仅占 15%。中国建筑部门的用电量将从 2015 年 1.45 万亿 kWh 增长到 2050 年 3.65 万亿～5 万亿 kWh，每年增长 2.7%～3.6%。细分领域来看，到 2050 年，建筑部门中的照明、电器、制冷、炊事的电气化率有望达到 90%

① Scenarios of energy efficiency and CO_2 emissions reduction potential in the buildings sector in China to year 2050 Nature Energy，VOL 3，NOVEMBER 2018，978－984.

以上，而采暖的电气化率预计仍将低于80%。

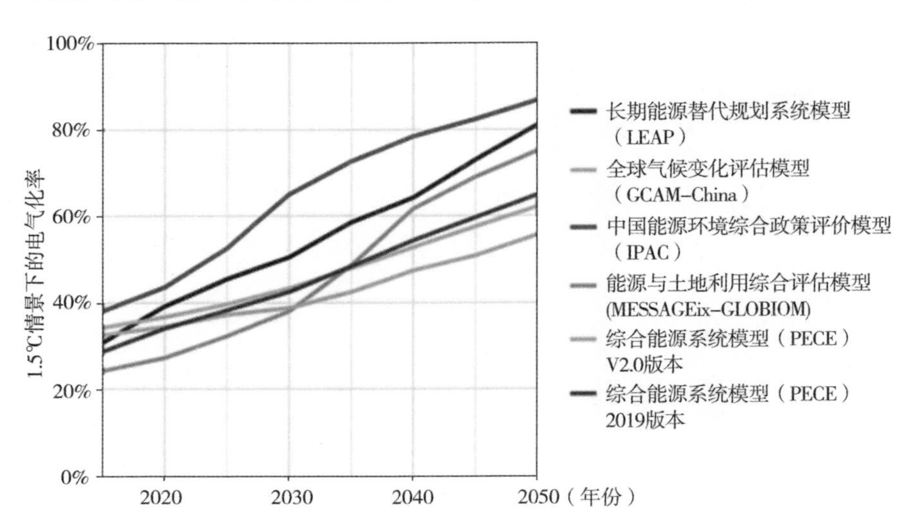

图5—14　1.5℃情景下中国建筑部门的电气化率①

到2050年，中国北方城市的大多数集中供暖系统应实现脱碳。目前，中国北方地区城镇建筑取暖面积约为141亿平方米，其中供暖面积约70亿平方米，主要通过热电联产、大型区域锅炉房等集中供暖设施满足取暖需求，而尚未覆盖的区域以燃煤小锅炉、天然气、电、可再生能源等分散供暖作为补充②。供暖脱碳的关键技术包括热泵技术和工业余热利用技术。使用城市工业设施的余热供暖可以将北方城市的空间制暖能耗降低1/3。在零碳情景下，热泵技术占建筑采暖和热水供热的比例可达到60%。

逐步淘汰农村住宅的煤炭使用，打造零碳农村建筑。农村家庭的主要能源是煤炭、生物质能和电力，主要被用于烹饪、取暖和烧水。实现农村零碳建筑的关键在于高效利用生物质和分布式光伏发电技术。生物质能约占农村家庭用能的30%。据估计，中国农村地区可容纳约

① 参见能源基金会：《中国碳中和综合报告2020——中国现代化的新征程："十四五"到碳中和的新增长故事》。

② 参见国家发展改革委：《北方地区冬季清洁取暖规划（2017—2021年）》，2017年12月。

15 亿千瓦的分布式光伏装机，其提供电力可满足农村家庭约 80%的能源需求。以电力、沼气或压实的生物质代替散煤供暖或在屋顶和庭院地面使用分布式光伏技术发电替代煤炭取暖有效解决农村建筑的热水和供热问题，有望加快农村地区淘汰煤炭使用，实现新建建筑零能耗。

在碳中和路径下，2050 年，炊事将实现 100%电气化。炊事电气化将是建筑部门节能减排贡献最大却实现较为困难的举措，需提升公众对电炊具的接受度、扩大居民建筑电网容量。

三、建筑部门实现碳中和的技术研发需求

建筑能效的提升和全面实现电气化，可有效推动建筑部门的能源需求减少与能源转型，但无法满足建筑部门更高的减排需求。为了进一步实现建筑部门的碳中和愿景，需要抓住机遇，加快部署低碳建材生产技术、可再生能源建筑技术和智能支持技术等创新技术，从根本上实现建筑部门的碳中和。

加快研发建材新型胶凝材料、低碳混凝土以及低碳水泥等技术，助推建筑材料实现全面脱碳化。建材生产阶段产生的碳排放占建筑全过程碳排放的一半以上（2018 年为 54.8%），因此，建筑材料生产的脱碳化对建筑部门实现碳中和至关重要。而坚持创新驱动，研发和应用减量、减排、高效为特征的减污降碳建材新工艺、新产品和新技术，开发建筑材料产品循环利用等技术，一方面可极大降低建筑材料需求与生产能耗，另一方面可以避免建筑的过早拆除而产生的碳排放。

应用前沿的可再生能源建筑技术，努力实现建筑部门的完全脱碳化。随着光热利用技术、分布式光伏技术和地源热泵等可再生能源技术的成熟，光伏绿色建筑和光伏建筑一体化得到了广泛的应用。目前，我国部分城市已经形成了可再生能源与建筑一体化的可再生能源综合利用格局，结合我国不同气候区域的自然特征，高效地解决了生活所

需的热水和供暖问题。

新兴的智能支持技术，为建筑终端用能脱碳提供了新的辅助策略。近年来，具有可调节、可中断特性的智能建筑家居设备逐渐普及，辅助新型的建筑供配电技术，可将建筑用电需求从原来的刚性需求转变为柔性需求，有效控制建筑中供暖、制冷、照明和通风系统的用能，减少不必要的排放。

第六章

区域、城市和园区如何实现碳中和

本章导读

实现碳中和将从根本上重塑经济社会发展格局，引发新一轮的工业革命，在这项系统性的社会工程中需要社会各界共同参与共同努力。为积极响应国家碳达峰碳中和的决策部署，各部委及各地方政府纷纷出台相关的决策行动，部分城市及工业园区等也纷纷探索面向 2060 年碳中和目标的发展路径，但探索行动都是顶层的战略部署和总体路径及理论研究层次，对于不同层级的管理者而言，如何开展碳中和工作、实施步骤与具体措施还在摸索中。本章综述了区域、城市和园区三个层级的主体开展碳中和工作的必要性，阐述了当前的工作现状与开展碳中和工作时步骤及主要措施，以期帮助不同主体清晰认知碳中和的重要意义及为管理者的决策行动提供参考与借鉴。

第一节 区域

对于区域实现碳中和，强调的是跨省区的大区域布局，从国家顶层设计的角度出发，开展面向碳中和目标的相关工作。

一、区域实现碳中和的必要性

碳中和愿景的实现要通过优化碳减排管理和国土空间治理增汇固碳两大方向。我国区域差异大、资源禀赋迥异，不同区域的能源消费、碳排放及林业碳汇等方面均存在区域差异，从区域的角度探讨碳中和路径，根据国家生态文明整体布局，结合国土空间纵深差异，探索区域统筹、中西部生态优势与东部发达地区的能源消费等相统筹，探索制定区域碳中和路径对于整体碳中和愿景的实现有重要助益。

（一）区域经济发展及阶段差异

目前我国经济的发展存在明显的区域差异性。依据我国当前区域经济发展状况，我国经济发展格局逐渐形成了东、中、西三个经济带，各区域之间经济发展水平存在明显差距，经济发展不平衡、不协调。分地区来看，2019 年我国东部地区 GDP 占比近 57%，超过全国总体量的半数以上，中部地区 GDP 占比约为 26%，而西部地区仅占 17%，东中西部经济发展差异较大，且东部地区经济发展相对比较成熟，中西部地区仍在经济爬坡阶段，因此需要统筹考虑区域经济差异与资源禀赋特点。

（二）区域能源消耗与碳排放、碳排放强度差异巨大，中东部地区难凭一己之力实现碳中和

能源消费结构的差异使得各省（区）碳排放结构呈现区域差异。据统计，碳排放前 8 名省（区）为山东、内蒙古、河北、江苏、山西、

广东、辽宁，新疆，总排放量占了全国碳排放量的51.6%。碳排放大省主要集中在中东部地区，东部碳排放总量约为47亿吨，约是中部和西部碳排放量的总和，其中山东省以排放近10亿吨，排名全国第一，中东部地区难凭一己之力实现碳中和。考虑到我国碳排放格局发展的不平衡现状，区域统筹协调将有助于推进实现碳中和目标。

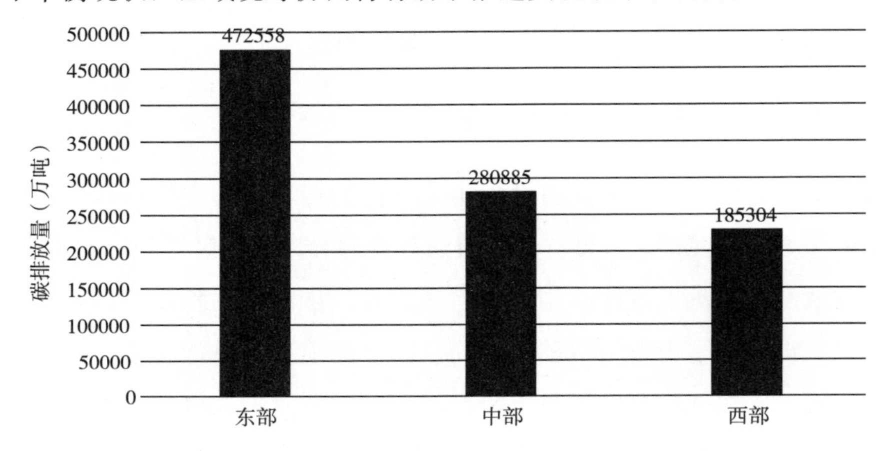

图6—1　2019年全国区域碳排放量（总排放量）

空间上东、中、西部表现出明显的差异性，东部经济实力较强，丰富的劳动力、较高的能源技术水平，为能源的高效利用提供了保障；中、西部地区碳排放强度明显高于东部沿海地区，亟待提升西部地区能源生产效率，降低碳排放强度。

（三）区域生态资源禀赋差异

根据中国统计年鉴的统计状况，农用地包含园地和牧草地，建设用地包括居民点及工矿用地、交通运输用地和水利设施用地。据统计，东部地区土地开发程度较高，建设用地占比约为14%，中部地区约为6%，西部地区约为3%。由此可见，东部地区的土地开发程度是中部地区的2倍多，是西部地区的4倍多。因此，在土地利用与空间布局上，东中西部存在较大差异，西部地区拥有较大生态文明建设、可再生能源土地用地的空间选择。

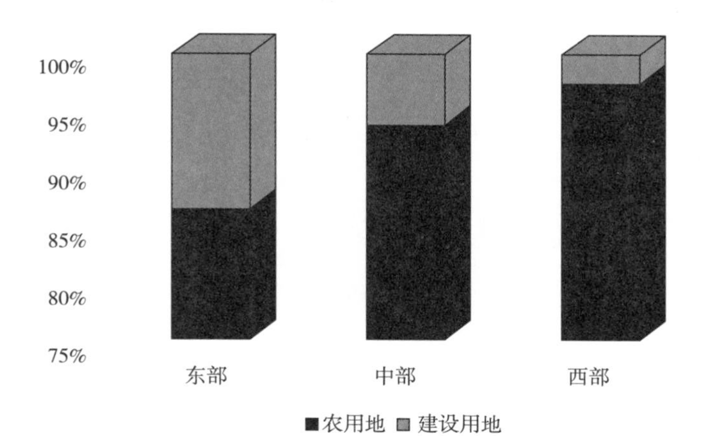

图 6—2　东、中及西部地区的土地利用状况（2017 年）

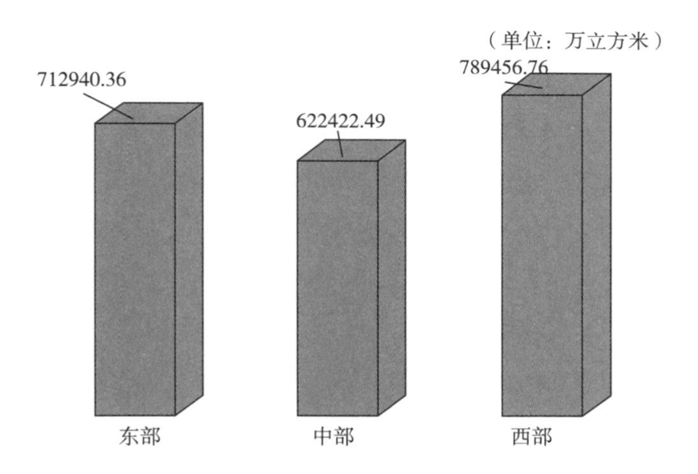

图 6—3　东、中及西部地区森林资源状况（2017 年）

图片来源：根据中国统计年鉴数据绘制而成。

二、区域实现碳中和的路径与主要措施

从区域层级来看，实现碳中和愿景需要从国家层面进行一盘棋顶层设计，结合我国当前国土空间规划进程，对土地、资源的利用及保护进行统筹规划考虑，因地制宜地制定碳达峰碳中和规划方案；发挥城市群规模性、协同性优势，以城市群为主体助力区域的碳中和实现，此外，在区域的尺度上还需发挥电网、碳额调配等在跨区域的优势作

用，具体如图 6—4 所示。

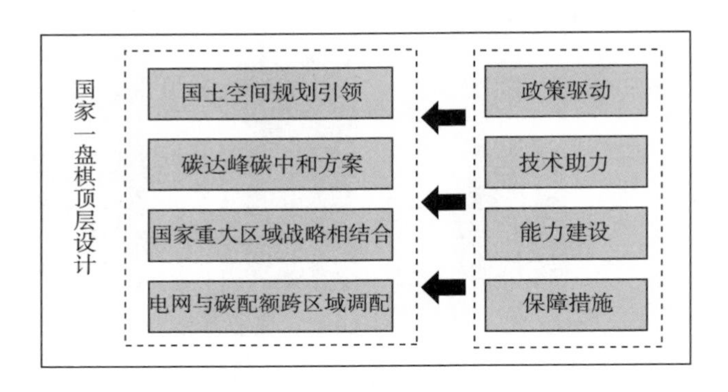

图 6—4　面向碳中和目标的区域实现路径

（一）从国家顶层设计层面统筹，因地制宜制订碳达峰碳中和方案

统筹考虑区域差异，加快推进碳达峰碳中和顶层设计相关工作。评估区域发展阶段、经济实力、能源结构、资源禀赋等各方面的差距，制定不同区域分阶段达峰路线图，明确各地达峰时限和重点任务。结合区域自身发展特色，针对性实施具体措施，东部沿海地区主要以用能替代、能源结构调整为主要手段，布局可再生能源，推广新能源汽车、加氢站等低碳基础设施建设布局。中部地区以提升能效、能源与资源结构转型等为主要路径，例如，山西提出要推动煤矿绿色智能开采，推动煤炭分质分级梯级利用。而西部地区则在保证经济绿色增长的基础上，倡导绿色低碳生活，绿色交通出行，以国土绿化行动等开展生态文明建设，推进区域低碳绿色发展。

（二）与国家重大区域战略融合，城市群助力区域碳中和

区域经济一体化，是经济发展必然经历的过程，也是全球经济发展和经济空间作用的必然结果。区域经济协调发展必须推动区域板块之间融合互动、转换空间格局，在实现区域内经济协调发展的同时完成资源的总体优化配置，保证区域内温室气体排放总量控制，进而完成低碳发展的路径转型。城市群的发展是区域一体化的重要体现，有

利于形成规模优势，促进新兴产业发展和产业结构的升级，促进温室气体的结构性减排，京津冀、长三角、粤港澳大湾区是中国绿色发展的核心区域，分析京津冀、长三角及粤港澳区域经济协调发展规划中设定的目标可以发现，区域经济发展目标与绿色低碳转型密切相关。

《粤港澳大湾区发展规划纲要》直接提出增强交通、能源、信息、水利等基础设施保障能力；确立绿色智慧节能低碳的生产生活方式和城市建设运营模式作为区域协调发展的重要目标。

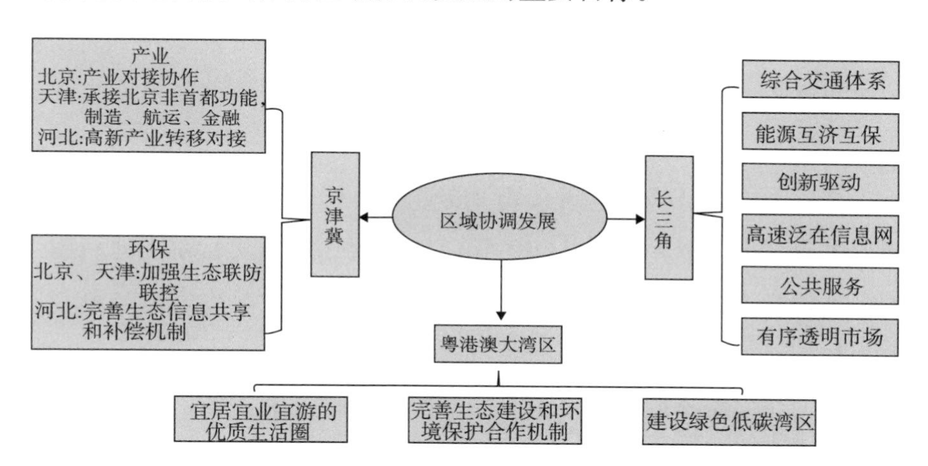

图 6—5 绿色低碳发展理念在区域经济协调发展规划目标中的体现

结合京津冀协同发展、长三角一体化、粤港澳大湾区、成渝经济圈等国家重大区域战略，积极发挥城市群协同、辐射的作用，促进区域协同低碳发展。发挥北京、上海等城市的中心引领作用，率先开展碳达峰、碳中和行动。以长三角为例，2021 年国家电网将投资超过 30 亿元，优化充换电网络布局，在长三角率先实现充电设施乡镇全覆盖；并进一步提出将继续加大投资力度，优化新能源汽车充换电网络布局，服务新能源汽车下乡，在长三角地区开展试点工作，率先实现新能源汽车充电设施乡镇全覆盖。

（三）发挥国土空间规划前瞻性、结构性优势，助力碳中和加速

党的十八大以来，党中央和国务院大力推进全面深化改革，从全面深化改革到生态文明体制改革再到党和国家机构改革再到当前的规划体系改革，改革已成为现阶段推进国家治理体系和治理能力现代化、推进生态文明建设以及高质量发展的重要动力。党的十九届三中全会决定组建自然资源部，着力解决自然资源所有者不到位、空间规划重叠等问题，构建国土空间规划体系。国土空间规划在国土空间治理和可持续发展中起着基础性、战略性的引领作用。

国土空间规划既是生态文明建设的重要支撑，借助其全方位规划管控的特点，更能从工业、交通、能源、建筑等领域多管齐下推动城市碳达峰和提升生态碳汇能力，从减碳排和增碳汇两方面出发实现碳中和。

第一，构建低碳化空间布局。在空间上形成紧凑型、多中心的空间形态以及生态优先、公共交通导向的低碳结构模式；在土地利用上推进集约节约用地、适当增加土地开发强度、产城融合、适当混合用地功能。

第二，创新绿色城镇化发展。中国城镇化高速发展，城镇化率已经从 1995 年的 29.04％发展至 2019 年的 60.6％，预计 2050 年中国的城镇化率将达到 75％。在当前的城镇化进程中，把握降碳与绿色发展的重要方向，保障水资源、能源、土地资源、环境资源供给与合理空间规划，与国家乡村振兴战略相融合，共同致力于碳中和目标的实现。

第三，重构能源的生产供应方式。从能源的供给、传输与需求方面考虑，既要从需求侧研究低碳约束与实现碳中和愿景下的区域能源需求，又要从供给侧保障区域能源供应安全，研究跨区域的能源输送及重大设施的空间用地状况。

第四，为可再生能源发展及二氧化碳封存预留用地空间。空间规划中可在资源分析的基础上尽可能厘清可再生能源用地与林地、农业用地等的关系，为可再生能源发展预留用地空间。除此之外，还需考虑地下空间规划，为二氧化碳的捕集封存预留空间。

（四）发挥电网和碳配额在跨区域统筹中的关键作用

充分利用区域能源结构和资源禀赋不平衡，因地制宜，发挥优势。国家电网公司发布碳达峰碳中和行动方案，指出“十四五”期间，国家电网规划建成 7 回特高压直流输电线路，新增输电能力 5600 万千瓦。到 2025 年，经营区跨省跨区输电能力达到 3.0 亿千瓦，输送清洁能源占比达到 50％。从区域分配来看，80％以上的能源资源分布在西部、北部，相距东中部负荷中心 1000～4000 千米。负荷中心需要更多清洁、便宜的电能支撑经济发展用能，而资源中心希望其资源优势能转化为经济优势，这种背景下跨区域的碳配额调控及电网的跨区域传输则优势明显。未来实现碳中和的愿景目标需综合考虑碳排放潜力及空间，对不同区域采用差别化碳配额政策。

第二节 城市

一、城市开展碳中和的必要性和重要意义

抓住城市这个龙头，就抓住了控制排放的主体。全球75%的能源和碳排放量都集中于城市，城市对于碳中和目标的实现起着举足轻重的作用。据研究，我国15座城市贡献了中国1/3的GDP，城市既是经济增长的引擎，又是温室气体排放的源泉。根据自然资源保护协会（NRDC）的资料显示，中国70%以上的碳排放来自城市，其中近1/3则来自为大型建筑供热、制冷和供电的能源。[①] 城市碳达峰碳中和的实现，将有力支撑中国乃至全球的低碳绿色发展。

城市具备宏观决策与具体执行的关键要素。城市作为政策落地实施的基本单元具备关键决策者、产业发展体系、投资者、研究机构及广大的消费者，构成了实施碳中和的基本要素。因此，从城市层级考虑碳中和，对于所在区域乃至整个国家实现碳中和目标都非常重要。

二、城市开展碳中和工作的主要步骤与措施

（一）依据城市现状制定碳达峰碳中和方案

对城市的产业体系、能源消费及碳排放进行现状分析。基于历史年份的能源活动二氧化碳排放数据，梳理城市碳排放总量及排放源构成，分析碳排放总量的历史变化趋势、现状、规律、排放新特征，识别重点排放领域。结合城市能源消费现状、战略定位、国家和省市的有关要求，科学合理确定城市二氧化碳排放达峰的总体目标及阶段性目标，设计达峰年份及

① 中国投资协会创新投融资专业委员会，新华社《环球》杂志，中国人民大学生态金融研究中心和第三方绿色评级机构标准排名，《走向绿色生态大国——2020中国绿色城市指数TOP50报告》。

峰值，并对达峰后趋势进行必要论证。对于已达峰的城市，建议重点研制分析未来排放趋势和减排潜力；达峰条件好的城市，建议在2023年前达峰；达峰条件较好的城市，建议在2025年前达峰；达峰条件一般的城市，建议在2027年前达峰；存在较大挑战的城市，建议不晚于2030年达峰。

研制城市峰值并制定城市二氧化碳排放达峰行动计划，研究提出实现达峰目标的重大政策与行动路线图，主要包括加快经济结构、产业结构、能源结构、交通结构的低碳化转型。根据不同的城市类型因地制宜制定碳达峰碳中和方案，如工业型、服务型、农业型和综合型城市的减排与碳中和的侧重点不一样，需根据城市特点来因地制宜地制定碳达峰碳中和方案。

表6—1　不同城市类型及减排重点方向[①]

城市类型	城市特点	减排重点方向
服务型城市	以服务行业为主要经济增长点的城市	排放总量和强度基数不高，碳减排任务主要集中在交通、能源、供暖、建筑等行业
工业型城市	工业企业的碳排放占比大	碳排放总量和强度基数高，增长惯性大，碳减排任务繁重；减排未来方向集中在用能替代及能效提升方面
农业型城市	第一产业占比较大，农业养殖及机械耕种的碳排放占比较高	未来做好生态系统建设，发挥森林的碳中和功能。通过发展绿色生态旅游提升环境要素的经济价值
综合型城市	工业与服务业占比相当，碳排放总量和强度基数不低	碳减排任务主要集中在工业、交通、能源、供暖、建筑等行业。工业领域的减排路径主要涉及对传统工业进行改造升级，用能替代；大规模植树造林，提升碳汇能力

各地首先要定位好自己所属的城市类型。有研究综合考虑影响城市碳达峰趋势的静态因素和动态因素，将中国城市的达峰类型划分为五类，根据其特点可概括为低碳潜力型城市、低碳示范型城市、人口流失型城市、资源依赖型城市和传统工业转型期城市。[②] 城市的达峰

① 参见中国人民大学发布的《“碳中和”中国城市进展报告2021》。

② 郭芳、王灿、张诗卉：《中国城市碳达峰趋势的聚类分析》，《中国环境管理》2021年第1期。

方案设计根据其达峰趋势类型应侧重于不同的规划重点：对于经济增长迅速且产业结构还未形成重工业路径依赖的城市，应规划建立低碳产业体系，发展创新型绿色经济；对于供给侧改革卓有成效，产业结构低碳转型进度领先的城市，应加快探索碳中和路径，建设新型达峰示范区，引导消费侧低碳转型；对于人口流失、经济下行压力大的城市，应协调低碳发展与经济增长、就业的关系；对于资源依赖，且面临一定增长困境的城市，应提高资源的使用效率，构建多元化产业体系；对于依赖传统工业，处于产业结构转型期的城市，应积极运用低碳技术改造和提升传统产业，加快淘汰落后产能。

（二）城市实现碳中和的主要措施

面向碳中和目标，城市开展工作的主要措施主要集中在两个层面，一是从具体实施的层面来看，城市的碳中和需要从交通、建筑、工业和电力各个部门进行用能需求控制、能效提升及用能结构调整来控制整个城市全领域覆盖的碳排放，同时需要进行城市绿化、森林碳汇及绿证购买等方面的碳汇增加措施；二是从宏观决策层面来看，需要从经济社会和城市规划设计等来进行布局与决策，具体如图 6—6 所示。

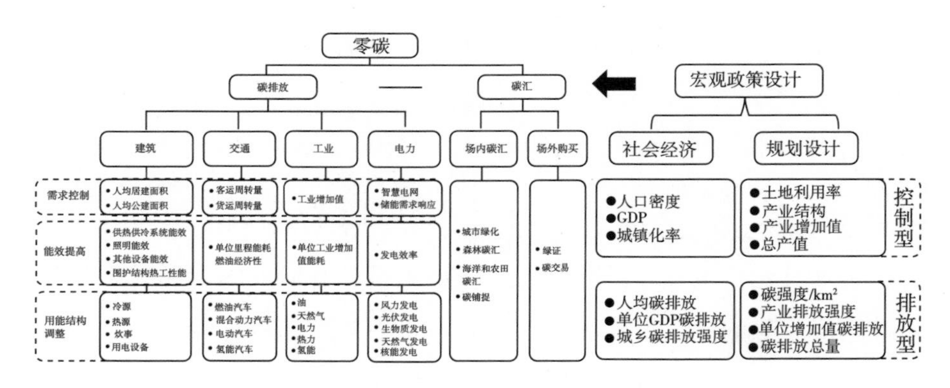

图 6—6　城市实现碳中和路径

资料来源：根据洛基山研究所的报告再加工设计。①

① 李婷、郝一涵、路舒童、王萌等：《全口径零排放示范：面向全球的绿色城镇化创新》，落基山研究所，2020。

1. 城市规划的提前布局

在城市规划中融入低碳规划理念和碳排放管控措施，全方位落实碳达峰碳中和重大部署，推动城市生产生活碳达峰，增加“绿色碳汇”和“蓝色碳汇”。结合城市规划布局，为城市林业碳汇、产业布局等优化提升部署。

2. 电网去碳化

城市作为地方电力公司的重要消费者，城市的耗电情况极有可能对其他区域耗电的排放情况产生重要影响。实现碳中和愿景，城市电网的脱碳化至关重要，城市需设定明确的去碳化目标，且需累计对可再生能源的需求，推动能效提升并将更多的城市能耗通过电气化转移到电力（特别是交通和供暖）。投资开发集中式可再生能源，同时赋能分布式可再生能源实现智能化。加速与中央、地方政府及电力公司和监管机构合作，根据城市自身资源特点，配置含有可再生能源的电网组合，推动城市电网脱碳化进程。

3. 构建绿色产业体系

城市管理者根据自身城市产业发展特点，通过制定政策鼓励高能源强度、高污染产业企业生产工艺与节能环保技术升级，深度普及低碳与碳捕捉技术，制定工业企业低碳法规，严格把控企业的碳排放，从生产端降低单位产值能耗与污染；引导产业向低碳化、绿色化转型发展，依据自身资源禀赋优化产业结构。

4. 绿色交通与绿色基础设施布局

结合当前正在进行的城市更新行动、老旧小区改造等行动措施，提前部署，提倡绿色节能建筑，提升建筑能源使用效率。鼓励低碳出行，减少城市通勤碳排放。向自行车友好城市转型，联动构建城市慢行系统和绿色基础设施，优化传统道路的非机动化设计（如自行车道），提高城市主要交通干道的非机动车出行和步行的便捷性与安全性，在重点交通站点设置自行车停车场，优化“最后一公里”交通并提高低碳出行比例。

5. 倡导绿色消费及生活方式

碳达峰、碳中和目标的实现需要从生活中的点滴着手，改变居民生活方式和消费行为。倡导低碳的生活方式是碳中和的重要一环。随着经济的发展，居民生活碳排放占比有越来越高的趋势，绿色生活的方式也就越来越重要。绿色生活方式的推广、绿色消费习惯的培养、消费行为的改善，低碳饮食、杜绝浪费、节能环保等都能够从消费端拉动碳中和的实现。根据《2017 年中国居民绿色消费发展情况》报告内容，2017 年国内销售的高效节能空调、电冰箱、洗衣机、平板电视、热水器可实现年节电约 100 亿千瓦时，相当于减排二氧化碳 650 万吨、二氧化硫 1.4 万吨、氮氧化物 1.4 万吨和颗粒物 1.1 万吨。2016 年，我国废旧纺织品综合利用量 360 万吨，可节约原油 460 万吨，节约耕地 410 万亩。2017 年，居民骑行共享单车可减排二氧化碳 420 万吨，滴滴顺风车、拼车共享出行服务可节约燃油 130 万吨，相当于减排二氧化碳 370 万吨。加强宣传引导和环境教育，鼓励绿色生活、绿色消费，不断强化公众节能降碳意识，引导节能降碳行为，推进全社会低碳发展。

碳中和目标的实现也离不开居民个体的行动支持。2021 年 3 月厦门产权交易中心碳中和服务平台发布全国首份《个人助力碳中和行动纲领》，其主要内容包括：建立个人碳足迹清单；融入减塑生活；运用公共交通工具替代开车出行；积极使用低能耗电器；主动参与植树造林；购买森林碳汇抵消个人碳排放；支持纳入绿色减碳企业榜的商家提供的产品或服务；循环利用个人用品。[①]

---

① 《全国首份〈个人助力碳中和行动纲领〉在厦发布》，厦门市人民政府网，http://www.xm.gov.cn/zwgk/zwxx/202103/t20210329_2527557.htm.

三、城市案例

目前宣布实现或者制订碳中和规划的城市主要集中在国外，以丹麦哥本哈根和澳洲的阿德莱德为例，学习借鉴国际先进经验，并结合我国城市自身资源禀赋和发展诉求，研究制定适应的碳减排、碳中和路径是未来城市实现碳中和愿景的重要途径。

哥本哈根——碳中和先锋：计划 2025 年达到碳中和

丹麦首都哥本哈根作为世界上首个宣布碳中和的城市，哥本哈根早在 2009 年就通过的《哥本哈根 2025 环境规划》最新的 2021—2025 年路线图中，哥本哈根阐明将从能源消耗、能源生产、交通、城市管理四个角度开展行动。

第一，能源消耗。优化区域供热及能源设施的运营管理；翻新功能设施来提高能源效率；安装光伏模块来补充区域供热；监控能源消耗和优化建筑运营。

第二，能源生产。转变天然气、区域供热供冷方式，提高能效；优化给排水的输送方式；假设风力涡轮机和光伏系统；预计到 2025 年前建立至少 460 瓦风力涡轮机。

第三，交通领域。减少交通部门（陆、海）的温室气体排放；2025 年之前全部更换为零排放公交车（电动等）；提供充气和充电站及电动车免费停车位；修建完善自行车绿色线路和自行车停车场。

第四，城市管理。在市政建筑物、车辆和市政采购上示范绿色解决方案；加强哥本哈根郊外的绿地建设；推广气候相关的知识和资源（尤其儿童和年轻人）；市政府自身建筑物中将率先进行能源系统的节能改良。

阿德莱德——成为全世界第一个实现碳中和的城市

阿德莱德立足于南澳大利亚和自身过去十年在应对气候变化、减少对化石能源依赖等方面的成就，对比了墨尔本、悉尼、哥本哈根等城市的目标与策略，经过深思熟虑后提出“第一个”目标。《碳中和阿德莱德的行动计划2016—2021》（*Carbon Neutral Adelaide Action Plan 2016—2021*）明确了阿德莱德通过节能的建筑形式、零排放交通、100%可再生能源和减少废弃物和废水排放五大路径实现碳中和。

提高建筑能效方面，阿德莱德选择了将太阳能作为主要的城市能源。为推动市内建筑安装普及太阳能屋顶，阿德莱德专门设立了补贴计划，对学校、中心市场、汽车站、会议中心、博物馆、议会、图书馆等地安装太阳能屋顶给予财政支持。此外，阿德莱德在市中心以东建设了一座太阳能示范村，所有住宅屋顶都安装了太阳能光伏和太阳能热水器。

零排放交通方面，截至目前，除了引入电动公交外，阿德莱德还建设了49座电动汽车充电站，可基本满足当地电动汽车充电需求，并且大多数充电站是22kW三相交流充电桩，适应澳大利亚市场的最新电动汽车需求。完善的充电基础设施建好之后，当地还通过费用优惠吸引居民选择电动交通工具。值得一提的是，阿德莱德机场已经宣布计划最早在明年引入全电动公交车队，这在全澳大利亚尚属首例。阿德莱德还是世界上拥有第一辆太阳能公共汽车的城市。此外，氢燃料电池汽车也已进入官方议程。

100%可再生能源。2019年，位于阿德莱德附近一项名为“Crystal Brook能源公园”的可再生能源项目获得南澳大利亚州政府的批准。该项目包括150MW太阳能发电厂、125MW风力发电厂，以及一个 130MW/400MWh 的锂离子储能设施。

从 2019 年 7 月 1 日起，阿德莱德市公共运营的基础设施都将使用可再生能源电力，据介绍，每年由可再生能源提供的电力相当于为 3800 多个家庭供电，减少排放量超过 1.1 万吨，或相当于减少 3500 辆汽车的行驶里程。

北京的碳中和目标

目前，北京碳峰值已基本实现并呈稳定下降趋势，成为最早实现碳达峰的城市之一。北京市政府工作报告提到，在“十四五”期间，北京将实施二氧化碳排放控制专项行动计划，将突出强化二氧化碳排放强度持续下降和排放总量稳中有降的“双控”机制。具体而言，北京将重点聚焦能源活动，核心是严格控制化石能源消费总量，实现到 2025 年二氧化碳排放总量稳中有降、2035 年持续下降的目标。北京还提出要突出重点地区和试点示范，支持重点开发区域、生态涵养区等根据自身特点研究路线图和时间表，鼓励新建区域建设“近零碳示范区”，鼓励企业成为低碳领跑者等。

全国最早形成的碳交易试点位于北京。“十四五”期间，北京计划以落实各级主体排放控制责任为核心，以完善碳排放权交易体系为特点，以引导全民共同参与为导向，加快构建形成法制化、市场化、精细化和多元化的现代化低碳治理体系，运用市场机制促进低成本减排，推动尽早实现碳达峰碳中和。

第三节 园区

一、园区碳中和的重要意义

园区以其集聚性和规模性优势现已成为我国重要的工业生产空间和主要布局方式，也成为工业化和城市化发展的重要载体。伴随着“企业入园”的趋势，国内大部分企业逐渐落户于各类园区的开发区。据不完全统计，我国各类园区达15000家之多，对全国的经济贡献达30%以上，但同时园区也面临着迅速推进能源低碳化转型和工业绿色发展的双重压力；工业园区是我国建设绿色制造体系、实施制造业强国战略最重要、最广泛的载体，承担了密集的工业生产活动，也将成为落实我国自主贡献目标和实现精准减排的关键落脚点。

我国生态工业园区、低碳工业园区的建设为园区开展碳达峰、碳中和工作奠定了良好基础。我国自1999年开始试点生态工业园区建设，生态环境部、科技部、国家发展改革委、工信部、国土资源部等多个部门先后实施了ISO14000国家示范区、国家生态工业示范园区、可持续发展实验区、园区循环化改造、低碳工业园区、园区土地集约利用评价、绿色园区等一系列绿色发展试点项目，这些试点示范有利于全面推进工业园区做好碳达峰碳中和工作。

园区低碳减排有利于促进产业链低碳化发展，提升园区招商引资的竞争力。产业链的传导和市场竞争力驱动企业低碳绿色转型。政府、银行、投资者、供应链上下游品牌商机及终端消费者都对企业低碳减排提出了要求，以苹果集团为例，到2030年实现碳中和，而且是整个产品生命周期的碳中和，这意味着所有的苹果集团产品的供应商都要实现零碳化，否则就要被踢出产业链。园区是承载项目的载体，产业发展的平台，在园区内可以实现上下游企业的联动。因此，推动以园区为主体的碳达峰碳中和工作有利于推动上下游企业加入碳中和行列，打造低碳甚至是零碳产业链。

园区或可称为绿色低碳技术和产业供给高地。绿色技术供给主要包括围绕生态环境治理与产业绿色发展领域加强绿色技术研发攻关，培育绿色技术创新成果；构建绿色技术标准及服务体系，推广绿色技术和产品的创新开发和推广应用；实施绿色制造试点示范，推动技术改造和应用。园区作为技术产业研发、示范的重要基地，对于构建绿色低碳技术体系和绿色产业体系具有引领示范效应。深入挖掘园区低碳建设和创新研发的系统作用和集成效应，对实现整体碳达峰碳中和目标贡献巨大。

二、国家工业园区低碳绿色发展现状

（一）国家绿色园区

国家绿色园区主要是围绕绿色产业工业制造、绿色产品进行规划创建的。2016 年，工业和信息化部发布了《工业绿色发展规划（2016—2020 年）》（以下简称《规划》），《规划》提出要加快构建绿色制造体系，推动绿色产品、绿色工厂、绿色园区和绿色供应链全面发展，并于同年正式启动了国家绿色园区创建。作为工业绿色制造体系建设的重要组成部分，国家绿色园区的创建工作随之展开。根据规划，到 2020 年要面向国家级和省级产业园区，选取一批工业基础好、基础设施完善、绿色水平高的园区，创建 100 家绿色园区。

《规划》指出要发展绿色工业园区，以企业集聚化发展、产业生态链接、服务平台建设为重点，推进绿色工业园区建设。优化工业用地布局和结构，提高土地节约集约利用水平。其中对于绿色工业园区的创建在节能低碳方面主要包括以下任务措施。

第一，可再生能源的使用。积极利用余热余压废热资源，推行热电联产、分布式能源及光伏储能一体化系统应用，建设园区智能微电网，提高可再生能源使用比例，实现整个园区能源梯级利用。

第二，资源利用与效率提升。加强水资源循环利用，推动供水、污水等基础设施绿色化改造，加强污水处理和循环再利用。促进园区企业之间废物资源的交换利用，在企业、园区之间通过链接共生、原料加工和资源共享，提高资源利用效率。

第三，监测信息平台等基础能力的提升。推进资源环境统计监测基础能力建设，发展园区信息、技术、商贸等公共服务平台。

以上任务措施为绿色园区开展碳达峰碳中和工作取得了良好的开端与奠定了一定的基础，未来可进一步着力提升用能替代、能效提升、包含碳排放核算、能源信息服务平台等基础能力建设与提升。

园区绿色低碳发展的先行者——苏州工业园[①]

一、苏州工业园区简介

苏州工业园区是中国和新加坡两国政府间的重要合作项目，1994年2月经国务院批准设立，同年5月实施启动，行政区划面积278平方公里，常住人口约80.78万。目前园区基本形成以电子信息和装备制造业为主导产业，以生物医药、纳米技术和云计算为战略性新兴产业的“2＋3”产业发展格局，且呈现主导产业高新化、服务产业现代化和战略性新兴产业规模化的良好发展态势。高新技术产业与战略性新兴产业的加速发展，促进了低碳经济与新兴产业的融合发展。

园区先后获评国家循环经济试点园区、低碳工业园区试点、绿色园区示范和能源互联网示范园区。苏州工业园区参与试点以来，经济

---

① 《国家低碳工业园区典型案例之四：苏州工业园区》，中华人民共和国工业和信息化部，https://www.miit.gov.cn/jgsj/jns/gzdt/art/2020/art_92e9f717f2024a6d97620cc8a1ef0753.html.

发展保持了较高的增速。2012—2016年，园区生产总值年均增长率为7%，对苏州市GDP的年均贡献率一直保持在10%以上。园区能源消耗总量虽然呈逐年增长的趋势，但碳排放总量的增长率却逐年下降。

二、园区低碳发展的战略和举措

苏州工业园区在低碳试点创建过程中，在产业低碳化、能源管理低碳化等方面取得了显著成效。

产业低碳化是园区低碳转型的主要抓手。园区以产业低碳化作为低碳建设的重点，通过不断提升转型升级的力度，加快工业企业低碳转型。实施低碳技术、提高产品技术、工艺装备、能效和环保水平。开展园区制造业能效水平评估、推动重点用能企业开展清洁生产审核、开展能源管理体系建设、推行温室气体排放保障指导、开展用能单位节能低碳考核工作等。

能源管理低碳化是园区低碳发展的重要着力点。园区确定了53家重点单位为温室气体排放报告工作对象和主体，并组织对来自玻璃、电力、化工、陶瓷、镁冶炼、钢铁6个行业的12家重点单位进行温室气体排放报告工作培训。同时，园区内企业逐步建立起了碳排放信息公开制度，将碳排放信息公开纳入年度环境信息公开报告，并依托园区环境保护网对企业碳排放信息进行统一发布。

低碳技术研发和创新是园区低碳发展的重要内容。园区组织汇编先进适用节能与低碳技术，帮助园区企事业单位更便捷实际地找到新的节能降耗和低碳发展空间。以电子信息与装备制造两大主导产业的优势积极推进半导体产业发展，推动公共场所、工业项目、公共建筑等节能降耗。

三、经验总结与启示

苏州园区在国家低碳工业园区试点创建过程中，制定了适合园区自身发展特征的制度和政策，保障并促进了园区低碳试点创建工作的有序开展。主要试点经验如下：

建立并完善节能降低碳目标分解与责任考核制度。园区制定了《苏州工业园区节能降耗、低碳发展行动计划》，将各项节能低碳管理的具体工作分解落实到各责任单位。实施问责和表彰奖励制度，对在节能目标责任考核中等次为“完成”或“超额完成”的单位给予通报表扬，在年度单位和个人评先中优先考虑。

发展“低碳节能贷”等融资创新。园区制定发布了《苏州工业园区“低碳节能服务贷”风险补偿资金管理办法》，在江苏省范围内首创了总额为1000万元的“低碳节能贷”风险补偿资金池，通过银行信贷资金放大，可为园区低碳节能服务单位提供最大一个亿的银行信贷支持，解决了一直困扰低碳节能服务企业发展“融资难”的问题。

（二）国家低碳工业园区

为贯彻落实《国务院关于印发“十二五”控制温室气体排放工作方案的通知》和《工业领域应对气候变化行动方案（2012—2020年）》，2013年9月29日，工信部、国家发展改革委联合发布《关于组织开展国家低碳工业园区试点工作的通知》，正式拉开了创建低碳工业园区的序幕。工信部会同国家发展改革委选择天津经济技术开发区等基础好、有特色、代表性强的51家工业园区，开展了国家低碳工业园区试点工作。推动重点工业园区实现绿色低碳发展，对区域工业绿色转型具有较大的带动作用。

从国家低碳工业园区试点规模来看，2012年是试点园区相关统计指标的基准年。据不完全统计，2012年参与试点的51家园区，其生产总值达到2.25万亿元，占全国GDP的4.16%；工业增加值为1.37万亿元，占全国工业增加值的6.7%；从试点园区的能源和碳排放情况来看，51家试点园区CO_2排放总量为3.18亿吨，占全国二氧化碳排放总量的3.69%，国家低碳工业园区试点实施以来，近60%参与试点的园区，其单位工业增加值碳排放均有不同程度的下降。目前，试点园区碳排放强度达到同类园区先进水平，起到了引导和带动工业绿色低碳发展的作用。低碳工业园区将进一步促进工业园区、重点工业企业资源能源集约利用，推动部分行业、工业园区二氧化碳排放率先达峰，加快推进工业发展的智能化、绿色化和服务型升级，建设具有绿色低碳发展特征的工业体系。

《国家低碳工业园区试点工作方案》[①] 中指出，工业园区作为我国重要的产业园类型之一，开展国家低碳工业园区建设试点工作是当前推进产业低碳发展的重要切入点和着力点。主要围绕以下几方面重点任务开展。

第一，大力推进低碳生产。加强低碳生产设计，围绕工业生产源头、过程和产品三个重点，把低碳发展理念和方法落实到企业生产全过程。

第二，积极开展低碳技术创新与应用。建立低碳技术创新研发，孵化和推广应用的公共综合服务平台，推动企业低碳技术的研发、应用和产业化发展。

第三，创新低碳管理。建立健全园区碳管理制度，编制碳排放清单，建设园区碳排放信息管理平台，强化从生产源头、生产过程到产品的生命周期碳排放管理。

第四，加强低碳基础设施建设。制订园区低碳发展规划，完善空间布局，优化交通物流系统，对园区水、电、气等基础设施建设或改造实行低碳化、智能化。加强国际合作多途径、多层次地积极开展国际合作，把园区建设作为我国低碳产业国际合作的实验平台、交流平台和示范平台。

第五，加强低碳技术国际合作。跟踪国际低碳技术研发的前沿领

---

① 《工业和信息化部、国家发展和改革委员会关于组织开展国家低碳工业园区试点工作的通知》，中华人民共和国工业和信息化部，https：//www.miit.gov.cn/newweb/n1146295/n1146592/n3917132/n4061768/n4061770/n4061771/n4061773/c4068298/content.html? &tsrkzhktfey.

域，积极引进尖端低碳技术，建立完善低碳技术合作研发、消化吸收、再创新、推广应用和产业化发展机制。

综合示范型低碳工业园区——天津经济技术开发区①

一、园区概况

天津经济技术开发区（以下简称天津开发区）成立于1984年12月6日，是国务院批准建设的首批国家级经济技术开发区之一。近年来，天津开发区始终坚持大力发展实体经济的宗旨，产业结构不断优化，共有电子、汽车、石化三个产值超1000亿级产业和装备、食品两个超500亿级产业；战略性新兴产业也加速聚集，成立了滨海新区云计算中心、中国智能制造（工业4.0）战略示范和应用中心等，已成为中国新一代信息技术产业的创新源头。2014年至2016年，天津开发区地区生产总值年均增长率为10.5%，仅2014年对天津市的GDP贡献率达到了25.9%，为促进当地经济发展作出了重要贡献。在保持经济发展增速的前提下，2015—2016年，天津开发区规模以上工业企业综合能源消费总量和碳排放总量均未呈现明显上升趋势。

二、园区低碳发展的战略与举措

1. 通过产业集聚促进低碳发展

目前，天津开发区已经形成了九大支柱产业。在制造业领域，一汽大众华北生产基地、一汽丰田新一线和中沙新材料园等百亿级重大项目相继开工建设，这将成为未来几年开发区实体经济发展的主要支撑。在战略性新兴产业领域，启动新一代百亿次超级计算机研制，国

---

① 《国家低碳工业园区典型案例之一：天津经济技术开发区》，中华人民共和国工业和信息化部，https：//www.miit.gov.cn/jgsj/jns/dfdt/art/2020/art _ 747083981b664f87a5d9f9fb6fb5542e.html.

际生物医药联合研究院已孵化生物医药科技企业 208 家，大运载火箭基地集火箭零部件生产、部组件装配和总装测试与试验为一体，已建成代表中国航天水平和国际先进水平的新航天城，战略性新兴产业的发展为园区的绿色低碳转型创造了新途径。

2. 促进传统特色产业低碳化发展

坚持从源头防止高耗能、高碳化项目入园，并坚持以政策来引导园区产业的转型升级。开发区先后发布 20 多项产业促进政策，重点鼓励企业引进配套供应商，设立功能型总部机构，延伸产业链，积极引导社会资金投向战略性新兴产业，大力增强创新驱动发展能力，不断开创科技金融服务新模式。中国水电建设集团新能源开发有限公司、中广核太阳能开发有限公司天津分公司先后分别在天津开发区投资兴建海上风电项目和太阳能光伏发电项目，项目建成后，将成为天津开发区继垃圾发电后又一清洁能源的重要来源。

3. 加强对企业低碳发展的引导与服务

天津开发区不断提升园区的碳管理能力，大力推动园区内年能耗在 1000 吨标煤以上的企业自主编制企业碳盘查报告，并帮助企业发现低碳发展的潜力，不断提升低碳发展的水平。天津开发区还与世界自然基金会（WWF）北京代表处合作开展绿色办公室建设项目，将在三年内推动开发区 5 家大中型企业加入绿色办公室。2015 年天津开发区与 65 家重点用能单位签订节能目标责任书，经验收，其中 43 家企业共完成节能量 23303 吨标准煤。2016 年 70 家企业签订责任书，签订节能量 23556 吨标准煤。同时，还依法要求企业开展能源审计，为企业节能提出指导性意见，并对符合园区节能降耗鼓励名录的节能项目予以鼓励。2015 年完成 28 个节能（水）扶持项目的验收。

园区注重发挥低碳发展信息交流平台的作用，利用泰达低碳经济信息网定期发布节能低碳技术解决案例，提供商业对接机会与信息。园区还继续深入建设中美清洁能源基础设施合作平台、清洁技术转移合作平台，通过拓展与清洁技术相关的对外合作伙伴关系，进一步与各海外合作伙伴共享低碳园区的建设经验，共同探索低碳园区可持续发展的新模式。

三、经验总结与启示

1. 上下共同努力，形成低碳发展的合力

天津开发区按照《国家低碳工业园区试点实施方案》中规划的主要任务与重点工程，积极推动低碳园区试点建设顺利开展，并专门设立年度预算一亿元的节能降耗专项资金，鼓励企业节能低碳发展。政府管理部门的政策和资金支持，加上园区内企业内生的节能低碳发展需求，是推动园区低碳发展的原动力。

2. 勇于创新，寻找促进低碳发展的突破口

天津开发区在低碳发展领域勇于尝试创新，通过推动企业开展碳盘查提升企业低碳发展意识和碳管理水平，通过开展公共建筑能耗监测提升公共建筑低碳管理水平，通过推动园区产业共生系统建立提升园区资源综合利用水平。

3. 点、线、面相结合，全面实现园区低碳发展

天津开发区政府在政策层面推动园区低碳工作的开展，形成了园区低碳建设的点；园区中的企业积极践行低碳发展，形成了园区低碳建设的线；园区政府、企业和居民从上到下，政企互动，从点及面，使得低碳建设工作得以全面实施。

（三）高新区

中国高新技术产业开发区，简称“国家高新区”，属于国务院批准成立的国家级科技工业园区，是中国在一些知识与技术密集的大中城市和沿海地区建立的发展高新技术的产业开发区。高新区以智力密集和开放环境条件为依托，主要依靠国内的科技和经济实力，充分吸收和借鉴国外先进科技资源、资金和管理手段，通过实施高新技术产业

的优惠政策和各项措施，实现软硬环境的局部优化，最大限度地把科技成果转化为现实生产力而建立起来的集中区域。

根据科技部官网名单，截至 2019 年，我国高新技术开发区总数已达 169 家（含苏州工业园区）。国家高新区主要分布在东部沿海地区，东部地区国家级高新区数量是西部地区的约 2 倍。

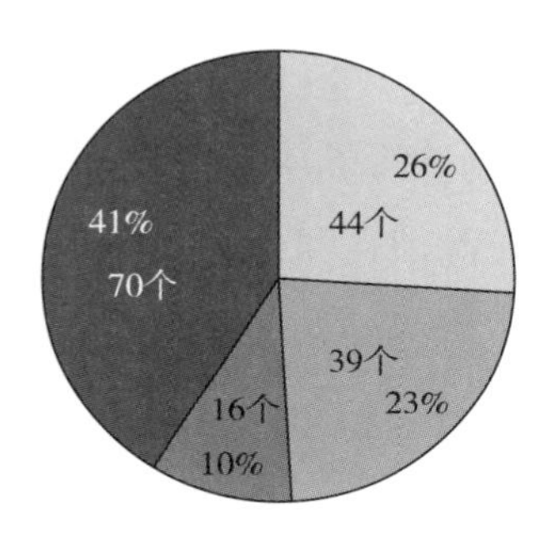

图 6—7　2019 年我国高新区空间分布格局

资料来源：根据科技部官网整理。

2021 年科技部印发《国家高新区绿色发展专项行动实施方案》的通知（国科发火〔2021〕28 号），指出国家高新区作为高质量发展先行区，理应在绿色发展方面走在前列，并在目标中提到在国家高新区率先实现联合国 2030 年可持续发展议程、工业废水近零排放、碳达峰、园区绿色发展治理能力现代化等目标，部分高新区率先实现碳中和；国家高新区到 2025 年实现的具体目标包括：国家高新区单位工业增加值综合能耗降至 0.4 吨标准煤/万元以下，其中 50%的国家高新区单位工业增加值综合能耗低于 0.3 吨标准煤/万元；单位工业增加值二氧化碳排放量年均削减率 4%以上，部分高新区实现碳达峰。这为国家高新区实现碳中和提出了新的要求。

国家高新区低碳绿色发展的重要任务与路径主要包括两个方面：首先，推动国家高新区节能减排，优化绿色生态环境，降低园区污染物产生量，降低园区化石能源消耗，构建绿色发展新模式。其次，引导国家高新区加强绿色技术供给，构建绿色技术创新体系，加强绿色技术研发攻关，构建绿色技术标准及服务体系，实施绿色制造试点示范。

三、园区开展碳中和工作的主要步骤

（一）研究制定园区碳达峰碳中和路线图

通过梳理工业园区能源消耗与能源结构及可再生能源使用情况等，摸清园区低碳发展现状，有的放矢地制定园区碳达峰碳中和目标，基于现状分析与未来发展方向的识别，研究制定面向未来园区碳中和发展路径及实施策略。

（二）推动园区能效提升与低碳技术应用

通过产业结构调整、能效提升、能源结构优化、碳捕集推动我国工业园区可以在2050年实现碳减排51%。① 具体来看，2015—2035年期间，产业结构调整与能效提升（即单位工业增加值产出的能耗下降）的碳减排潜力尤为显著，提高非化石能源占比和增加CCUS应用也可带来可观的碳减排潜力。从时间跨度来看，产业结构优化、能效提升、能源结构优化在2035—2050年期间的减排潜力将明显减小，远期的深度减排需主要依靠持续推进工业生产活动中的系统优化、区域层面的产业布局优化和末端针对性的CCUS来进一步实现总体碳减排目标。加快低碳生产设计，围绕工业生产源头、过程和产品三个重点，把低碳发展理念和方法落实到企业生产全过程。建立低碳技术创新研发、孵化和推广应用的公共服务综合平台，推动企业低碳技术的研发、应用和产业化发展。

---

① 陈吕军：《做好碳达峰碳中和工作，工业园区必须做出贡献》，《中国环境报》2021年3月10日。

（三）着力提升园区碳管理能力

建立健全园区碳管理制度，编制碳排放清单建设园区碳排放信息管理平台，强化从生产源头、生产过程到产品的生命周期碳排放管理，科学支撑工业园区碳达峰决策，为后续全面深化工业园区温室气体减排工作提供基础和手段。加强低碳基础设施建设。制订园区发展规划，完善空间布局，优化交通物流系统，对园区水、电、气等基础设施建设或改造实现低碳化、智能化。

（四）以高新区、低碳工业园区和绿色园区为基础率先开展零碳园区示范

结合当前正在实施的国家生态工业示范园区、国家高新区绿色发展示范园区等项目，考虑选择一批评审发展基础好、产业体系优势足、低碳达峰意愿强、经济实力有保障的园区，发挥园区作为高新技术产业研发、示范的重要基地，构建绿色低碳技术体系和绿色产业体系，开展零碳、碳达峰示范园区的建设。

第七章

企业如何实现碳中和

本章导读

实现碳达峰碳中和目标需要全社会齐动员、共奋力，企业既是国民经济发展的主力军，也是落实推进碳达峰碳中和目标的核心力量，我国实现碳达峰碳中和进程和成效在很大程度上将取决于企业落实碳达峰碳中和的情况。企业的碳中和关系绿色产品的制造与创新、行业链条的传递等方方面面，作为生产制造和创新的主体，积极探索实践碳中和之路非常重要。当前国内外部分企业纷纷宣布碳中和战略并制订相应的行动方案，适当的碳中和战略和路径对于企业发展至关重要。本章主要探讨企业如何制定碳中和战略与路径，首先梳理了国内外企业碳中和的规划与行动动向，总结了企业开展碳中和的策略与步骤，同时梳理了一些现在企业在开展碳中和行动中存在的认知误区及开展行动面临的困难，以期为企业提供参考。

第一节　企业面临来自多方面的碳中和要求

落实国家碳达峰碳中和战略的要求。国家相关部委相继出台相关的政策法规，加大对企业温室气体排放和碳排放管理的力度，不断推进碳市场的建设，对企业的低碳发展和碳排放管理提出新的要求。当前各省市明确要制定碳达峰方案、碳中和行动方案和时间路线图，石油化工、钢铁、水泥等重点高耗能行业也正纷纷制定行业碳中和路线图，国内央企、国企等头部企业如五大电力集团等纷纷对外宣布制订碳中和行动方案。在这样的形势背景下，企业作为生产的主要单元主体，面临国家、区域乃至城市和行业等不同层级的碳减排要求。现在虽然没有国家和区域强制要求企业碳中和，但企业的碳中和工作是展现企业社会责任担当，助力国家碳中和目标实现的重要体现。

产业链传导而来的碳中和要求。目前，很多大型跨国企业纷纷宣布碳中和战略，呈现出三个方面的特征：一是企业行业类型非常广泛，包括了微软、苹果、亚马逊等高科技企业，大众、奔驰、通用电气等制造业企业，还有一大批能源和矿产资源类企业；二是宣布的碳中和时间点较早，能源和资源类企业多为2050年，制造类企业多为2040年，高科技企业多为2030年甚至更早；三是碳中和的范围不仅包含直接排放和间接排放，更是涉及了范围三产品生命周期的碳中和。以苹果集团为例，其战略目标是2030年实现碳中和，而且是整个产品生命周期要实现碳中和，这意味着所有的苹果集团产品的供应商2030年都要实现提供零碳的配套产品，否则就有可能被移出苹果供应链。供应链传导而来的碳中和压力对企业来讲更加直接和迫切。

欧盟“碳关税”等市场准入要求。欧洲议会通过“碳边界调整机制”（CBAM）议案，对进口商品征收碳关税，并已经宣布不晚于

2023 年要实施。碳关税一旦实施，与欧盟有贸易往来的国家，特别是中国、印度、土耳其、俄罗斯将受到影响。当前，碳边境调节机制实施的具体措施尚未公布，尚难以全面评估其影响，但短期来看，碳边境调节机制会影响我国部分产品的出口和竞争力，长期来看，未来全球贸易市场环境将对产品体系的低碳化提出要求。同时，一些国家和地区或立法或宣布实施“零碳建筑”，这些也都对相关产品提出了零碳的准入要求。

消费者偏好与意识提升倒逼和激励企业碳减排。消费者的行为偏好不仅决定了自身消费，对生产部门的生产决策也具有一定的引导和制约作用。产品碳标签有可能影响未来消费者的选择，碳标签就是对商品生命周期中所产生的碳排放量进行标识，消费者可以根据自己的偏好对产品进行选择。全球已有 12 个国家的政府部门和行业协会开始推广碳标签，引导消费者更青睐低碳产品，普及绿色消费行为，当前全球已有数千种产品加贴了碳标签，覆盖食品、建材、电子产品等多类产品，比如，跨国公司和零售业巨头如沃尔玛、乐购等也已逐步实施或计划实施绿色供应链体系，对农产品的生产和流通环节的碳足迹进行测量并要求加贴碳标签。随着消费者低碳意识的逐渐提升，低碳可持续消费将成为新潮流，消费者用手中的真金白银给低碳产品投票，将是企业进行产品和技术升级以实现低碳产品的直接影响因素。

投资者的青睐成为企业低碳发展的动力。政府、银行、投资者、供应链上下游品牌商机及终端消费者都对企业低碳减排提出了要求，企业是否关注环境保护，在生产和运营中对二氧化碳的排放是否关注且主动披露，是否对可持续发展有所关注，是投资者衡量企业的一项重要判断指标。相较于同领域同规模的企业，企业碳中和规划与行动会影响投资者的评判。对于银行和投资者而言，他们越来越意识到了气候变化问题的风险，越来越关注一个企业在应对温室气体管理方面和气候变化方面采取了哪些措施，并关注这些措施可能带来的财务影响。温室气体排放信息披露及减排规划做得比较好的企业，会被投资者认为是企业将碳减排纳入其长期战略规划和运行系统的一种“承诺”，从而形成企业竞争优势，更有利于得到银行和投资的青睐。目前国内各大银行及中小银行，如工商银行、兴业银行、招商银行等都开展了绿色信贷，为那些节能减排、提高能效的项目进行融资。[①]

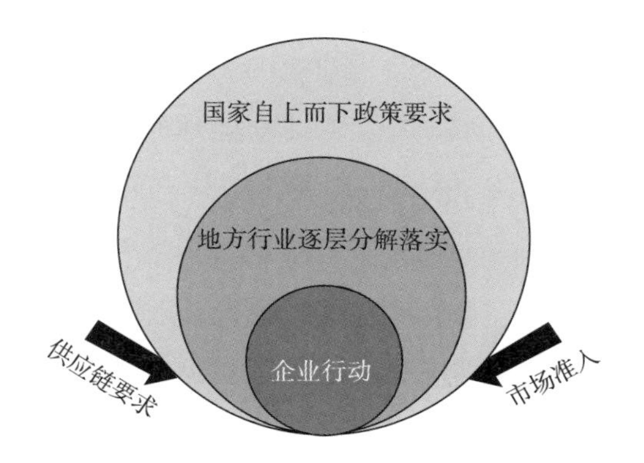

图 7—1　企业碳达峰碳中和面临的外部要求

① 罗荟霏、郑馨竺、刘源、王灿：《企业碳中和行动的驱动力与模式》，《环境与可持续发展》2021 年第 2 期。

第二节　企业碳中和行动动向

一、国际跨国品牌动向

以互联网为首的科技产业：全球科技领头羊的碳中和目标力度与行动往往走在世界最前列，并引领推动全球整个产业链碳中和脚步。美国科技五巨头亚马逊、苹果、谷歌、微软、脸书大多早已实现运营阶段的碳中和，如苹果在2020年已实现公司运营阶段碳中和，谷歌和微软则是分别早在2007年和2012年实现了碳中和。所以，这些科技巨头往往利用其产业链影响力制定供应链碳中和目标（覆盖范围一、范围二、范围三排放），并以“低碳甚至是零碳”的标准要求其链上供应商，以期推动全产业链尽快实现净零排放。同时，互联网行业制定的供应链减排目标一般是在2025—2030年左右（亚马逊除外），普遍早于其他行业的碳中和目标年份，更是远远早于国家的碳中和目标年份。如苹果制定的是2030年实现供应链碳中和，并在此基础上提出了2030年较2015年减碳75%的具体目标。微软提出的是2025年企业范围内实现零排放，2030年范围三减排降低50%以上，2030年实现负排放，2050年消除微软自1975年成立以来直接或通过用电排放的所有二氧化碳等目标。谷歌、脸书制定的碳中和目标均是2030年实现全产业链净零排放，亚马逊制定的碳中目标则是2030年使用100%可再生电力，2040年实现净零碳排放。由于这些具有产业链影响力的跨国企业宣布的碳中和目标往往较激进，同时要求供应链企业同步实现产品碳中和，也势必驱使我国相关产业链上的企业跟随其碳中和节奏，研究制定碳中和相关战略，开展相关行动。

零售服务业：多数零售服务业在专注于减少自身运营排放的同时，并与供应商合作以减少供应链中的排放，增强业务的弹性以及利用自身影响力提倡采取集体性的减排行动。世界知名零售商沃尔玛在其《2020年环境、社会及公司治理（ESG）报告》中详细披露了其气候目标及相应举措。沃尔玛第一阶段目标是首先降低自身运营阶段的绝对排放，即到2025年范围一和范围二绝对排放相对于2015年下降18%，主要措施包括提高建筑能效、改善制冷系统性能、最大限度提高车队可持续运营，以及到2025年，50%的业务运营采用可再生能源。沃尔玛第二阶段目标是到2030年供应链累计减排10亿吨，作为世界知名零售商，沃尔玛致力于在应对气候变化方面利用自身影响力推动供货商们减排，发起Project Gigaton倡议，启动供应链10亿吨减排项目计划，自2017年以来供应商累计避免了超过2.3亿吨。沃尔玛第三阶段目标是到2040年在不购买减排权的情况下实现净零排放，根据2018年碳排放披露数据，沃尔玛范围二间接排放占比高达66%以上，所以，若2040年沃尔玛100%实现清洁电力，其第三阶段目标应该不难实现。同样，雀巢于2020年12月公布了其净零排放路线图，承诺到2050年实现净零排放，由于雀巢绝大多数的温室气体排放（95%）来自供应链（范围三）的活动，2018年雀巢总排放量为1.13亿吨二氧化碳当量，其中范围三排放高达1.07亿吨，所以雀巢关键行动侧重于如何降低供应链的碳足迹。除此之外，宜家、星巴克等知名品牌也宣布了其减碳目标，如宜家宣布2030年实现碳中和；星巴克宣布到2030年直接运营和价值链的绝对排放（包括范围一、范围二、范围三）减少50%。

传统能源行业、工业及制造业：传统能源行业、工业及制造业因其高碳属性作为减排主力军也纷纷加入全球碳中和行列。传统能源行业已经开始转向清洁能源，如英国石油公司BP提出2050年实现净零排放，除了减少石油、天然气等主营业务的碳排放之外，并增加对非石油和天然气业务的投资比例，2020年低碳投资总额达7.5亿美元，主要领域涵盖低碳电力（风能、太阳能）、生物能源（生物燃料）、氢能（绿氢、蓝氢）和碳捕集、利用和封存（CCUS）等；工业、制造业则是致力于实现运营碳中和、产品碳中和。如全球最大的钢铁企业卢森堡安赛乐米塔尔致力于2050年实现碳中和，德国最大的钢铁企业蒂森克虏伯承诺在2050年之前实现碳中和，梅赛德斯奔驰提出到2039年实现全球工厂碳中和，通用汽车提出到2040年其全球产品和运营实现碳中和。由于能源行业、工业、制造业等行业减排任务艰巨且难度较大，承诺的碳中和目标年份相对其他行业相对较晚，但一般都不晚于2050年。其具体碳中和行动也会致力于打造“零排放”产业链闭环，推动全产业供应链降低排放。我国作为制造业大国，国内企业是众多跨国企业的重要供应商，则需要积极应对全球打造碳中和产业链的形势，加快实施绿色低碳转型，确保链上优势竞争力。

表7—1 全球知名跨国企业碳中和行动案例

行业分类	企业名称	碳中和行动	具体措施
科技行业	苹果	目标一：2030年实现供应链碳中和 目标二：2030年相较2015年减碳75%	2020年已实现公司运营的碳中和 ·低碳设计 ·公司场所设施和供应链中提高能效 ·推动整个供应链转用100%清洁可再生来源电力 ·碳清除（基于自然的解决方案，避免直接购买碳排放权）
	亚马逊	目标一：到2025年使用100%可再生电力 目标二：到2030年，50%的货运实现碳中和 目标三：到2040年实现净零碳排放	·可再生能源利用 ·打造零碳货运 ·电动运输车计划 ·可持续包装计划 ·成立即时气候基金，致力于支持基于自然的气候解决方案来避免碳排放 ·设立气候承诺基金，支撑可持续发展
	谷歌	2030年完成无碳发电，实现零碳排放	2007年已实现碳中和；2019年实现了对谷歌创立以来所有的碳足迹的补偿 ·能效技术：通过自研和运用AI技术来发展能效技术 ·投资可再生能源

续　表

行业分类	企业名称	碳中和行动	具体措施
科技行业	微软	目标一：到 2025 年范围一、范围二内实现零排放，100％采用可再生能源电力 目标二：到 2030 年范围三减排降低 50％以上 目标三：到 2030 年，实现负排放 目标四：到 2050 年，消除自 1975 年成立以来直接或通过用电排放的所有二氧化碳	如何减少范围一、范围二排放 ·100％采用可再生能源电力（可再生能源匹配解决方案、试行分布式能源、电网互动式储能电池等项目） 如何减少范围三排放 ·改善供应商排放数据跟踪及排放报告 ·将碳排放费扩大到范围三排放 ·提高 Surface、Xbox 及 Windows 等设备和软件的能源效率 ·降低员工出行排放：鼓励在家办公 如何实现负排放： ·碳移除解决方案：造林/再造林、土壤固碳、BECCS、直接空气捕获（DAC） ·成立全球碳中和组织，致力于通过共享资源和策略减少全球碳排放
	脸书	到 2030 年实现全价值链净零排放	·提高设备能效 推动供应商合作实现减碳目标 开发新的碳消除技术
零售服务业	沃尔玛	目标一：2025 年范围一和范围二绝对排放相对于 2015 年下降 18％ 目标二：供应链到 2030 年累计减排 10 亿吨 目标三：到 2040 年在不购买减排权的情况下实现净零排放	如何减少范围一、范围二排放 ·提高建筑能效 ·改善制冷系统性能 ·最大限度提高车队可持续运营 ·到 2025 年，50％的业务将采用可再生能源 如何减少范围三排放 ·发起 Project Gigaton 倡议，启动供应链 10 亿吨减排项目计划
	雀巢	目标一：到 2025 年减排 20％ 目标二：到 2030 年实现温室气体（GHG）排放量减半 目标三：到 2050 年实现净零碳排放	·原料的可持续采购（奶业和畜牧业、土壤和森林） ·产品组合转型（开发低碳产品、使用碳足迹较低的原料和工艺） ·包装创新 ·使用可再生能源生产产品 ·推动更清洁的物流（绿色电力、绿色氢能） ·碳移除（基于自然的解决方案）

续　表

行业分类	企业名称	碳中和行动	具体措施
零售服务业	星巴克	到2030年，直接运营和价值链的绝对排放量（包括范围一、范围二、范围三）减少50%	·从一次性包装转变为可重复使用的包装 ·投资于再生农业、植树造林、森林等
传统能源行业、工业及制造业	英国石油公司BP	目标一：到2030年，英国石油公司的运营排放量将降低30%～35% 到2030年，英国石油上游石油和天然气生产中与碳有关的排放降低35%～40% 到2030年，英国零售产品的碳强度降低15%以上 目标二：到2050年实现净零排放	·大规模减少业务和上游相关排放 ·净零石油和天然气 ·减少甲烷 ·增加对清洁能源的投资（风电、太阳能、生物能源、氢能、CCUS）
	蒂森克虏伯	目标一：到2030年将钢铁生产的排放量减少30% 目标二：在2050年之前实现碳中和	·氢炼钢技术 ·CO_2利用技术 ·能效提升技术研发
	安塞乐米塔尔	目标一：2030年比2018年减排30% 目标二：到2050年达到碳中和	·智能碳（Smart Carbon）路线 ·基于直接还原铁（DRI）的路线
	奔驰	目标一：到2022年实现欧洲工厂碳中和 目标二：到2039年实现全球工厂碳中和 目标三：到2030年实现工厂的绝对排放相对于2018年降低50%，产品碳足迹降低42%	·到2022年100%清洁电力：直购电抵消碳排放；购买黄金标准（GS）CER ·新能源车转型目标：计划在2025年实现新能源车销量25%，2030年为50%，2039年推出碳中和车
	通用汽车	2035年实现所有新款轻型汽车的零排放 2040年其全球产品和运营实现碳中和	·全面实现产品电气化：投资电动车和自动驾驶项目 ·推动供应链的减碳行动 ·可再生能源使用：2035年将实现100%可再生能源供电的全球运营，参与可再生能源充电网络的建设 ·碳补偿、购买碳积分

二、国内企业碳中和行动

自我国对外宣布碳中和目标后，全国不同行业企业因受政策和市场因素驱动纷纷响应，相关企业启动碳中和战略研究，加快探索碳达峰碳中和路径。

央企、国企等头部企业迅速响应，发挥带头示范作用，积极参与碳达峰碳中和行动。以央企、国企为主导的电力、煤炭和油气行业与我国碳达峰碳中和目标密切相关，截至目前，包括国家电网、华能集团、国家电投、华电集团、国家能源集团、南方电网、中国石油化工集团、中国海洋石油集团在内的30多家央企公布了与碳达峰碳中和目标相关的工作目标、计划和行动方案。中国工商银行、中国建设银行、中国农业银行及中国银行等金融企业纷纷宣布将承销首批“碳中和债”，中国银行已支持了数家国有电力公司成功完成国内首批碳中和债券的发行。

钢铁、建材等高碳行业企业作为碳达峰、碳中和的重要参与主体，并受碳市场约束下纷纷研究制定碳达峰、碳中和路线图。2021年1月，中国建材联合会发布了《推进建筑材料行业碳达峰、碳中和行动倡议书》，促进建筑材料行业提前实现碳达峰碳中和，并号召水泥、平板玻璃、墙材等各大企业集团充分发挥带头作用，主动响应建筑材料行业提前实现全面碳达峰倡议，摸清碳排放家底，制定和提出各自企业的达峰约束性目标及实施路径和计划，发布碳减排承诺；同样，中国宝武集团率先于2021年1月20日对外发布碳达峰碳中和目标：力争2023年实现碳达峰，2035年实现减碳30%，2050年实现碳中和，将在2021年发布低碳冶金路线图。2021年3月12日，河钢集团也宣布2022年实现碳达峰，2050年实现碳中和，下一步的重点工作是制定并发布低碳冶金路线图。

新能源行业迅速抢占碳达峰、碳中和带来的发展机遇，赋能零碳产业，助力碳中和。我国风电、光伏产业快速发展，光伏、风电已具备平价上网的竞争优势，新能源产业实现自身碳中和的同时更致力于为减排企业提供可再生能源解决方案，提升企业可再生能源电力的使用。2020年4月22日，绿色科技公司远景集团发布《2021年远景集团碳中和报告》宣布2022年实现全球运营碳中和，2028年实现全球价值链碳中和，并提出布局可再生能源基础设施，助力构建零碳经济体系。

科技巨头履行社会责任，制定供应链碳中和目标带动上下游相关企业减排。2021年1月12日，腾讯启动碳中和规划，用科技助力实现零碳排放。蚂蚁集团于2021年4月21日对外发布《蚂蚁集团碳中和路线图》，宣布自2021年起实现运营排放碳中和，2030年实现供应链碳中和，通过推动上游数据中心实施节能措施、持续低碳持续创新等手段来开展供应链的减排行动。

表7—2　我国各行业企业碳中和行动案例分享

行业分类	企业名称	碳中和行动	具体行动措施
央企/国企	国家电网	发布碳达峰碳中和行动方案	·在能源供给侧，构建多元化清洁能源供应体系 ·在能源消费侧，全面推进电气化和节能提效
	南方电网	发布服务碳达峰碳中和工作方案	大力推动供给侧能源清洁替代，以“新电气化”为抓手推动能源消费方式变革，全面建设现代化电网，带动产业链、价值链上下游加快构建清洁低碳安全高效的能源体系
	三峡集团	力争2023年实现碳达峰、2040年实现碳中和	首个提出碳中和时间表的央企，但具体行动措施未明确
	华能集团	到2025年，新增新能源装机8000万千瓦以上，确保清洁能源装机占比50%以上，碳排放强度较“十三五”下降20%	/

续　表

行业分类	企业名称	碳中和行动	具体行动措施
央企/国企	国家电投集团	2023 年实现碳达峰； 2025 年清洁能源装机比重提升至 60%； 2035 年清洁能源装机比重提升至 75%	/
	华电集团	2023 年实现“5318”目标 计划到 2025 年实现碳达峰	/
	中国石油化工集团	与国家发改委能源研究所、国家应对气候变化战略研究和国际合作中心、清华大学签订碳排放达峰和碳中和战略合作意向书	/
	中国海洋石油集团	启动碳中和规划 2025 年清洁低碳能源占比拟提至 60% 以上 与壳牌达成中国大陆首船碳中和 LNG 交易，实现全产业链碳中和	/
高耗能工业	宝武集团	2023 年力争实现碳达峰； 2025 年具备减碳 30%工艺技术能力； 2035 年力争减碳 30%； 2050 年力争实现碳中和	未明确，2021 年将发布低碳冶金路线图
	河钢集团	2022 年实现碳达峰； 2025 年碳排放量较峰值降 10%以上； 2030 年碳排放量较峰值降 30%以上； 2050 年实现碳中和	未明确，2021 年将发布低碳冶金路线图
科技行业	腾讯	启动碳中和规划	未明确，未制定明确的碳中和目标
	蚂蚁集团	目标一：2021 年起实现运营排放（范围一、范围二）碳中和 目标二：2025 年实现范围一、范围二的绝对温室气体排放量较 2020 年下降 30% 目标三：2030 年实现净零排放（范围一、范围二、范围三）	· 园区节能改造 · 提高建筑能效 · 倡导员工低碳行为 · 推动数据中心减排 · 基于自然的解决方案等
	华为	目标一：到 2025 年单位 GDP 排放相对于 2019 年降低 16% 目标二：在 2025 年之前，完成 TOP100 供应商减排目标的设定	尚未制定明确的碳中和目标 2021 年 4 月发布《数字能源目标网助力运营商加速碳中和白皮书》：通过构建极简站点、极简机房、极简数据中心、无处不在的绿电打造数字能源互联网助力运营商碳中和

续　表

行业分类	企业名称	碳中和行动	具体行动措施
科技行业	联想集团	目标年：2030年，基准年：2019年 目标一：将减排范围一＋范围二的碳排放量减少50％ 目标二：减排范围三内，已售产品（笔记本电脑、台式机和服务器）产生的碳排放量减少25％ 目标三：减排范围3内，每百万美元采购开支中，采购商品和服务产生的碳排放量减少25％ 目标四：减排范围3内，每公吨/公里运输及配送产品过程中，上游物流运输及配送产生的碳排放量减少25％	·提高运营及物流能源效益 ·削减能源消耗 ·尽可能使用可再生能源、鼓励使用可再生能源、购买可再生能源商品 ·碳补偿
新能源行业	通威集团	全面启动碳中和规划，计划于2023年前实现碳中和目标	/
	比亚迪	启动企业碳中和规划研究，探索新能源汽车行业碳足迹标准	尚未制定明确的碳中和目标
	远景集团	目标一：2022年实现运营碳中和 目标二：2028年实现全价值链碳中和	·自身节能减排、增加绿电消费、购买碳信用的方式减少和抵消超过约40万吨二氧化碳当量的温室气体排放 ·针对无法通过短期行动减排的剩余排放，我们将购买高质量的碳补偿额度进行抵消

由于距我国提出碳中和目标才半年之久，所以相对于已积累众多丰富经验的全球性跨国企业来讲，我国大部分企业的碳中和相关行动开展得相对较晚，碳中和相关的研究相对陌生且具有一定的挑战性。虽然众多企业在碳中和话题上密集发声，但多数也只是暂时先对外宣布碳中和目标，而碳中和目标的具体实施路径、路线图既需要时间来潜心研究，也需要国家顶层设计的政策引导及技术支撑。

三、企业开展碳中和工作的主要步骤

企业如何开展碳中和工作，要分几步走，这也是现在广大学者、企业管理者关心和研究的重点。从减排方面来看，主要包括两方面内容，一方面是企业减排，一方面是企业购买环境权益来抵消不能完全减排的部分，以实现企业的净零排放。那么从具体的路径步骤来看，第一步就是进行企业自身的碳排放核算与核查，企业自己根据能源消耗情况、根据相关的核算指南对其边界内产生的温室企业进行计算；然后就是根据碳盘查情况及自身发展需求制定碳中和目标与战略规划，然后进行具体的战略实施，包括详细的减排措施及如何购买环境权益等，同时进行企业机制管理、社会责任信息披露、营造企业绿色低碳、碳中和品牌，彰显企业社会责任与提升低碳竞争力。

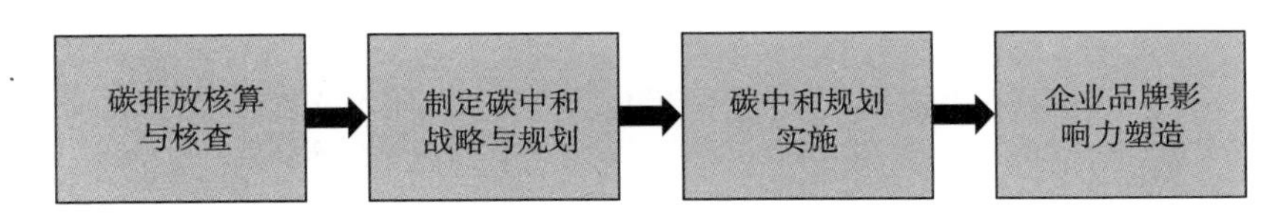

图 7—2　企业开展碳中和工作步骤

（一）开展碳核算与盘查，摸清家底

碳排放与盘查是企业开展碳达峰、碳中和的基础，只有摸清企业碳排放管理情况，才能有针对性地制定目标与开展行动。在此步骤中首先是明确企业层级碳排放边界，明确企业的碳排放范围（包含范围一、范围二和范围三）便于碳排放管理，此部分内容在本书第一章“碳中和概念与边界”小节中有涉及，此处不做具体的阐述；其次是以产品为边界的碳排放即碳足迹的管理，包含了以产品全生命周期为范围的排放，包含从原材料的生产、运输、加工、中间产品及最终产品的废弃物处理等环节产生的排放。

对于企业的温室气体核算方法及报告指南，国家和地方相继出台一系列文件，针对不同类型的企业发布相关的方法与指南。据不完全统计，国家发展改革委和生态环境部相继出台关于企业温室气体排放核算方法相关文件，例如，2013 年出台的《关于印发首批 10 个行业企业温室气体排放核算方法与报告指南（试行）的通知》（发改办气候

〔2013〕2526 号），涉及发电企业、电网企业、钢铁生产等行业企业类型，详细见表 7—3。

表 7—3　企业温室气体排放核算方法与报告指南汇总（不完全统计）

序号	政策名称	时间	颁布部门	涉及行业
1	《关于印发首批 10 个行业企业温室气体排放核算方法与报告指南（试行）的通知》（发改办气候〔2013〕2526 号）	2013 年	国家发展改革委	发电企业、电网企业、钢铁生产企业、化工生产企业、电解铝生产企业、镁冶炼企业、平板玻璃生产企业、水泥生产企业、陶瓷生产企业、民航企业
2	《关于印发第二批 4 个行业企业温室气体排放核算方法与报告指南（试行）的通知》（发改办气候〔2014〕2920 号）	2014 年	国家发展改革委	石油和天然气生产企业、石油化工企业、独立焦化企业、煤炭生产企业
3	《关于印发第三批 10 个行业企业温室气体排放核算方法与报告指南（试行）的通知》（发改办气候〔2015〕1722 号）	2015 年	国家发展改革委	造纸和纸制品生产企业、其他有色金属冶炼和压延加工企业、电子设备制造业企业、机械设备制造企业、矿山企业、食品、烟草及酒、饮料和精制茶企业、公共建筑运营单位、路上交通运输企业、氟化工企业、工业其他行业
4	《关于征求国家环境标准《企业温室气体排放核算方法与报告指南 发电设施（征求意见稿）意见的函》	2020 年	生态环境部	发电设施

（二）制订企业面向碳中和目标的战略规划

基于企业的摸底调查，制订企业碳达峰、碳中和的战略规划，明确减排节点与达峰峰值，推动企业低碳转型发展。在此阶段中，首先需梳理企业所面临的政策约束与政策机遇，包含来自国家层面及区域层面对低碳减排的相关要求、企业进入国际市场如外向型企业面临的国际政策及国际市场的准入标准与竞争法则、来自供应链传导的要求以及对消费者偏好的分析。其次是对企业本身处在的行业位置的分析，明确在同行里本企业的水平位置，分析总结上下游产业链的排放水平及所在区域的排放水平。

基于以上分析总结，制定企业碳中和的分阶段的目标。第一阶段是实现碳达峰，明确峰值及达峰年份，第二阶段是企业100%或者部分实现自身运营碳中和目标，第三阶段是企业100%或部分实现供应链碳中和目标。最后，根据设定的目标进行战略规划选择，明确企业自身的相对竞争力，制订面向碳中和目标的战略规划。比如雀巢集团作出承诺到2030年实现温室气体排放量减半，到2050年实现净零碳排放；而微软集团则是提出更具有雄心的战略目标，到2030年微软降碳为负，到2050年，微软把公司自1975年成立以来直接或通过耗电排放的所有碳从环境中清除，以上是企业根据自身发展制定的碳中和目标，并制定了详细的路线与具体措施，支撑碳中和目标的实现。

（三）面向碳中和目标的企业行动策略

企业的具体行动策略主要包括基于技术的具体行动措施和体制管理两个方面。

实现碳减排的企业行动，主要包括企业用能替代、能效提升、提高可再生能源电力使用（投资或自建开发可再生能源项目、购买绿电）、碳抵消（林业碳汇、CCUS）等措施，具体如图7—3。

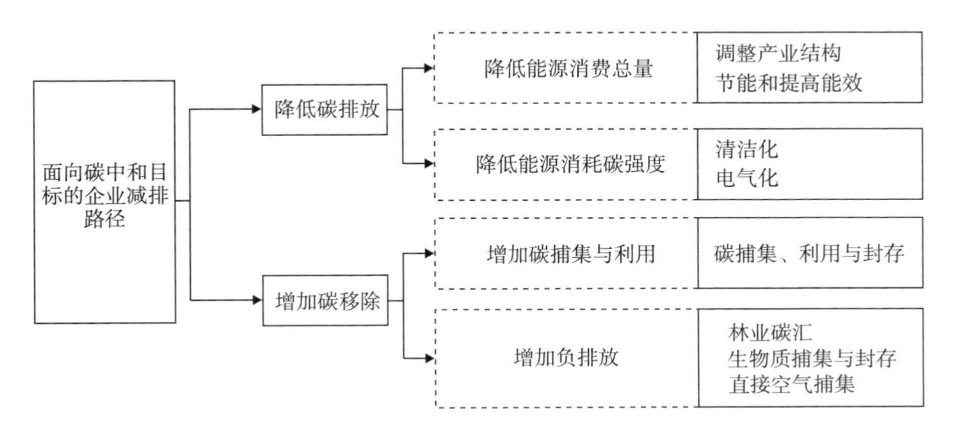

图7—3　企业面向碳中和目标的减排措施路径

第一方面是企业的能源管理，依据自身实际，使用清洁能源、节约用能、提高用能效率。目前，宣布碳中和的企业中很多选择100%使用可再生能源电力，如雀巢、迪卡侬等企业，另外为便于企业的能源管理，部分企业使用能源互联网平台。

第二方面是技术升级创新，减少温室气体直接排放，包括改进自身发展工艺，提升能效。例如，谷歌通过自主研发和运用AI技术来发展能效技术。Sixlens数据显示，谷歌在降低数据中心能耗、优化数据中心冷却系统、数据中心感应冷却等方面进行技术布局。2014年1月，谷歌收购人工智能初创公司DeepMind，2016年7月，DeepMind开始对数据中心进行能源管理的优化工作，实现了服务器能耗降低40%的效果。企业除了自身的碳减排以外，也是科技创新实践的重要载体，企业也有为国家、区域及行业创新研发低碳减排技术的责任，例如科技企业除实现自身低碳、零碳发展的同时须发挥自身科技创新的能力，通过技术赋能助力其他行业提高效率、减少能耗，从而实现全社会碳中和。现在国内不少科技巨头通过多渠道发声，宣布参与碳中和行动，华为构建“极简+绿电+智慧能源云”，发布“数字能源零碳网络解决方案”，腾讯首席探索官提出“FEW（Food，Energy，Water）+架构”，开启多行业关于FEW的研讨会，影响社会；阿里巴巴集团开发“蚂蚁森林”带动低碳生活[①]。

第三方面是低碳化管理。通过树立全员减碳意识，推动全体员工低碳生活养成，鼓励绿色出行、光盘行动、垃圾分类、植树造林、视频会议等低碳行动，减少间接排放；另一方面通过绿色供应链管理，动员主要供应商参与碳减排行动，坚持绿色可持续采购，减少价值链上游排放的降低。

第四方面则是碳移除措施及碳移除技术的创新，包括通过基于自

① 《道阻且长，行则将至——2021年中国科技企业碳中和责任研究报告》，亿欧智库，2021。

然的解决方案，通过植树造林、土壤管理、矿山修复等方面增加对大气中二氧化碳的吸收；还有对于碳捕集利用与封存、空气直接捕集等技术的创新研发示范。2020年初，微软宣布计划在未来4年内投资10亿美元，用以帮助降低碳捕捉成本，并投资了Climeworks、Carbon Engineering和Global Thermostat等碳减排、捕获和清除技术初创企业。

企业管理体系的构建与完善，包括制定碳排放管理制度、设计碳排放管理标准与规范、开展企业内部基础能力建设与提升。企业碳管理是指对企业排放的温室气体进行主动管理，包含碳排放管理、碳资产管理及管理体系建设等基本要素，其主要措施包括进行碳监测、碳披露、碳减排、碳交易以及在低碳时代规避风险、抓住机遇、提高企业竞争力等其他措施，目的是获取更大的经营及品牌价值（如图7—4所示）。

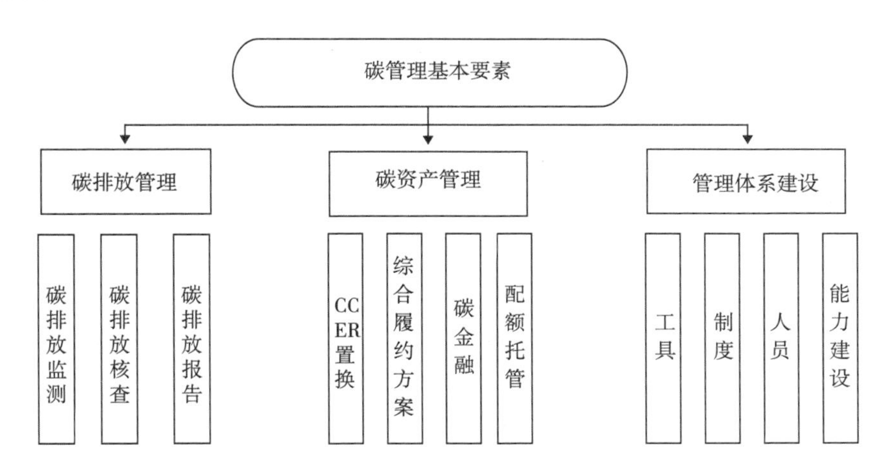

图7—4 碳管理基本要素图示

其中，碳资产管理是通过对排放数据进行分析，记录企业碳排放、配额变化趋势，为企业实现温室气体控排低成本履约；并利用碳金融手段实现企业额外碳收益。逐步构建企业全生命周期的碳中和管理体系，支撑企业长期的碳减排、碳中和的发展目标。

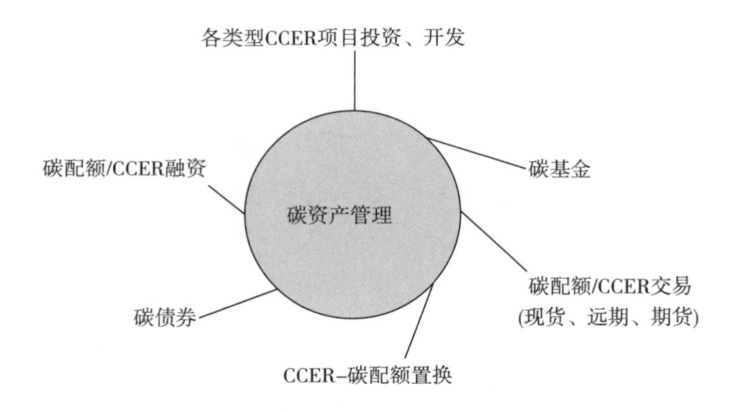

图 7—5 碳资产管理的主要类型

除技术层面的碳减排措施外，碳交易是现阶段企业贡献碳中和目标的有效路径。相较于国家、区域层级而言，企业实现碳中和相对不是那么容易。企业的物理边界相对较小，不具备广阔的土地资源供其通过造林来实现碳排放的吸收，而将排放的温室气体直接捕集封存的技术商业应用模式尚不成熟，成本较高。因此，碳交易、通过购买环境权益来抵消碳排放，从而实现碳中和，成为企业现阶段实现碳中和的有效路径。所谓环境权益，是指某些具有减少温室气体排放的项目，通过一系列的认证认可程序，将其温室气体减排进行量化并形成的一种可独立交易的商品。总结梳理当前国内可申请的环境权益包括CER、CCER 等类型。国外企业在这方面已经有相对成熟的做法，2019 年，微软从荷兰购买 90 兆瓦风能，从 2022 年开始，微软将利用该绿色能源为其数据中心供电 15 年。2020 年 7 月，微软和耐克、联合利华、达能、梅赛德斯奔驰、马士基（Moller－Maersk）、威普罗（Wipro）和 Natura&Co 合作成立了“Transform to Net Zero”的全球碳中和组织，致力于通过共享资源和策略减少全球碳排放。而在国内，据报道在参与碳排放权交易市场建设方面，中国海油已尝试开展碳中和 LNG 交易。2020 年中国海油通过购买碳汇实现了单船 LNG 资源在全产业链的“净零碳排放”。碳中和 LNG 主要是指依据核证减排标准，利用经该标准认证的减排项目，抵消了与该船液化天然气（包括生产、液化、运输、再气化和最终使用环节）碳排放相当的二氧化碳当量。而上述用于中和 LNG 碳排放的碳信用额主要来自新疆、青海的林业碳汇项目。[①]

（四）强化品牌影响力

打造碳中和的行业标杆与示范对于企业塑造品牌形象，赢得消费者与投资者青睐具有重要意义。积极履行“碳”责任，在企业生产、运营中降低碳排放，践行 ESG（Environment，Social and Governance）新发展理念，在绿色产品创新、环保减排、回收利用、共享经济、ESG 发展等方面积极作为，有效提升绿色消费的规模效益、降低成本，提升品质与体验；定期向公众披露碳排放年报，打造更绿色的企业形象，形成公众监督效应。雀巢在发布的《雀巢净零排放路线图》中提出的关键行动之一就是向碳中和品牌转型，根据消费者口味变化及对可持续绿色产品的喜好调整适应市场需求，践行净零排放承诺的同时，雀巢旗下各个品牌在努力实现产品或者品牌的碳中和，例如 2016 年雀巢浓遇咖啡在法国通过内部碳抵消推出了碳中和咖啡，2020 年 Ready Refresh 通过减排和外部碳抵消成为碳中和品牌。[②]

互联网碳中和战略引导全供应链低碳发展——苹果公司

自 2020 年 4 月起，苹果公司运营排放实现了碳中和。并承诺到 2030 年在整个供应链中实现 100％的碳中和，这其中包括商务差旅、员工通勤以及公司场所设施的直接排放，甚至是那些如今已很难避免

① 《中国海油启动碳中和规划，2025 年底清洁低碳能源占比拟提至 60％以上》，经济观察网，http：//www.eeo.com.cn/2021/0115/457613.shtml.

② 《雀巢净零排放路线图》，雀巢，2020 年 12 月。

的直接排放，如使用天然气所产生的排放以及全球员工上班和出差所产生的排放。

苹果集团的碳中和主要措施主要包括低碳设计、能源效率提升、可再生电力替代、低碳供应商要求及碳清除。其中对于低碳供应链的要求反映了苹果公司碳中和的决心，同时也会带动整个产业链的低碳发展与减排行动。

低碳设计。提高材料利用率，减少对原材料进行耗能巨大的加工和运输；选用低碳材料，过渡到使用低碳冶炼和回收再造的材料；产品能效，耗能进行智能化管理。

能源效率提升。高效运营，针对全球各地数据中心、零售店、办公室和研发设施的天然气与电力消耗能耗项目；能效更高的供应链，供应商能效项目、支持供应商的能源投资；提高运输效率以减少碳足迹。

可再生电力。苹果公司所有场所设施100%采购可再生电力，建设自有的项目、股权投资、签订长期可再生能源合同；发展储能技术，保障可再生能源稳定输出，支持无补贴项目。

低碳供应商要求。除协助供应商降低能源消耗外，支持他们100%使用可再生电力；协助供应商伙伴做好向可再生能源转型的规划，为供应商转用清洁能源培训和为中国的30多家供应商举办了首次面对面培训。

碳清除：解决无法避免的残余排放。苹果公司支持碳排放解决方案基金，投资用于恢复并保护世界各地的森林和自然生态系统。目标是在短期内做到每年清除100万～200万吨的二氧化碳；与美国保护基金会和世界自然基金会合作，已经对美国和中国的逾40万公顷人工林进行保护并优化管理；共同保护并恢复位于哥伦比亚的1.09万公顷红树林，保护肯尼亚的热带稀疏草原等。

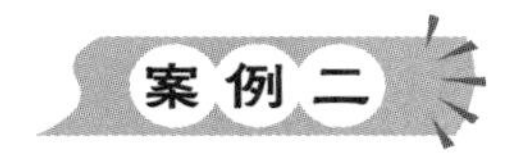

金融互联网平台的碳中和路径——蚂蚁集团

蚂蚁集团的碳中和路径及主要措施

2021 年 3 月 12 日，蚂蚁集团对外公布碳中和目标，承诺在 2021 年起实现运营排放（范围一、范围二）的碳中和，2030 年实现净零排放；并自 2021 年起定期披露碳中和进展。

蚂蚁集团的主要措施包括：

对现有园区进行节能减排改造，提高能效；

新建园区按照绿色建筑标准进行设计、建设与运营；

建立激励机制，倡导员工践行低碳办公行为；

积极稳妥推进绿色投资，共建“碳中和技术创新基金”等；

针对范围三的间接排放，在供应链的碳减排方面，建设绿色采购机制，积极采用液冷等新技术、推动数据中心减排。

其中蚂蚁集团在碳中和措施中比较有特色的部分是对于生态碳汇的使用，蚂蚁的碳中和计划提出，基于条件限制，对于无法减排的部分，将审慎评估和使用碳抵消方案，如投资森林及其他基于自然的解决方案。自 2021 年起，蚂蚁将以员工名义种植碳汇林，适时开发合格的碳抵消项目，用于抵消剩余排放量。

四、企业碳中和战略与行动应注意的几个要点

（一）要深刻领悟碳中和变革意义

碳中和早已不仅仅是国际间气候谈判范畴内的气候议题，而是国际间开展新型竞争的高地，全球各主要经济体正在加快步伐打造全球碳中和产业链，碳中和本质是全球产业链竞争的一场赛跑。碳中和带来的变革广泛而深刻。其广泛性体现在碳中和不仅仅是能源变革，还

是经济结构、生产技术、生活方式的变革，其深刻性体现在碳中和将促使能源系统发生根本性转变、产业结构产生重大调整、催生重大变革性技术，深刻改变我们的衣食住行等方方面面。随着具有重要影响力的企业启动碳中和计划，将会对其整个产业链、供应链产生革命性的影响，没有零碳竞争力的企业只会被供应链淘汰。但部分行业企业并未真正理解国际碳中和所带来的变革意义，未意识到国际国内碳中和外部形势，未意识到企业开展碳中和相关行动对其自身实现绿色低碳发展及拓展行业竞争力的重要性，只是空谈理念，往往形式大于内容，并未付诸实际行动且缺乏战略性引领。

（二）企业碳中和战略应紧密结合企业整体发展战略

碳中和战略不是只涉及单一减排目标的战略，它是综合性战略，企业制定碳中和战略和路径应该紧密结合企业自身整体发展战略，而不是单纯地确定碳减排的目标。如果碳中和战略不能够跟企业的中长期战略、产品战略、市场战略等融合，其战略制定和实施都会面临诸多的挑战和障碍。一个好的碳中和战略一定是能够服务于企业发展和增长的战略，需要企业战略规划、市场营销、生产管理、品牌管理甚至财务管理等部门协同制定，要识别出不同阶段各方面战略的最大公约数。

（三）深化对碳中和概念和边界等的认知

根据 IPCC 给出的科学定义，碳中和是指在规定时期内人为碳移除等形式抵消人为产生的二氧化碳排放时，可实现二氧化碳净零排放，既实现温室气体源汇平衡，且源和汇均为人为产生的排放源和吸收汇。但有些企业在制定企业碳中和目标时，由于对碳中和源、汇边界等内涵理解不到位，对自身是否实现及如何实现净零排放产生误解。如挪威的某铝业公司制定的碳中和目标为到 2020 年从全生命周期的角度实现碳中和，细究一下发现该企业 2019 年度排放竟然是负排放，其计算排放量时除了包括直接排放、间接排放、毁林产生的排放外，竟然将所有购买本企业产品所产生的减排量作为碳抵消。该企业认为由于其产品铝的电耗低于世界平均水平，则意味着每生产一吨铝，从全生命周期的角度讲相当于减少了相应的碳排放；且生产的铝用于替代各行各业的其他材料，相较于同等功能其他材料的碳排放，所以该企业的目标并非是指全生命周期的净零排放。

（四）设定相对清晰的碳中和目标和具体实施路径有利于企业形成思想和行动共识

实现碳中和是一项宏大的工程，无论对于国家、区域还是企业来讲，都需要一个过程，而且是一个需要付出艰苦卓绝努力的过程。当前，企业制定碳中和战略和目标时仍面临一些不确定性：一是技术路径的不确定性，碳中和技术体系正处在发展之中。有的行业碳中和技术路径相对清晰，而有的行业却难以明确甚至看不到相对成熟有效的减排技术，同时，同一行业的减排技术之间也存在相互竞争的多种技术路线，单个企业的选择往往也存在风险。二是碳中和范围的不确定性。企业碳中和目标设定是运营阶段（范围一、范围二）的碳中和还是包括范围三在内的全价值链/供应链的碳中和，对于不同行业和类型的企业来讲不尽相同，而且对范围三包含的排放当前并没有清晰的界定，同时也面临较难获取如员工出行、上下游产业链的具体排放数据而无法准确核算范围三产生的排放等的情况。三是具体实施路径与基础设施支撑之间的不确定性。企业实现碳中和往往需要所在区域低碳/零碳基础设施的支撑，需要产业链上下游企业间的相互支撑，而企业在制定碳中和战略、目标和路径时不可避免地面临信息不完全，或者区域和上下游企业行动的不协调等问题。虽然面临以上不确定性和挑战，对于企业来讲，尽所能根据当时情况设定相对清晰的战略、目标和路径是非常有必要的，一方面，企业碳中和战略的制定实际上应该是企业上下之间、部门左右之间的一次思想统一过程，对于协同方方面面的意识至关重要；另一方面，能使得企业内部的行动相对明确，也为外部价值链企业等提供了明确的目标和路径选择信息，对于推动价值链碳中和并形成合力具有重要的引导和推动作用。碳中和战略、目标和实施路径应是一个定期或不定期跟踪、评估、更新的动态过程，并不是一成不变的。

（五）实现碳中和的核心是通过切实努力降低碳排放，不能过度依赖碳抵消

无论是较早开展碳中和行动的跨国企业，还是近半年内才具体开展碳中和战略研究的国内企业，大部分企业在制定碳中和具体行动措施时，除降低自身能耗、提高能效、提高可再生能源使用比例、推动供应链减排等常见手段之外，都不约而同提到将通过碳抵消（碳补偿）方式来抵消难以避免的排放。常见的碳抵消方式包括直接购买排放权［国际 CDM、黄金标准（GS）及 VCS 标准等产生的减排量、国内 CCER］或基于自然的解决方案（造林/再造林、修复红树林或土壤固碳等）。由于多数企业都存在一定比例的难以避免的排放量，所以采用碳抵消对企业实现碳中和的确不可或缺。如微软、苹果、蚂蚁等公司都提到了采用基于自然的解决方案来抵消无法减排的部分实现碳中和。但是也有部分企业避重就轻过度依赖碳抵消而不是采取实质性措施降低碳排放。由于植树造林等基于自然的解决方案对碳中和贡献力度有限且存在不确定性，比如发生一场大火，森林经营所固存的碳就又会全部返回大气中，并无法永久储存碳。所以，企业制定碳中和路径的基本原则应是先最大程度努力减排，其次才是寻求碳移除等手段来抵消无法减排的排放量。

第三节　企业碳中和需要多方面引导和支撑

当前全球碳中和背景下，政府、银行、投资者、供应链上下游品牌及终端消费者都对企业提出了低碳甚至是零碳发展的要求。随着具有重要影响力的跨国企业启动碳中和计划，将会对其整个产业链上相关企业产生深刻影响，尤其是欧盟碳边境调节机制带来的市场压力及供应链减碳压力将迫使部分企业提前实现碳中和。但从单个企业的角度来讲，实现零碳难度非常大，尤其是标准体系不完善、低碳/零碳基础设施和技术支撑不足及减排成本高等因素都将制约企业开展碳中和行动。

一、应加强标准规范引领

标准将是未来碳中和国际市场竞争的重要游戏规则，也是企业和产品通行于零碳产业链、供应链的重要技术保障。目前，我国碳排放量核算、减排量核算相关国家标准的体系框架虽较完善，并已对接国际标准，成为企业量化评估碳排放量和减排量的重要标尺。但碳中和愿景的提出对标准化工作提出了新的重大需求。由于碳中和与碳减排在内涵逻辑、概念范围、方法路径等方面均有所不同，具体表现为碳减排是对现有排放和发展路径的改进与优化，仅以排放现状作为基线。而碳中和的参考基线是净零排放，需要在最大可能减排的基础上，对能源、经济甚至社会体系进行深度重构，传统产业和新兴产业、供给侧和需求侧都需要作出响应，需要建立全面适用、科学精准的概念体系，实现碳中和需要在基础设施、市场规则和供应链体系、技术体系等诸多方面采取全新的方法和路径，所以碳中和催生的新市场、新技术、新产业都需要新标准加以规范。目前，我国仍未形成一套适用的碳中和标准化体系，尤其是在碳中和相关基础通用类国家标准、负排放技术减排效果核算等重要标准方面的缺失，成为企业较难开展碳中和具体工作的关键因素。

二、需要低碳/零碳基础设施支撑

企业实现碳中和较大程度上依赖零碳电力，且面临较大的低碳/零碳基础设施及负排放技术需求。众多企业在制定碳中和具体行动时大多致力于通过100％使用可再生能源电力，提高厂房、办公等建筑能效，碳移除解决方案（发展负排放技术等）来实现碳中和目标，尤其是对于难减排的工业领域重点企业（如钢铁、水泥、煤化工等）还需依靠 CCUS 等负排放技术实现深度减排。但我国现有电力系统结构仍以煤炭发电为主，即使未来转向以可再生能源为主但也很难短期内实现。所以企业若100％或较高比例地使用可再生能源电力，短期较为可行的路径为自建/投资绿电项目或者直接购买绿电、绿证等；但现阶段可供企业选择的可再生能源大规模采购交易机制仍未有显著进展，较为成熟的可再生能源采购机制如绿证、分布式光伏、直接投资等大多还处于试点阶段，且试点的进一步落实和推广尚需各方努力尤其是强有力的政策支持，企业在采购绿电、绿证等实操层面面临诸多困难。同样，无论是源—网—荷—储系统建设、低碳原材料、绿色建材、低碳建筑等低碳/零碳基础设施都还未能完全为企业实现碳中和提供基础支撑。当前 CCUS 、BECCS、DACS 等负排放技术、储能、可再生能源制氢等技术的发展和部署以及高成本都不足以满足企业迅速脱碳需求。

三、加强绿色低碳技术供给

企业实现碳中和的具体途径包括提高能源利用效率、降低能耗、工艺改造、原料替代、提升可再生能源电力使用比例等降低企业层面排放量，对于无法减排的排放量则需要通过直接购买碳排放环境权益或采用负排放技术来抵消其排放以最终实现碳中和。无论是对原有工艺的调整（如流程再造）、对原有能源结构的调整（如设备电气化、自建绿电、购买绿电、绿证）还是购买 CCER、林业碳汇、投资 CCUS、BECCS、DACS 技术等都将使企业投入大量的资金，增加企业的经营成本和管理成本；虽然从长远角度考量，碳中和是企业确保市场优势竞争力的关键所在，但是短期内也难免会给企业带来某种程度的转型阵痛，所以碳中和带来的转型成本压力也在一定程度上降低了企业开展碳中和行动的积极性。低碳/零碳技术的研发和示范需要进一步增强，公共资金应重点加大对共性技术的支持力度，加大对技术综合集成示范的支持，提升绿色低碳技术供给，帮助企业降低碳中和转型成本。

第八章
实现碳中和的政策工具

本章导读

实现碳中和目标意味着我国将在经济、能源、技术等领域迎来重大变革和挑战，亟须健全配套相关保障、支持和激励机制，构建创新的政策体系。相比于已有的低碳政策体系，面向碳中和愿景的政策体系面临着执行主体更加多元、技术体系更加复杂、政策影响更加深远的挑战，对政策设计的科学性和系统性提出了更高的要求。碳中和目标的实现，需要多种政策工具的协调配合，以碳排放总量控制为纲领性目标，以面向碳中和的低碳排放标准作为监控和规制手段，配合碳税和碳市场等市场化管理机制，利用气候投融资撬动公共资本与社会资本的多元参与、保障碳中和路径的资金需求。本章围绕实现碳中和的政策工具，首先介绍了碳中和愿景下的政策体系，然后着重介绍碳排放总量控制、碳排放标准、碳税、碳市场以及气候投融资机制等关键政策工具的基本原理和重要实践，并对其在碳中和路径中的预期作用进行了评述，以期为中国碳中和愿景的政策体系建设提供参考指导。

第一节　碳中和政策体系

本节分别从面向不同主体、不同技术以及政策经济性三个层面梳理碳中和愿景下的政策类别。

一、面向不同主体的政策需求

碳中和目标的实现离不开社会的良性互动，政府、地方、企业、个人分别在迈向碳中和愿景进程中具有至关重要而又各有侧重的作用。因此面向不同主体的政策类别构成了碳中和图景下的政策体系。①

（一）国家层面：建立健全相关法律法规

通过立法手段，为碳中和愿景提供法律保障。碳中和愿景下的长期深度减排是我国未来发展的必然趋势，有必要通过立法手段为减排政策的长效实施提供法律基础、增强执行力度。当前，气候立法正逐渐成为国际碳中和行动的重要组成部分，尤其是一些国家如英国、瑞典、丹麦、新西兰等以立法形式承诺了碳中和目标。通过立法来保障减排政策的法律基础和效力，可以把碳中和的长期愿景转换为全社会的行动共识、全面促进低碳转型的个人行为、企业行动、资金流动、技术研发。

在此基础上，一方面，我国可以进一步考虑完善应对气候变化相关制度建设，例如，持续推进以《碳排放权交易管理暂行条例》为代表的国家碳交易制度建设，将行业覆盖范围由高耗能行业扩展到未来具有较大排放增长潜力的行业，如建筑住宅排放、交通排放等，通过碳市场形成稳定的、不断提升的碳价格市场信号和不断加严的碳排放

---

① 王灿、张雅欣：《碳中和愿景的实现路径与政策体系》，《中国环境管理》2020年第12期。

总量控制预期。另一方面，将创新性低碳和负排放技术的长期发展纳入我国关键技术发展战略，加快关键核心技术研发和创新，在全面提高能效、推动能源系统脱碳等技术的基础上，发展关键负排放技术如基于自然的减排措施（如植树造林）、碳捕集利用与封存、生物质能结合碳捕集封存（CCS/BECCS）等，持续支持氢能、核能、储能等战略性技术方面的研发创新，同时关注电池全产业链、新兴数字技术等的减排潜力。技术创新和进步是实现碳中和目标与经济高质量发展协同的关键。

（二）地方层面：差异化的地方碳中和行动方案

地方自主探索碳中和方案是实现碳中和愿景的必然途径。一方面，碳中和愿景指引下的发展需要各地结合各自资源禀赋、发展阶段、产业结构等方面特点探索合适的转型路径。另一方面，开展碳中和行动，有利于地方因地制宜推动能源生产和消费革命、经济高质量发展和生态环境高水平保护。因此，尽管碳中和是2060年前的远期愿景，近期我国仍然可以而且应当考虑鼓励达峰积极的省份率先自主探索碳中和路径，通过制定地方战略、规划等方式将未来40年的碳中和目标纳入未来10年的碳达峰行动中，从而实现碳达峰目标与碳中和路径的协调一致。地方需要研究提出实现碳中和的重大政策与行动，包括经济结构、产业结构、能源结构如何实现低碳化转型，建筑、交通、农业等部门如何实现低碳发展等；此外，需要地方探索实施碳排放总量控制、行业碳排放标准、碳达峰与碳中和项目库、项目碳排放评价、碳排放准入与退出等相关制度、标准和机制。

（三）行业和企业：强化碳中和约束与激励

首先，实现碳中和最终要靠技术，而企业既是技术创新的主体，又是碳排放的直接来源，因此，能否让企业采取切实可行的创新和行动是实现碳中和的关键。对于企业而言，碳中和路径意味着越来越严格的碳排放标准，或者越来越高昂的碳排放成本。能否成功实现脱碳跨越，将成为决定企业未来市场竞争力的重要因素。因此，碳中和将通过产品市场的竞争实质性地构成行业标准。事实上，在一些行业已经出现了类似的苗头，例如，逐渐成型的欧盟钢铁碳关税方案和逐步成熟的欧洲新型零碳钢铁技术被认为很可能推动全球钢铁行业的零碳化标准。其次，消费者的低碳偏好、商业伙伴的碳中和行动将改变商业格局，通过消费市场和生产链将碳中和的行动传递给更多行业、企业。例如，苹果公司将推动供应链使用清洁能源作为减少其范围三碳排放的重要举措，由此将促使其上游配件供应企业探索碳中和发展，以获取市场竞争力。此外，碳中和愿景将对高排放、长寿命期的投资建设项目带来政策性风险，降低这类项目的商业吸引力和融资能力，间接为低碳技术的研发和推广创造有利条件。目前，不少跨国企业纷纷响应国际碳中和行动，将碳中和目标纳入企业未来发展战略，其中互联网、零售、金融等现代服务业企业提出的碳中和承诺普遍早于其母公司所在国家的碳中和目标年，从一个侧面反映了碳中和目标对形成企业新型竞争力的作用和影响。

为推动企业层面的碳中和行动，首先，我国应充分利用市场化工具，降低企业零碳化发展成本，如通过全国碳市场的建设，推动碳价进入企业生产决策，通过碳价信号来引导企业以最小成本实现碳减排。目前，我国的《全国碳排放权交易管理办法（试行）》公布施行，接下来应加快制定相关细则，完善硬件设施，实现全国碳市场的实质性运营。其次，利用气候投融资工具，降低企业零碳创新成本和风险。2020 年 10 月我国发布的《关于促进应对气候变化投融资的指导意见》，旨在引导和促进更多资金投向应对气候变化领域的投资和融资活动，接下来需加快构建相关政策体系，完善气候投融资标准，通过地方试点和创新气候投融资模式，来为企业自主探索碳中和发展路径开辟融资渠道，降低低碳投资风险。此外，需要加强低碳/零碳技术保护和扶持，通过完善低碳/零碳知识产权保护，对于新技术给予税收抵免，进行政府采购以及技术授权等，提高企业碳中和发展收益。

（四）社区和个人：鼓励倡导与社会文化价值观塑造

社区是连接个人与碳中和目标的重要平台，社区层面的减排行动是个人参与碳中和进程的关键环节。因此，可鼓励社区以削减排放总量、控制居民人均碳排放量为目标，自主制定零碳社区规划，并且在规划中注重提高零碳生活方式的需求满足程度，提升个人对零碳生活的接受度。具体来说，鼓励社区着重发展零碳分布式能源，零碳建筑改造，打造零碳出行系统，实施生活垃圾分类，利用碳普惠平台践行低碳行为以及加大零碳生活宣传推广等。

其中，在零碳出行方面，可考虑在社区中规划部署新能源汽车停车位，加装公用充电桩以及进行电网增容。通过建立服务便利的充换电网络，增加个人对于新能源汽车的接受度，进而选择更加低碳的出行方式。社区碳普惠制度通过经济激励等，引导个人自愿参与并持续采用节能减排行为，其中规范合理的激励信号在促进个人低碳行为可持续性方面起到关键作用。因此，我国应建立规范的社区碳普惠制度标准，实现碳普惠行为数据处理、收益量化算法及收益分发等环节的标准化与统一化，引导碳普惠平台与碳市场逐步对接；其次鼓励社区通过建立碳普惠平台为个人提供低碳激励机制，引导社会广泛采取减少碳排放及增加碳汇的行为。

个人通过响应政策和影响企业等方式深度参与碳中和愿景的实现进程，对约束的碳排放起到了重要作用。因此，可以考虑利用多种政策手段，平衡个人的低碳付出与回报预期，最大化需求侧减排潜力。我国可考虑充分运用市场机制，引导个人选择零碳生活方式。例如实行阶梯电价制度，加大峰谷电价差，可增加节能减排的经济利益，引导个人合理用电；加大对低碳产品的直接补贴力度，降低低碳产品的实际价格，提高低碳产品价格竞争力。此外，需要加大零碳生活的宣传教育活动，增强个人减碳意识，提升个人对零碳生活的认可度。

二、基于不同技术的政策类别

面向不同主体的政策需求强调了碳中和社会路径中政府、地方、企业与个人的减排作用，而社会路径与技术路径高度融合，从政策需求中可进一步梳理出基于技术路径的政策体系。由第四章可知，碳中和愿景下排放路径依赖于节能与电气化、新能源以及负排放三大领域的技术支撑，图 8—1 反映了面向三类技术的政策体系。①

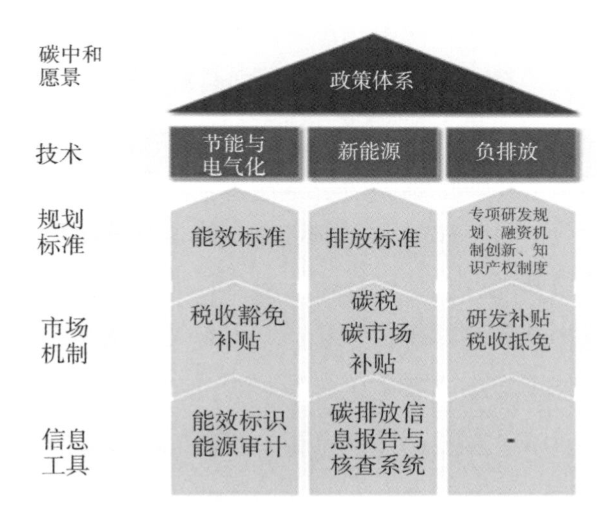

图 8—1　面向不同技术的碳中和政策体系

节能与电气化技术已相对成熟，减排成本较低，甚至具有显著经济效益。其在应用层面的阻碍主要来自时间成本、激励错位、行为因素等方面。在鼓励成熟能效提升技术扩散时，恰当的法规标准、信息工具等可以培育更明智的能源消费选择，其中主要包括能效标准、能效审计及管理、能效标识等。这从生产侧强化了对于企业的能效要求和管理，而在需求侧则利用信息引导消费者提高节能意识、激励和促

① 王灿、张雅欣：《碳中和愿景的实现路径与政策体系》，《中国环境管理》2020 年第 12 期。

进更好的选择。

近年来，新能源技术成本大幅下降，在价格上相比于化石能源已形成较强的竞争力，具备大规模经济开发潜力，然而新能源技术进一步发展还需要合理有效的政策为其创造市场空间。其中主要可通过建立健全碳税制度、碳排放交易机制等基于市场的减排政策，发挥价格的指导作用，增加化石能源技术的应用成本，提升零碳能源技术经济性和市场优势。一方面有利于促进现有企业以成本最低化的方式实现减排，另一方面也提高新能源技术应用带来的公共收益和私人回报规模，提升零碳能源技术领域进一步投资创新的吸引力。

除了通过常规手段实现能源系统深度减排，还需全面部署颠覆性减排和碳汇技术。然而，技术创新过程中普遍存在资金成本过高、研发周期长、风险回报存在较大不确定性、技术商业化复杂性较高等问题，需要政策紧密配合，从资金、技术、制度建设等层面保障创新链的生命力。其中主要可以通过公共资金支持技术及其应用的研发和示范，直接资助技术转化成商业化产品，通过政策的实施为新技术改良下的产品创造价格补贴等，促进颠覆性减排和碳汇技术研发。

三、根据经济性划分的政策类别

经济性是减排政策分析的重要内容，因此碳中和愿景下的政策体系可以按照其经济性分为三个类别。

第一类是本身具有经济效益的政策措施，其带来的经济效益能够提高企业及公众的自主实行意愿和减排积极性，如工业余热回收利用、废旧物品回收利用等。

第二类是特定情况下经济有效的政策措施，这主要是因为企业的碳减排措施直接的经济效益相对较低，但利用碳排放总量控制制度与碳市场、碳税等经济政策工具，或考虑协同的健康环境效益可以提升经济效益，激发减排意愿。例如，北京碳市场是目前唯一出台公开市场操作管理办法的地方碳交易市场，实行交易价格预警机制，罚则明确执法严格，有力保障碳价稳定。其交易主体多元，参与企业适量多、范围广，涵盖重点排放单位 943 家，覆盖电力、热力、水泥、石化、其他工业、服务业、交通运输和航空 8 个行业各类产品。截至 2020 年底，北京碳市场累计成交近 6800 万吨，成交额突破 19.4 亿元，在运用市场机制促进低成本减排，推动碳达峰碳中和方面担当了探路者的角色。

第三类是无法从经济性上给予激励的政策，考虑到现有工程技术或经济管理手段不足以实现碳中和，需要社会系统性的变革，其中包括社会文化价值观塑造以及技术创新支撑体系。技术创新支撑体系方面，需要系统谋划碳中和愿景下的技术路线图及行动方案，为碳中和技术创新谋篇布局；强化气候投融资机制建设，为技术创新提供资金保障，降低技术创新的风险和不确定性；建设碳达峰和碳中和项目库，为创新技术的推广应用及产业化搭建桥梁。

第二节　碳排放总量控制

一、概念

碳总量控制是指根据相关法律法规，将给定国家、区域或行业的温室气体排放总量控制在一定数量范围以内。在碳减排行动中，总量控制是首要原则，直接关系到减排行动的约束力度，甚至会影响减排路径的选择。它是应对气候变化的重要政策手段，也是确保其他碳减排政策（如碳排放许可、排放权交易和行业碳排放限额标准等）有效实施的基础性制度[①]。

碳排放总量控制的理论基础是外部性理论与产权理论。只有通过清晰的产权界定，控制环境中污染物的总量，才能有效性地将外部性内部化，成功治理污染行为。因此，总量控制是控制温室气体排放过程中的行政干预的最终目标和首要前提。

从落实机制来看，总量控制的落实需要多种政策手段的配合。主要的政策手段分为三类：第一类，命令控制型手段，如碳排放许可、新建项目碳排放标准、碳排放约束目标责任制等；第二类，基于市场的碳定价政策，如碳税和碳市场；第三类，低碳标准，如低碳产品认证制度、碳排放信息披露制度等。

碳排放总量控制目标是气候政策的纲领性目标，在执行过程中往往也会与其他已有政策目标形成有效协调（图 8—2），如碳排放强度目标、能源消费总量目标、煤炭消费总量目标、非化石能源占一次能源消费比例以及污染物排放总量等。这些具有协同性的目标通过限定能源消费量、能源消费结构以及产业结构等方式间接实现对

---

① 邓海峰：《碳税实施的法律保障机制研究》，《环球法律评论》2014 年第 4 期。

碳排放总量的调节。

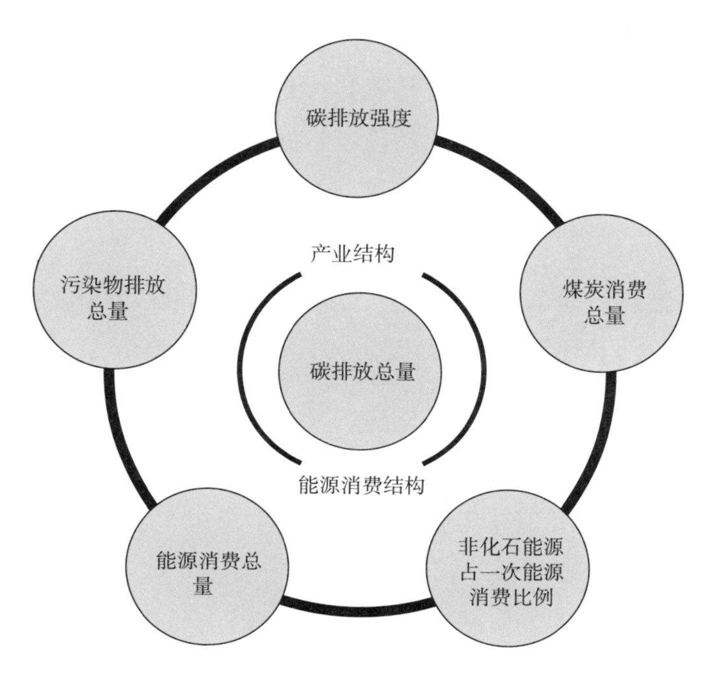

图 8—2　与二氧化碳排放总量控制具有协同性的政策目标

碳排放总量控制的目标设定首先需要厘清给定系统（国家、区域或行业等）的历史排放。历史排放核算常用的方法有排放系数法，即将不同部门的活动水平乘以二氧化碳排放因子得到碳排放。其中，化石燃料燃烧过程中产生二氧化碳的排放因子数据相对较为丰富，因此多数碳排放总量控制目标针对的也是能源消耗相关的二氧化碳排放。而其他途径（工业过程、农林业和土地利用变化造成的排放等）的二氧化碳排放以及非二氧化碳温室气体的排放，由于数据的缺失，核算较少，因此也较少被纳入到总量控制的范围当中。

在厘清历史排放之后，需要分析排放的主要驱动因素，并预测未来的排放趋势，从而识别减排区间，给出合理的总量控制目标。驱动因素分析和排放趋势预测大多要借助一定的数学模型方法，如趋势外推、KAYA 公式和情景分析法等。其中，KAYA 公式是将碳排放分解为人口数量、人均GDP、单位GDP能源强度和单位能耗碳强度四个因素相乘，既可以用来进行历史碳排放驱动因素分解，也可以结合对影响因素未来变化的预测来进行碳排放趋势预测。情景分析法是结合碳排放关键驱动因素，探讨驱动因素不同变化所组成的情景，给出不同情景下的判断。情景分析往往要借助专业的模型来进行分析，常用的模型包括自上而下的宏观经济模型，包括IPAT模型、STIRPAT模型、IO模型、CGE模型等，以及自下而上的技术经济模型，包括LEAP模型、TIMES模型、MESSAGE模型、MARKAL模型等。上述模型还可以用来进行减排目标的分解。情景分析法是进行中长期低碳发展战略规划最常用的方法之一，苏州、镇江和张家口等城市委托专业的研究机构基于LEAP模型等用情景分析法分析了城市碳中和方案。

二、实践

我国在国家层面还没有出台国家级的总量控制目标，在地方层面上则积累了一定的能源相关二氧化碳排放的绝对总量控制的经验。北京市在“十二五”期间以人大立法的形式出台了《关于北京市在严格控制碳排放总量前提下开展碳排放权交易试点工作的决定》，实施能源消费总量和强度，碳排放总量和强度的双控双降机制；北京市在《“十三五”时期节能降耗及应对气候变化规划》中提出“二氧化碳排放总量在2020年达到峰值并尽早达峰”的目标。除了北京市以外，还有14个省份（天津、内蒙古、辽宁、吉林、上海、安徽、福建、河南、广东、四川、贵州、云南、甘肃和青海）在“十三五”温室气体控制方案中提出“2020年碳排放总量得到有效控制”。

上海市提出了明确的总量控制目标，在总量与强度上实施能源消费总量与强度、碳排放总量与强度双控双降制度，全市“十三五”能源消费总量净增量控制在970万吨标准煤以内，2020年能源消费总量控制在 1.2357 亿吨标准煤以内；二氧化碳排放总量控制在 2.5 亿吨以内；单位生产总值能耗和单位生产总值二氧化碳排放量分别比 2015 年下降 17%、20.5%。此外，上海市在《城市总体规划（2017—2035）》中制定了中长期的碳排放总量控制目标，提出“全市碳排放总量与人均碳排放于 2025 年之前达到峰值”，“至 2040 年碳排放总量较峰值减少 15%左右”的目标。在目标的分解上，上海市将全市能耗总量和强度、碳排放强度控制目标分解到了各部门，根据各区节能责任、节能潜力和节能能力等因素，将碳强度和能耗强度分三档设定。

武汉市是国内率先试点总量控制的城市之一，不仅公布了排放总量控制目标，设定了达峰年份和总量水平，并将总量控制目标分解到部门和区域（表 8—1）。根据 2017 年 12 月印发的《武汉市碳排放达峰行动计划（2017—2022 年）》，武汉市全市碳排放将于 2022 年达峰，2018 年、2020 年和 2022 年的碳排放总量目标分别为 1.55 亿吨、1.66 亿吨和 1.73 亿吨。全市碳排放总量目标责任落实到市发展改革委。减排目标分解到工业、建筑、交通和能源 4 个部门，主体责任分别落实到市经济和信息化委、市城乡建设部、市交通运输部和市发展改革委能源局。减排目标分解到 14 个区，主体责任分别落实到各区人民政府。

表 8—1　武汉市碳排放总量控制目标分解表

领域（区域）		年度二氧化碳排放总量（万吨）				责任单位
		2015 基期	2018 评估期	2020 评估期	2022 考核期	
全市	全社会	13200	15500	16600	17300	市发展改革委
分领域	工业领域（不含能源）	6100	7060	7330	7260	市经济和信息化委
	建筑领域	4000	4770	5240	5680	市城乡建设委
	交通领域	1400	1670	1850	2020	市交通运输委
	能源领域	1700	2000	2180	2340	市发展改革委（能源局）

续　表

领域（区域）		年度二氧化碳排放总量（万吨）				责任单位
全市	全社会	2015 基期	2018 评估期	2020 评估期	2022 考核期	市发展改革委
		13200	15500	16600	17300	
分区域	江岸区	830	1010	1120	1210	江岸区人民政府
	江汉区	850	990	1090	1140	江汉区人民政府
	硚口区	850	1000	1100	1200	硚口区人民政府
	汉阳区	350	410	440	480	汉阳区人民政府
	武昌区	850	990	1090	1130	武昌区人民政府
	青山区（武汉化工区）	5390	6100	6470	6440	青山区人民政府（武汉化工区管委会）
	洪山区	380	460	490	520	洪山区人民政府
	东西湖区	410	490	540	590	东西湖区人民政府
	蔡甸区	190	230	250	270	蔡甸区人民政府
	江夏区	380	450	490	540	江夏区人民政府
	黄陂区	520	650	730	800	黄陂区人民政府
	新洲区	1290	1520	1610	1640	新洲区人民政府
	武汉经济技术开发区（汉南区）	280	330	360	410	武汉经济技术开发区管委会（汉南区人民政府）
	武汉东湖新技术开发区	100	260	290	320	武汉东湖新技术开发区管委会

三、评价

碳中和目标意味着中国将对碳排放总量进行逐步加严的控制。在实现碳中和路径的过程中，碳排放的总量控制应起到统领性作用。尤其是在实现2030年达峰以后，中国碳排放将在实质上面临碳排放总量下降的约束。

可以基于现有约束性指标体系，设定碳排放总量目标，并将其纳入中长期规划。尽管中国在提出峰值年份承诺的同时并未提出明确的总量控制承诺，但结合2030年达峰承诺和碳强度目标以及2060年碳中和愿景，中国的碳排放控制实际上面临着一个较为严格的总量控制约束。从“十一五”规划到“十四五”规划，中国一直以碳强度目标为约束，同时为了确保能源系统低碳转型的力度，中国在过去10年提出包括能源强度、能源效率、可再生能源消费比例、煤炭总量控制、能源消费总量等一系列约束性和引导性目标，以提高能源效率、改善能源结构。中国可以在现有的碳强度、GDP发展目标、碳强度目标和能源消耗等指标体系的基础上定义碳总量目标，并设定反映中国长期碳中和愿景的碳排放总量路径，将其纳入我国国际经济和社会发展中长期规划当中，与不同部门的中长期发展规划进行融合。

将碳总量控制目标与已有的政策体系有机结合。将碳总量目标分解到不同地区和行业的责任主体，结合区域特点和行业特点制定差异化碳中和路径，鼓励部分先进地区和行业率先实现碳中和，将分解后的总量目标与目标考核责任制相结合，保障落实力度。同时将碳排放总量控制目标与国家碳市场配额总量有机结合，形成双重约束。将碳排放监测纳入现有的环境监测体系，改进碳排放报告与核查制度，对碳排放总量控制目标的实现进行有效监督。

第三节　标准

“十一五”以来，国家科技计划项目先后支持了应对气候变化标准体系研究和重点领域国家标准的研制，形成了碳排放量核算、减排量核算相关国家标准的体系框架较完善，技术上充分吸收借鉴国际通行方法并很好兼顾国内企业的数据现状，已成为量化评估碳排放量和减排量的重要标尺，为国内碳交易市场试点、自愿性碳减排交易等政策机制的实施提供了关键标准支撑。

一方面，国内初步形成了通用基础、核算报告、评价、核查、技术、管理服务 6 大类别的标准体系；另一方面，支撑碳排放标准也积极与国际标准相对接。目前，标准体系涵盖发电、电网、钢铁、化工等 12 个行业共计 13 项系列碳排放核算国家标准，对企业碳排放“算什么，怎么算”提出了统一要求。在项目级碳减排量评估标准方面，发布了 3 项国家标准，为自愿性碳减排交易提供了重要的标准化技术支撑。此外，还有 28 项碳排放核算、排放限额及低碳企业评价等国家标准完成制修订研究工作。

一、概念

作为实现碳中和政策工具的标准包括两个方面：第一，直接认证某主体/过程是否实现碳中和的标准；第二，约束某主体/过程中的活动水平进而间接帮助达成碳中和的标准。第一种标准回答了“是否碳中和”的问题，通过核算、认证、标识各个商品、企业、行业、社区、项目、活动等是否达成了碳中和目标，并对完成碳中和目标的主体进行标识，从而引导社会消费向碳中和方向转向。第二种标准回答“如何碳中和”的问题，规定了活动过程中涉及能源利用、碳排放等环节的具体的限值或标准，促进社会生产与碳中和目标相一致，从而向碳中和方向转型。

标准认证体系。标准认证体系在这里指第一类标准所涉及的一系列核算、标识标准，而核算过程的标准具体包括指导文件、计算方法参考文件和排放因子参考文件等。目前也有相关认证标准将所有过程纵向整合在一起（主要是碳标识/碳标签）。标准认证体系的对象有多个层面，主要包括商品、组织和活动。

商品碳标识/碳标签（Carbon Label）。商品包括产品和服务。碳标识是环境标识的一种，是披露商品在全生命周期中（质化的或量化的）碳排放信息的政策工具。通过对商品生命周期的每个阶段碳排放量进行核算、确认和报告，并将量化结果标识在产品或服务的标签上，碳标识政策可以引导消费者低碳消费，并通过低碳消费带动低碳生产。碳标识一般包括两个步骤：量化/计算与沟通/标识。量化/计算是指在一定方法学下计算得到商品全生命周期温室气体排放量，而沟通/标识是指确保商品获得的碳标识可监测、可报告、可核查且真实反映了其碳排放。

能效标准。能效标准指能源利用效率标准。由于能源消耗是碳排放的重要部门，同时也是社会生产和消费中不可避免的过程，因此对能效进行控制是碳中和任务的重点。目前国家标准体系中的能效标准包括针对产品、过程和企业三种主体的标准。产品能效标准主要指“能效限定值、节能评价值和能效等级”，其中能效限定值指产品使用过程中的能源利用效率上限，节能评价值指从节能角度推荐产品所具有的能耗上限，能效等级指根据产品能效水平进行的分级标识。企业能效标准主要指“能效指数及能效分级”，其中能效指数指生产单位产品所需能耗与基准能耗的比值。

碳排放限值。碳排放标准指某一生产活动中碳排放限值。通过约束生产活动过程的碳排放量可以直接控制产品、组织、项目等排放单元的碳排放量，从而帮助实现碳中和。

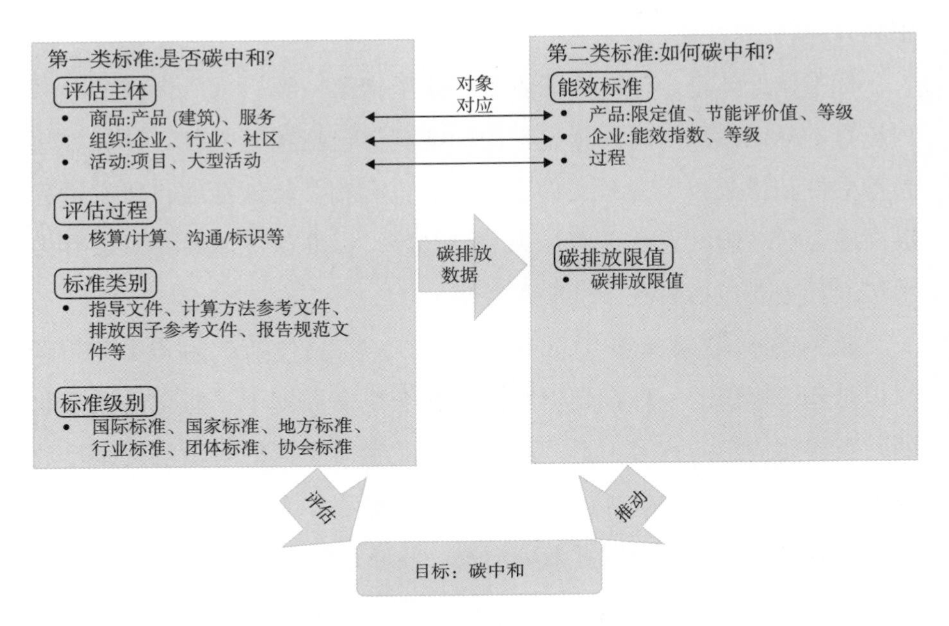

图 8—3　碳中和标准体系框架

二、实践

商品碳中和。商品碳中和标准主要指碳标识，而碳标识是环境标识的特殊应用。目前 14 个国家制定了碳标识制度，而这依赖于背后的计算、标识标准。当前世界上最为权威的计算、标识标准有三个：国际标准化组织（ISO）于 2013 年推出的 ISO 14067、英国标准协会（BSI）于 2011 年发布的 PAS 2050 和 2014 年发布的 PAS 2060、世界资源研究所（WRI）和世界可持续发展工商理事会（WBCSD）2011 年联合发布的 GHG Protocol。在沟通/标识步骤上，国际标准化组织（ISO）规定了三种环境标识标准（Ⅰ型环境标识、Ⅰ型环境标识和Ⅲ型环境标识，相关信息列于表 8—3 中），中国国家标准也将其完全吸收，从而成为碳标识认证的基础。商品碳中和要求商品全生命周期碳足迹为零，是一个严格的量化标识要求，因此宜采用Ⅲ型环境标识。

在Ⅲ型环境标识 ISO 14025 基础上，ISO 14026 进一步对商品量化的环境足迹沟通/标识步骤提供了原则、要求和具体的导则。在量化/计算步骤上，ISO 主要依托全生命周期系列标准 ISO 14040－14049。由于碳排放问题的普遍性与急迫性，ISO 汇总了上述两个步骤所涉及的标准并进行纵向整合，于 2013 年发布了 ISO 14067 标准，提供了商品碳标识的“一揽子”标准导则。图 8—4 梳理了 ISO 下商品碳标识的标准体系。

国内的商品碳标识标准和认证过程处于起步阶段。理论上，碳标识应该落在绿色商品标准制定的框架下。2016 年《国务院办公厅关于建立统一的绿色产品标准、认证、标识体系的意见》（国办发〔2016〕86 号）提出了“实现一类商品、一个标准、一个清单、一次认证、一个标识的体系整合目标”，其中就包括“全生命周期的”“低碳”目标。在此基础上，《绿色商品评价通则》（GB/T 33761－2017）于 2017 年颁布，并指导制定了 13 类绿色商品标准。然而这些标准中“低碳”只是通过能耗水平进行衡量，并未通过量化的全生命周期碳排放进行表征，因此也无法提供是否达成碳中和的信息，在实际操作上并不能起到碳标识的作用。

目前，中国已有的商品（包括建筑）碳标识标准有 3 个行业标准、15 个团体标准、4 个地方标准、1 个协会标准和 1 个国家标准。已有标准大多是由行业协会牵头制定的团体标准和地方政府试点的地方标准，而碳标识的基层实践还未与绿色商品标准的顶层设计对接，因此商品碳标识的体系还有待完善。

表 8—2　三种环境标识的相关信息

	Ⅰ型环境标识	Ⅱ型环境标识	Ⅲ型环境标识
国际标准	ISO 14024	ISO 14021	ISO 14025
国家标准	GB/T 24024	GB/T 24021	GB/T 24025
评估主体	第三方	任意获益方	第三方

续　表

	Ⅰ型环境标识	Ⅱ型环境标识	Ⅲ型环境标识
标识形式	质化的	质化的或量化的	量化的
碳标识实践	Climate Conscious Label（美国） Thai Green Label（泰国）	Timberland Green Index（美国） Casino Carbon Index（法国）	Carbon Footprint Label（英国） Carbon Footprint Mark（日本）

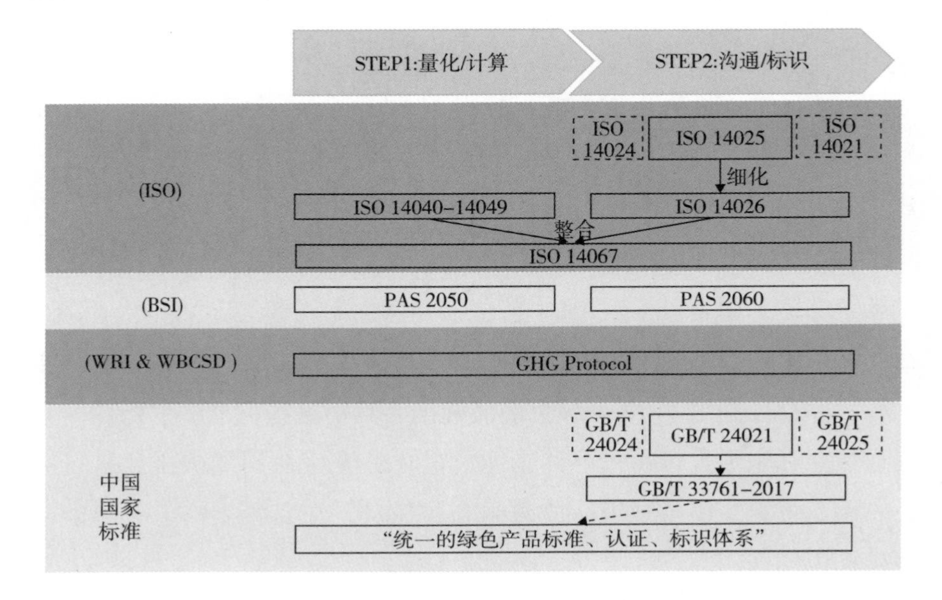

图 8—4　商品碳标识标准体系结构

组织（企业）碳中和。国际上常见的 ISO 14064 标准具体细分为 3 个部分：①在组织层面上量化和报告温室气体排放和清除的规范和指南；②在项目层面上量化、监测和报告温室气体减排和加速清除的规范和指南；③温室气体认定的审定和核查规范和指南。其中 ISO 14064—1 是企业和行业碳中和核算的最主要参考标准。为了纵向整合企业碳中和核算、标识过程，ISO 正在开发“碳中和及相关声明实现温室气体中和的要求与原则”（ISO 14068），预计 2023 年完成发布。同时，企业和行业碳排放往往采用排放因子法计算，因此核算过程中往往也参考英国环境、食品和农村事务部于 2012 年发布的《关于企业报告温室气体排放因子指南》(Defra/DECC，2012)。

目前，中国对于企业的温室气体核算标准体系较为健全，包括13个国家标准、22个地方标准、8个团体标准、16个行业标准构成。在国家层面上，《温室气体排放核算与报告要求》(GB/T 32151－2018)分别规范了发电企业、电网企业、镁冶炼企业、铝冶炼企业、钢铁生产企业、民用航空企业、平板玻璃生产企业、水泥生产企业、陶瓷生产企业、化工生产企业、煤炭生产企业、纺织生产企业12个企业类型的温室气体核算方法。《工业企业温室气体排放核算和报告通则》(GB/T 32150－2015)统一了工业企业核算和报告的方法。2013—2015年，国家发展改革委分3批次发布了24个行业企业温室气体核算方法与报告指南，2021年生态环境部发布的《企业温室气体排放报告核查指南(试行)》进一步统合了企业核查的过程。各行业和社会团体也分别制定了行业标准和团体标准，北京、湖南、广东也分别制定了企业排放的地方标准。

项目(活动)碳中和。国际上项目和活动的碳足迹核算以ISO 14064－2为主要依据。目前，中国项目级别的碳核算标准也是基于温室气体减排和加速清除项目的规范和指南，包括3个国家标准、9个团体标准和2个地方标准。《基于项目的温室气体减排量评估技术规范通用要求》(GB/T 33760－2017)作为国家标准提供指导，团体标准和地方标准对不同类型的项目提供了具体的标准。然而目前还没有对非碳减排项目的项目级别碳排放核算标准，这成为项目级别碳中和的制度缺失。

大型活动是特殊的项目，也是需要单独考虑的碳中和计算单元。2019年生态环境部发布了《大型活动“碳中和”实施指南(试行)》，为活动的碳中和工作提供了指导。该指南“所称碳中和，是指通过购买碳配额、碳信用的方式或通过新建林业项目产生碳汇量的方式抵消大型活动的温室气体排放量”，因此指南提供的是活动碳排放核算和碳配额、碳信用购买所需要满足的具体标准。成都市质监局在 2018 年发布了《成都市会展活动碳足迹核算与碳中和实施指南》（DB 5101/T 41—2018），是第一个对大型活动碳足迹核算提供方法的地方标准，为更高级别的标准制定提供了实践经验。

能效标准。目前，中国对能效的考核标准体系较为完善，形成了测算、评估、分级、标识、限值的完整体系。针对产品的国家能效标准有 141 个，其指定统一参考《用能产品能效指标编制通则》（GB/T 24489—2009）。针对生产过程的国家能效标准有 16 个。目前尚无针对企业能效的国家标准，企业能耗标准由《用能单位能效对标指南》（GB/T 36714—2018）指导、各地方、行业、协会等制定，例如煤电企业（DB37/T 4321—2021）、煤制甲醇企业（T/CCIIA 0001—2021）、炼油企业（T/CPCIF 0058—2020）、钢铁企业（YB/T 4662—2018、DB32/T 3139—2016）、水泥企业（DB37/T 1920—2011、DB32/T 3140—2016）、工业企业（DB37/T 1566—2010）等。

碳排放限值。目前，中国的碳排放限值标准还较为不完善，尚未形成对全生产过程进行排放控制的标准体系。目前已有的碳排放限值标准有 2 个行业标准：《建筑卫生陶瓷单位产品碳排放限值》（T/CBMF 42—2018）和《硅酸盐水泥熟料单位产品碳排放限值》（T/CBMF 41—2018）；4 个地方标准：《燃煤发电企业碳排放指标》（DB31/T 1139—2019）、《乙烯产品碳排放指标》（DB31/T 1144—2019）、《工业气体碳排放指标》（DB31/T 1140—2019）和《日用陶瓷单位产品碳排放限额》（DB36/T 934—2016）。

三、评价

标准的制定对于碳中和目标的达成具有以下三个方面的作用。

第一，碳排放核算标准体系的健全是系统性追踪碳中和进程的基础。碳中和在未来将渗透进社会生产消费的各个环节和方面，需要产品、企业、行业、项目等各个级别“自底向上”地实现碳中和，因此对不同环节碳排放的核算工作是评估其是否完成碳中和的基础。目前，中国在地区、产品、组织层面上建立了较为完备、与国际接轨的全生命周期碳排放核算体系，对温室气体减排项目也分别建立了其对应的标准。同时，需要特别关注引领重大技术与产品创新的标准，让标准更新的速度跟上产品创新的速度。

第二，碳标识认证标准体系的健全是促进低碳消费、零碳消费的基础。低碳消费将推动生产端的低碳化，因此引导消费者进行低碳消费是实现碳中和的重要举措。碳标识认证体系的建立将推动消费者的低碳消费习惯，通过市场机制淘汰高排放产品。目前，中国的碳标识体系处于各地方、团体、协会自行实践的起步阶段，尚未形成统一的国家和行业标准。当前各方面都在推进碳中和工作，必须加快研究制修订碳中和相关基础通用类国家标准，为各行业各领域建立共同的标准化技术基础，避免交叉重复，降低协同成本。在国家制度顶层设计上，碳标识应被包含进“统一的绿色产品标准、认证、标识体系”之中，然而目前已有的成果并未达到要求。如何将顶层设计与行业实践进行对接，是未来碳标识重要的政策制定方向。

第三，低碳生产标准体系的健全是约束生产过程碳排放的重要举措。与碳中和相一致的能效标准、能效限制、碳排放限值等标准可以在生产过程中约束碳排放水平，进而保障整体碳排放水平与碳中和目标相一致。目前，中国具有较为成熟、完备、统一的能效标准和其他低碳生产标准。这些标准需要在未来进一步调整以与碳中和目标相一致，这也成为未来标准的改革方向。

第四节　碳税

碳税和碳市场本质上都是通过碳定价手段将碳排放的外部性内部化。其中，碳税是通过税收手段将温室气体排放带来的环境成本转化为生产经济成本，通过价格信号调节生产者行为。

一、概念与碳税税制设计

碳税的税制设计主要有三种形式：设置独立的碳税税种；在现有能源消费税和环境税税种中增加碳排放因素，形成隐性碳税；替代已有的能源税或消费税税目。在税基选择上，大部分征收碳税的国家会使用化石燃料消耗折算的碳排放量作为计税依据，也有少部分国家会使用二氧化碳的实际排放量作为计税依据，后者的技术要求和执行成本相对更高。从征税环节来看，多数国家会选择在能源最终使用环节征税，纳税主体通常是下游经销商或者消费者，也有国家会在生产环节征税，纳税主体是化石燃料的生产商。从税率设置来看，碳税税率通常较为稳定，会与通货膨胀率挂钩，部分国家的碳税税率会与碳市场配额交易价格产生联动。在税收用途上，碳税所得通常用于与应对气候变化相关的行动，如节能减排相关技术的研发；也有部分国家会用其起到转移支付的作用，补贴在征收碳税过程中福利受损的居民或企业。

相比于碳市场，碳税具有以下几个特点：（1）见效快，作为碳定价手段中相对强制力更大一点的手段，直接增加了企业的碳排放成本，挤压其利润空间，倒逼减排；（2）执行成本低，无需增加执行机构和配套基础设施，直接依托现有税收体系即可实施；（3）价格信号的波动较小，对企业行为引导的不确定性更小。但与此同时，碳税在价格信号上相对较小的不确定性则对应着总量控制上更大的不确定性。政府部门很难通过碳税税率的设置去准确预期能够产生的减排量，而总量控制下的碳交易的减排目标则相对明确。

此外，碳税中还有一类比较特殊的形式，是碳边境调节机制（Carbon Border Adjustment Mechanism，下文简称 CBAM）。CBAM 是指主权国家或地区对碳排放密集型商品征收二氧化碳排放特别关税，其目的是为了防止碳泄漏，保护本国产业。关于 CBAM 在 WTO 框架下是否合法，存在着一定的法理上的争议。反对者认为它在实质上是一种贸易保护措施，违反了国民待遇原则和最惠国待遇原则；而支持者则认为碳关税符合 WTO 第 20 条（b）、（g）款。

碳税和碳市场对比

中金公司发表的研究报告[①]对碳税和碳市场机制从减排效果、交易成本和公共收入所得使用三个方面进行了对比，结果如表 8—3 所示。碳市场的减排量效果较为确定，碳价波动较大，给生产者的价格信号较为不确定，因此可能会不利于相关行业的低碳投资与技术进步，而碳税则与之相反。

该研究报告认为，技术进步可能是碳中和实现策略中最重要的决定因素。因此碳定价政策的意义除了直接调节减排量，更重要的是对相关行业的技术研发给出价格信号。一般来说，价格信号的确定性越大，越鼓励技术创新。因此，通过单一的碳市场来实现碳定价的思路可能并不可取。需要综合考虑各个行业的低碳技术成熟度和排放占比来给出相应的碳定价政策。一个行业的低碳技术成熟度越低，绿色溢

① 彭文生、谢超、李瑾：《同一碳排放，不宜同一碳定价》，中金公司，2021 年。

价（生产者当前生产技术成本与零排放技术成本之间的差异）比例越高，更需要鼓励技术创新，需要给出更确定的碳价信号。因此，绿色溢价相对偏高的建材、交运、化工等行业建议使用碳税政策覆盖，而绿色溢价相对较低的电力、钢铁、有色、石化和造纸行业则建议使用碳市场政策覆盖（表8—4）。

表8—3　碳税和碳市场对比

		碳税	碳市场
减排效果	排放总量	不确定	较确定
交易成本	碳价	较确定	不确定
	技术创新	有利于	不利于
	MRV	较低	较高
	受约束比例	较低	较高
公共收入所得使用	使用方向	较低	较高

表8—4　碳市场和碳价建议覆盖行业

	高溢价比例	低溢价比例
高排放占比	碳税：建材	碳市场：电力、钢铁
低排放占比	碳税：交运、化工	碳市场/碳税：有色、石化、造纸

二、实践

如表8—5所示，截至2019年上半年，全球共有29个国家实行了碳税的政策。其中大部分是欧洲国家，包括芬兰、挪威、瑞典、丹麦和荷兰在内的北欧国家是世界上最早征收碳税的地区，在20世纪90年代就开始征收碳税。部分欧洲国家（爱尔兰、冰岛、西班牙、葡萄牙、爱沙尼亚、法国、瑞士、波兰）随后也开始征收碳税。除了欧洲国家以外，加拿大、日本、智利、南非、新加坡、阿根廷等国家也陆续提出了碳税政策。

在税制设计上，芬兰、瑞典、荷兰等实行的是单独碳税制，而日本、意大利等则是在能源消费税和环境税等现有税种中征收隐性碳税。在税基选择上，智利和波兰等少数国家以二氧化碳的实际排放量作为计税依据，而大部分国家则以化石燃料消耗的核算碳排放量作为依据。在征税范围上，有些地区是对所有化石燃料征税，如南非共和国、日本、加拿大、哥伦比亚、乌克兰、智利和欧盟一些成员国。有些地区只对固体和液体等高碳燃料征税，如墨西哥和阿根廷等。还有新加坡等只对工业和电力部门征收碳税。

有不少国家实行的是碳税与碳市场并行的“双轨制”碳定价政策。同时实施这两种政策可以全面覆盖各类经济部门，根据不同的行业特点实施针对性的碳定价政策，提升政策效果。如冰岛、瑞典和丹麦等对交通燃料征收碳税，不与欧盟碳交易体系覆盖的工业部门重合。有部分国家（如葡萄牙），实行了碳税税率和碳市场配额价格挂钩的政策。此外，随着各国气候雄心的增强，碳税可以作为一种补充手段，覆盖需要加强减排力度的行业。例如，为了加快退煤步伐，很多国家在燃煤电厂已经被碳交易市场覆盖的情况下对燃煤电厂征收碳税。葡萄牙规定碳交易体系下燃煤电厂也需要交纳碳税，并且税率会从一开始的全球水平的10%逐渐增长到2022年的同等税率；瑞典从2018年开始取消了碳交易体系下的热电联产企业享受的碳税减免或豁免权。

表8—5　全球各国的碳定价政策的实施情况①

已/拟实施碳交易政策的国家/地区	欧盟28个成员国、冰岛、列支敦士登、挪威、中国国家和地方试点、加拿大魁北克省、美国部分地区、新西兰、韩国、哈萨克斯坦、澳大利亚等
已/拟实施碳税政策的国家/地区	南非、阿根廷、新加坡、乌克兰、智利、日本
同时已/拟实施碳交易和碳税的国家/地区	英国、爱尔兰、西班牙、葡萄牙、法国、丹麦、挪威、瑞典、芬兰、荷兰、冰岛、爱沙尼亚、拉脱维亚、波兰、加拿大各省、瑞士、墨西哥、哥伦比亚

① 佚名：《国际碳价政策进展及对我国的启示》，国家应对气候变化战略研究和国际合作中心，http：//www.ncss.org.cn/yjcg/fxgc/202005/p020200509543866145098.pdf.

三、评价

碳中和目标的提出彰显了中国的中长期气候雄心，其实现需要各种政策手段的有机配合。虽然中国已经开始建设全国统一碳市场的步伐，但单一碳定价政策很难满足多层次多维度的政策需求，碳税政策在碳中和实现路径中仍然有其独特的角色可以扮演。

作为政策目标实现手段，基于碳市场的“总量控制”和基于碳税的“局部精细调节”相互配合，能够最大限度地满足碳中和路径中的复杂调控需求。在覆盖对象上，碳税适用于更短期、刚性的减排需求，而碳市场适用于不确定性更大、更长期的减排需求。例如，实现碳达峰需要电力部门率先达峰，其中燃煤电厂的退役是优先实现的目标之一。电力部门是全国碳市场实行之后覆盖的部门之一，针对其中的燃煤电厂可以加征碳税，加快退煤步伐。此外，对交通排放占比较高的地区，也可以通过对交通化石燃料加征碳税，实现精准控制。

作为气候融资手段和价格信号，碳税所得可以用来支持风险和不确定性相对较小的低碳投资项目，而碳市场所得则更适合用来支持不确定性更大的项目。中国人民银行前行长周小川认为：“一些最基本的、比较确定的、风险较小的投资科目，比如某些可再生能源的科目，依靠碳税所支持的政府投资来完成，碳税的税率参照碳市场的价格，这样不会在碳减排方面给市场造成不一致的信号和不一致的价格。除了这些保基本的项目外，其他大量的在碳排放和减排之间的平衡最好依靠碳市场解决，碳市场及其金融功能对比较多的跨期业务，不确定性和风险管理有着明显的长处。”实现碳中和面临的气候资金缺口巨大，起步阶段需要一定的来自政府的财政资金的支持，碳税所得对于前期碳达峰所需的电力部门脱碳可以起到一定的支持作用。

充分考虑未来碳中和路径中可能出现的碳边境调节机制，做好应对和主动征税碳边境调节机制的准备。实现碳中和一定程度上会将碳减排成本转化为价格信号反映到我国产品的生产成品当中，因此可能会影响我国出口商品的国际竞争力，需要做好两手准备。一方面，要健全碳排放核查与企业气候信息披露机制，防止我国出口产品在其他国家和地区被重复碳征税。另一方面，需要积极开展碳边境调节机制的法理研究，谨防以欧盟为代表的发达国家对中国以碳关税之名行贸易保护之实。

第五节　碳市场

一、碳市场原理及运作方式

碳市场的经济学原理在于碳定价。人类活动造成的二氧化碳排放会加剧气候变化，对食品、生态系统和人类健康等都带来重大影响，这可以解释为生产活动对环境带来的负外部性。因此，生产者需要通过支付碳价，将自身碳排放带来的外部性内部化。

碳市场是通过政策创造的交易市场，碳市场可以通过市场手段，对超额减排的企业进行鼓励，并要求排放超过配额的企业为其超额排放付费。碳市场的主要运行方式是“限制和交易（Cap－andtrade)”：政府确定本年度的排放总量和排放配额分配方案，统一为企业发放排放配额，企业根据配额和自身的生产方案参与碳市场交易，排放超过该配额的企业需要购买不足的排放配额，而排放低于配额的企业可以出售自己多余的配额。在这样的市场安排下，排放强度较低的企业相比于其竞争对手会存在经济优势，进而激励企业研发和使用低排放技术进行生产活动。

除碳市场外，碳定价的手段还包括碳税。碳税是为碳排放者设置统一的排放收费，所有企业需要根据自己的排放缴纳碳税。

我国目前不存在碳税，但就全球而言，非洲和拉丁美洲个别国家使用碳税，加拿大同时拥有碳税和碳市场，大洋洲使用碳市场；亚洲方面，日本使用碳税，韩国使用碳市场；欧洲方面，法国、瑞士、北欧国家、西班牙、波兰等国同时拥有碳税和碳市场，而英国、德国、意大利、奥地利等国只有碳市场。图 8—5 展示了全球具有碳定价国家（包括碳市场和碳税）的碳价。

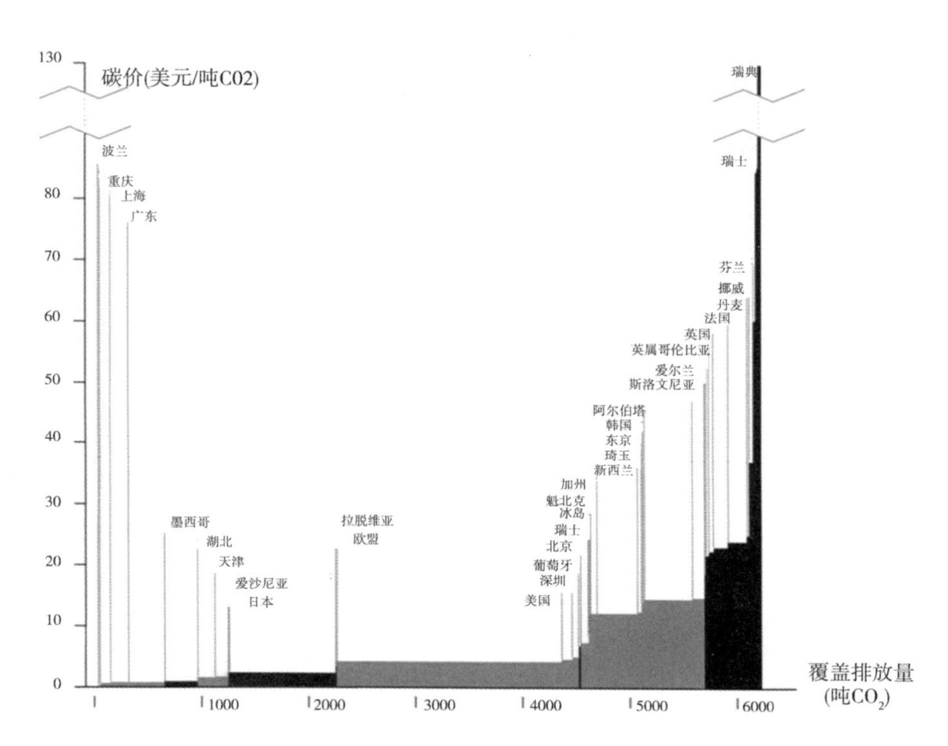

图 8—5　全球国家碳价①

全球一些国家碳市场和碳税并行的实践证明，如果边界划定清晰合理，这些实践均传达同一理念，即在边界设置合理的前提下，碳市场和碳税可以互相补充，互相促进，以达到最佳减排效应。

二、中国碳市场的发展

我国碳市场主要交易主体是排放企业，而碳市场参与者需要向全国统一的注册登记结算机构（生态环境部委托的独立法人）开户、登记，然后生态环境部和省级生态环境部门根据企业提交的排放报告设计企业在该年份获得的配额，并将配额分配给排放企业，企业根据自

① 《*State and Trends of Carbon Pricing* 2020》，World Bank，Doi：10.1596/978－1－4648－1586－7.

身的排放配额和具体排放量参与碳市场交易。

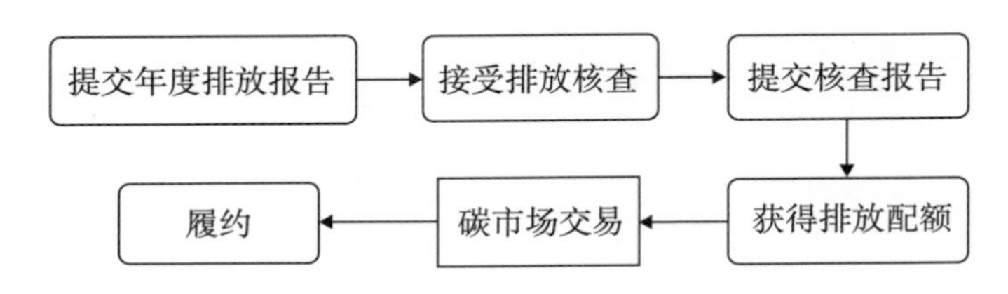

图 8—6 企业参与碳市场的方式

2011 年 10 月，国家发展改革委颁布了《国家发展改革委办公厅关于开展碳排放权交易试点工作的通知》，建设了北京市、天津市、上海市、重庆市、湖北省、广东省及深圳市 7 个碳排放权交易试点。2016 年福建省加入，成为国内第 8 个碳交易试点。各试点自主制定碳排放权交易试点管理办法，明确试点的基本规则，测算并确定本地区温室气体排放总量控制目标，研究制定温室气体排放指标分配方案，建立本地区碳排放权交易监管体系和登记注册系统，培育和建设自己的交易平台。

2017 年 12 月，《全国碳排放权交易市场建设方案（发电行业）》公布，正式宣告我国将从 2017 年起建设全国碳市场，经历基础建设期、模拟运行期、深化完善期的建设，并在 2020 年底前建设完成。初期的交易主体为发电行业重点排放单位，条件成熟后，扩大至其他高耗能、高污染和资源性行业。适时增加符合交易规则的其他机构和个人参与交易。这些交易主体主要通过全国统一、互联互通、监管严格的碳排放权交易系统进行交易，并纳入全国公共资源交易平台体系管理。交易内容将从排放配额开始，在条件成熟后逐步引入核证自愿减排量等交易产品。

我国的全国碳市场投入运营后，将成为世界上最大的碳市场，覆盖中国 50%以上的碳排放，使全球碳价（包括碳税和碳市场）覆盖的碳排放量也将翻倍[①]。

---

① 《*The Role of China's ETS in Power Sector Decarbonisation*》，International Energy Agency，https：//www. iea. org/reports/the－role－of－chinas－ets－in－power－sector－decarbonisation.

区域试点碳市场具有不同的交易产品类型。碳交易试点市场主要包括配额现货和国家核证自愿减排量（China Certified Emission Reduction，下文简称 CCER）。配额现货交易是根据自身排放和成本的情况和减排的成本间的差异，在碳排放交易中进行排放配额的自由交易，包括公开交易、协议转让交易和拍卖交易三种交易方式[①]。CCER 是指依据《温室气体自愿减排交易管理暂行办法》的规定，经国家发改委备案并在国家注册登记系统中登记的温室气体自愿减排量，单位为“吨二氧化碳当量”。我国 CCER 项目以风电、光伏发电、水力发电、生物质发电等可再生能源类项目居多，但 CCER 要求必须具有“额外性”，并按照《国家温室气体自愿减排方法学》进行基线确定、减排核算、额外性论证和监测。目前我国碳试点中有关碳交易的金融衍生产品很少，2014 年起，北京、上海、广州、深圳、湖北等碳交易试点省市，先后推出了近 20 种碳金融产品，包括上海试点推广的远期现货、深圳试点推广的期货、期权等衍生品等。深圳碳市场试点作为碳市场试点中对碳金融衍生品和国际合作方面做最多尝试的试点，目前已推出了金融创新服务：碳资产质押融资、境内外碳资产回购式融资、碳债券、碳配额托管、绿色结构性存款、碳基金等产品。在全国碳市场即将运营的大背景下，这些金融产品交易的经验将对全国碳市场金融产品的推出提供经验借鉴。不同区域碳市场覆盖的行业有所不同。表 8—6 展示了 7 个碳市场试点覆盖的行业范围。

表 8—6　碳市场试点覆盖行业

试点市场	覆盖行业
北京	电力、热力、水泥、石化、其他工业和服务业
天津	电力、热力、钢铁、化工、石化、油气开采

① 陈紫菱、潘家坪、李佳奇等：《中国碳交易试点发展现状、问题及对策分析》，《经济研究导刊》2019 年第 7 期。

续　表

试点市场	覆盖行业
上海	钢铁、石化、化工、电力、有色、建材、纺织、造纸、橡胶、化纤、航空、机场、港口、铁路、酒店、商业和零售业、金融业
广东	第一期纳入：电力、水泥、钢铁、石化；第二期计划纳入：陶瓷、纺织、有色、塑料和造纸等行业
湖北	电力、钢铁、水泥、化工、石化、汽车制造、有色玻璃和建材、化工、造纸、化纤、制药、食品、饮料
深圳	电力、水务、建筑和制造业等以及大型公建；2014 年后可能纳入交通等行业
重庆	工业企业包括电解铝、铁合金、电石、烧碱、水泥、钢铁等多个行业

根据碳排放交易网的交易信息①，2020 年的交易量在各试点之间差异巨大，且各试点均存在交易量波动较大的现象。北京和深圳试点的交易在 0～7 万吨左右，上海的成交量可达 40 万吨以上，而广东的交易量可以达到 139.8 万吨；而重庆碳市场试点的交易集中于 2020 年 6—8 月和 2020 年 12 月—2021 年 1 月，最高仅达到 2.4 万吨，而其他交易日的交易量大多为零。湖北碳市场在疫情后逐渐恢复，碳价在 2021 年逐渐上升，但交易量自 2021 年 1 月起显著下降。福建仅在 2020 年 8—9 月有稳定的成交量，而在之前和之后的绝大部分交易日中交易量为零，2020 年 10 月—2021 年 3 月，福建碳市场试点的交易量不超过一吨。

碳市场价格在 2013—2016 年逐年降低，2017 年底提出全国碳市场建设以来碳交易价格有所提升，2019 年相比 2018 年而言，碳市场试点之间碳价有涨有跌，整体差异不大。2020 年的碳市场价格在各碳市场试点之间差异较大，其中福建碳市场试点的价格在 8～27 元/tCO_2e，湖北碳市场试点的价格在 25～32 元/tCO_2e，而北京碳市场的价格在 30～100 元/tCO_2e 浮动。

---

① 《试点碳市场 2018、2019 年度成交均价》，碳排放交易网，http：//www. tanpaifang. com/tanzhibiao/202002/2968497. html.

三、碳中和愿景下的碳市场发展

2020 年 11 月 5 日，生态环境部等部门发布了《碳排放权交易管理办法（试行）（征求意见稿）》和《全国碳排放权登记交易结算管理办法（试行）》，宣告全国碳市场的建设，《碳排放权交易管理办法（试行）》于 2021 年 1 月 5 日公布，规定了碳排放配额分配和清缴，碳排放权登记、交易、结算，温室气体排放报告与核查等活动，以及对前述活动的监督管理。《全国碳排放权登记交易结算管理办法》：碳市场参与者需要向注册登记结算机构（生态环境部委托的独立法人）开户、登记，然后生态环境部和省级生态环境部门把配额分配给参与者（生态环境部尚未出台具体配额分配方案，但说明初期配额免费分配为主，逐渐引入拍卖制度）。

2021 年 3 月 29 日，生态环境部印发了《关于加强企业温室气体排放报告管理相关工作的通知》（环办气候〔2021〕9 号）（以下简称《通知》）。《通知》对 2020 年度温室气体排放数据的报告与核查的相关工作作出了部署，并明确了全国碳排放权交易市场首个履约年度的配额核定和清缴履约时间安排。该文件也纳入发电、石化、化工、建材、钢铁、有色、造纸、航空 8 大重点排放行业共计 34 个子行业。相较于《关于做好 2019 年度碳排放报告与核查及发电行业重点排放单位名单报送相关工作的通知》其中覆盖到的子行业有所调整，移除了“电力供应”行业，新增了“炼铁”行业及产品“二氟一氯甲烷”。

2021 年 3 月 30 日，生态环境部发布关于公开征求《碳排放权交易管理暂行条例（草案修改稿）》意见的通知，这是文件第二次公开征求意见。草案修改稿中，首次明确对全国碳排放权注册登记机构和全国碳排放权交易机构的监督管理由国务院生态环境主管部门会同国务院市场监督管理部门、中国人民银行和证监会、银保监会进行。此外，草案修改稿新增了对交易产品、违规交易追责等相关规定，提出国家建立碳排放交易基金，完善了碳排放配额分配的规定。明确建设全国碳排放权注册登记和交易系统，记录碳排放配额的持有、变更、清缴、注销等信息，提供结算服务，组织开展全国碳排放权集中统一交易。首批仅纳入电力行业（2225 家发电企业），未来将最终覆盖发电、石化、化工、建材、钢铁、有色金属、造纸和国内民用航空 8 大行业。配额分配上仍暂以免费为主，未来根据国家要求将适时引入有偿分配，并逐步提高有偿分配比例。

四、碳市场在碳中和行动中的地位和挑战

碳排放交易体系是我国实现碳达峰和碳中和愿景的重要政策工具。通过碳排放交易体系，拥有创新低排放技术的企业可以通过自主减排实现经济收益，而采用传统高耗能生产方式的企业则将为排放付费。通过扩大碳市场覆盖行业范围、不断收紧配额数量、对配额使用有偿分配和拍卖等的分配方式，我国将可以调控生产能效水平和排放水平。

总体来看，碳市场试点交易体量较小，2011—2019 年累计成交 3.1 亿吨，而中国仅 2018 年的总排放为 95 亿吨[①]。因此，在努力建成全国碳市场的大背景下，碳市场的成交量也需增加，才能成为更有效的减排政策手段。

中国各碳市场的碳价相比全球也普遍偏低。法国 2018 年的碳价为每吨 44.16 欧元，而我国的碳价几乎从未超过 100 元人民币。考虑到各国国情和经济形势不同，碳价难以直接进行比较，但考虑到全球对于《巴黎协定》第 6 条中提到各缔约方可以“在自愿的基础上采取合作方法，并使用国际转让的减缓成果来实现国家自主贡献”，虽然该条

---

① 《*Emissions Trading Worldwide*：*ICAP Status Report* 2021》，International Carbon International Carbon Action Partnership，https：//icapcarbonaction. com/en/icap—status—report—2021.

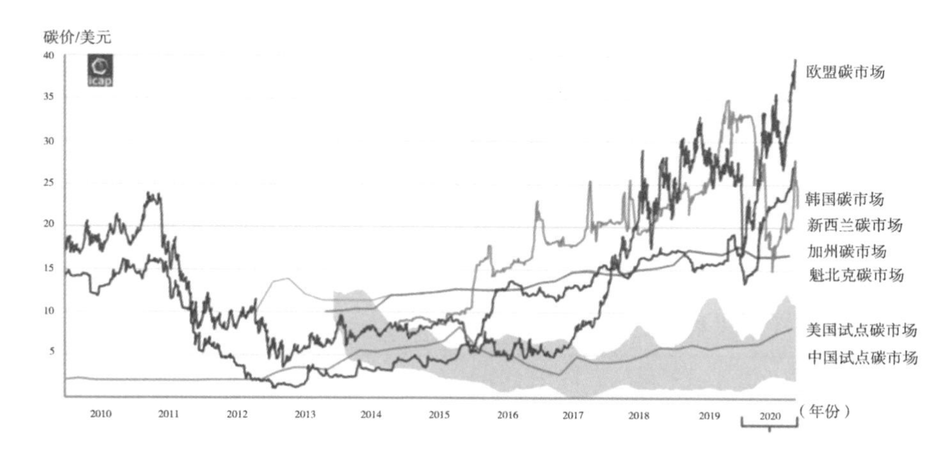

图 8—7　全球部分碳市场价格变化 2010—2020①

款中的谈判内容尚未细化和形成具体机制，但这可能意味着未来全球将存在一定程度的跨国排放交易。一旦《巴黎协定》第 6 条的谈判形成具体合作机制，这可能意味着我国企业将面临更高的国际碳价挑战。我国未来建设覆盖更多行业的全国碳市场时，需计算因此带来的碳价波动。

---

① 《*Emissions Trading Worldwide*：*ICAP Status Report* 2021》，International Carbon International Carbon Action Partnership，https：//icapcarbonaction. com/en/icap—status—report—2021.

第六节　气候投融资机制

一、概念

（一）气候投融资相关概念定义

根据 2020 年 10 月 21 日出台的《关于促进应对气候变化投融资的指导意见》，气候投融资是指为实现国家自主贡献目标和低碳发展目标，引导和促进更多资金投向应对气候变化领域的投资和融资活动，是绿色金融的重要组成部分。支持范围包括减缓和适应两个方面。

减缓气候变化。包括调整产业结构，积极发展战略性新兴产业；优化能源结构，大力发展非化石能源；开展碳捕集、利用与封存试点示范；控制工业、农业、废弃物处理等非能源活动温室气体排放；增加森林、草原及其他碳汇等。

适应气候变化。包括提高农业、水资源、林业和生态系统、海洋、气象、防灾减灾救灾等重点领域适应能力；加强适应基础能力建设，加快基础设施建设、提高科技能力等。

气候投融资、绿色金融与可持续金融概念辨析

国际上对可持续金融的定义可以归纳为“与可持续发展相关的金融活动”。如图 8—8 所示，其涵盖范围最广，基本包含了《联合国 2030 年可持续发展议程》中的 17 个可持续发展目标（Sustainable Development Goal，SDG）的议题，涵盖了环境、社会、经济等方面。而绿色金融主要是涵盖了可持续发展中与环境改善、低碳发展和资源

节约利用方面的议题。根据相关报告的梳理①：G20绿色金融小组将绿色金融定义为“在环境可持续发展背景下提供环境效益的投资活动”；经合组织（OECD）则认为“在实现经济增长的同时减少污染、碳排放和垃圾，并提高自然资源使用效率的金融”可被称作绿色金融；德国政府把绿色金融称作“在应对气候变化的背景下，完成经济向低碳、资源节约转型的金融手段”；我国人民银行等七部委在《关于构建绿色金融体系的指导意见》中则把绿色金融定义为“支持环境改善、应对气候变化和资源节约高效利用的经济活动，即对环保、节能、清洁能源、绿色交通、绿色建筑等领域的项目投融资、项目运营、风险管理等所提供的金融服务”。气候投融资则进一步将关注领域聚焦到了应对气候变化上，主要关注减缓和适应两个领域。

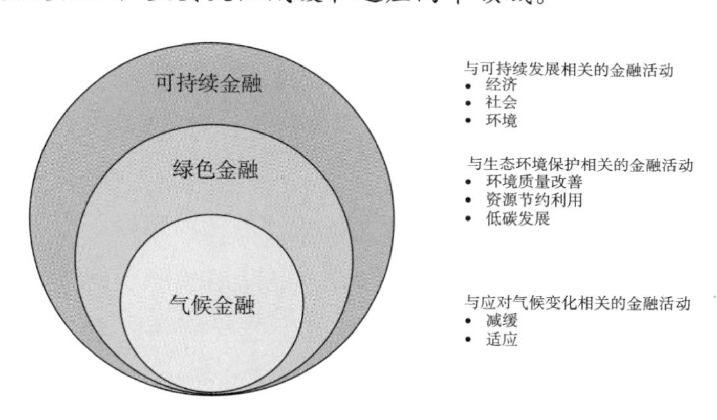

图 8—8　可持续金融、绿色金融和气候投融资定义范围示意图

（二）气候投融资的目的

可持续金融、绿色金融和气候金融这些绿色低碳金融手段与传统金融最大的区别是，传统金融通过价格信号匹配供给与需求，增加资本的流动性，服务于实体经济；而绿色低碳金融在服务的基础上还要发挥引导作用，纠正市场失灵。市场失灵是指由于外部性、公共物品

① 周子彭、张帅帅、姚泽宇等：《碳中和之绿色金融：以引导促服务，化挑战为机遇》，中金公司，2021年。

和不完全信息等因素，导致市场不能实现资源的最优配置。环境保护是一件典型的存在正外部性的行为，由于所有人都能从环境保护行为中受益，因此人们往往会存在搭便车的心理，指望其他人去治理环境，自己“坐享其成”。这种搭便车效应的存在会降低生产商提供环境保护服务行为的激励，造成环境保护行为的供给无法满足需求。而气候变化相对于其他的环境问题，影响的时间尺度更长、空间范围更大、不确定性也更大，其市场失灵的现象也更为严重。[①] 此外，如果放任当前的碳排放趋势，那么气候变化会带来一系列风险，包括海平面上升、极端气候事件（热浪、寒潮、洪水、干旱）发生的频次和强度增加，并且这些风险一定程度是不可逆的。这些风险会给经济体的运行带来很大的额外经济成本，也就是气候金融领域经常说的“绿天鹅”事件。应对气候变化，是一件功在当代、利在千秋的事情，需要借助一系列系统有效的措施，建设高效灵活的气候投融资体系，降低气候投融资成本，增加气候资金的可获得性，引导资金流向低碳产业，打造气候友好型投融资环境。

（三）气候投融资体系：来源、渠道、工具和用途

如图 8—9 所示，气候投融资体系包括融资来源、融资渠道、融资工具以及资金用途等。这 4 个环节覆盖了气候投融资体系中气候资金从供给方流向需求方的过程，下文将予以详细介绍。

资金来源。气候资金的来源包括国际公共资金（主要由发达国家出资），国内财政资金，碳市场、NGO、传统金融市场以及企业直接投资等。一般来说，气候投融资通常从事投资风险较高的项目或技术援助活动，因此资金以公共资本为主，同时撬动私人资本。根据《中国气候投融资报告》，中国 2008—2012 年间的年平均气候资金共计规模为 5256 亿元，主要来源为企业直接投资（56.69%）、银行债务

① 参见王灿、蔡闻佳：《气候变化经济学》，清华大学出版社 2020 年版。

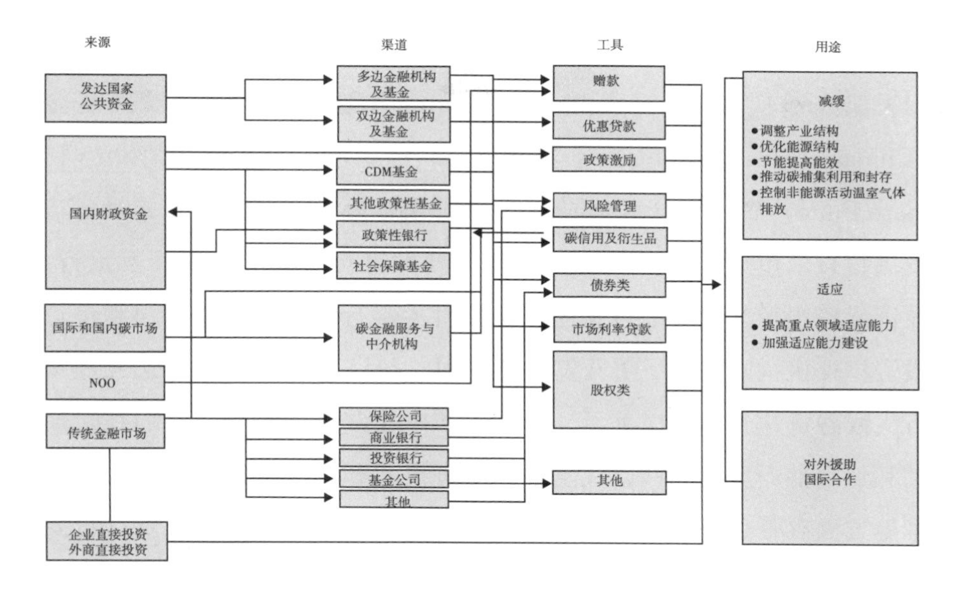

图 8—9　气候投融资体系①

(21.19%）和国内公共资金（11.53%），而来自碳市场、国际公共资金、企业股权和慈善基金等来源资金则规模较小②

融资渠道。具体包括国际资金、国内财政资金、其他融资渠道三部分。

国际资金。国际资金的融资渠道主要包括国际气候基金和多边发展银行两类。在联合国气候变化框架公约下建立的国际公共气候资金，用于推进全球应对气候变化进程，主要由发达国家通过赠款、优惠贷款等方式筹集资，以响应发展中国家应对气候变化的资金需求③。主要的国际气候资金包括全球环境基金（Global Environment Facility，简称 GEF)、气候变化特别基金（Special Climate Change Fund，简称

① 柴麒敏、傅莎、温新元等：《中国气候投融资发展现状与政策建议》，《中华环境》2019 年第 4 期。

② 参见王遥、刘倩：《2012 年中国气候投融资报告：气候资金流研究》，中央财经大学，2012 年。

③ 陈兰、王文涛：《绿色气候基金在全球气候治理体系中的作用和展望》，《气候变化研究进展》2019 年第 15 期。

SCCF)、最不发达国家基金（Least Developed Countries Fund，简称LDCF)、适应基金（Adaptation Fund，简称 AF)、气候投资基金(Climate Investment Funds，简称 CIF）和绿色气候基金（Green Climate Fund，简称 GCF)。此外，还有一类国际公共资金的来源是多边发展银行，包括亚洲开发银行、非洲开发银行、欧洲复兴开发银行、欧洲投资银行、世界银行集团（包括世界银行、国际金融公司和多边投资担保机构）以及泛美开发银行集团。2017 年全球六大多边发展银行气候融资达到 352 亿美元。相比于国际公共气候资金，它们在长期性和稳定性、反周期性、优惠性、专有技术和技术援助、撬动私人资本等方面有着独特的优势，成为发展中国家开展低碳基础投资的重要资金来源①。

国内财政资金。国内财政资金的主要融资渠道包括清洁发展机制基金（Clean Development Mechanism，简称 CDM)、政策性基金、政策性银行以及社会保障基金等。CDM 基金是我国在《京都议定书》框架下的 CDM 机制从项目放大到国家层面，是发展中国家首次建立的专门应对气候变化的资金，通过赠款方式支持有利于加强应对气候变化能力建设和提高公众应对气候变化意识的相关活动，通过委托贷款方式支持低碳项目，鼓励和支持低碳技术的开发与应用，促进低碳技术的市场化、产业化，推动地方经济结构调整、转型升级和新兴产业的发展。包括国家开发银行、中国进出口银行、中国农业发展银行在内的三大政策性银行也会通过发行绿色信贷等方式支持低碳项目的发展，融资成本低、期限长、市场化、国际化是政策性银行融资渠道的突出特点②。

---

① MATHIAS L L. SAULM，LIU Y，et al. The Role of Multilateral Development Banks in Green Finance. International Inistitute of Green Finance，2018.

② 钱立华、鲁政委、方琦：《政策性银行：以独特优势创新引领绿色金融发展》，《兴业研究》2020 年 3 月 18 日。

其他融资渠道。此外，碳市场的碳排放权排放和交易收益、NGO机构的募资、企业以及外商直接投资等都是气候金融的融资渠道来源。而传统金融市场中通过传统金融机构中与低碳发展相关的投资标的获取的气候融资也是重要的融资渠道，如保险公司、商业银行、投资银行、基金公司以及其他传统金融机构等。

融资工具。主要的气候投融资工具包括两类，一类是非营利性的，往往由非营利的公共部门融资渠道所使用：如赠款、优惠贷款、政府的税收和补贴等；另一类是更市场化的带有一定营利性的工具，例如气候信贷、气候债券、气候保险、碳信用产品和其他股权类、固定收益类的证券市场气候金融产品等。此外，由于在我国气候金融相对于绿色金融是一个新生概念，因此在很多政策和市场实践中没有严格地将气候融资工具和绿色金融工具区分开来，本文介绍的一些融资工具概念在一定程度上借鉴了绿色金融工具的概念。

气候债券。气候债券是指各种为减缓和适应气候变化问题的项目集资的债务证券。气候债券的发行主体可以是政府、政策性银行或者私人企业。目前，气候债券的认证主要由总部设在伦敦的“气候债券标准局”（Climate Bond Standard）进行。

气候信贷。气候信贷是指银行发行的气候友好型信贷，在低碳发展中起到集聚资金、供需匹配、优化资源配置和产业结构、提高经济效益的作用。目前，除了绿色信贷领域有气候信贷统计，中国尚未设立专门的气候变化股权或债权投融资渠道。

气候保险。气候保险是指针对气候变化风险的保险，是发展最早的气候金融产品种类。目前，气候保险的投保范围除了应对气候风险（如天气指数保险、巨灾保险），还包括应对气候变化过程中的风险（如碳交易信用保险、CDM项目保险、突发碳排放量增加险、碳捕捉和封存项目保险等）。

碳金融衍生品。碳金融衍生品是指价格依赖于碳交易及碳金融产品价格的金融工具，包括碳远期、碳期货、碳期权等。碳金融衍生品有利于提高交易活跃度，增强市场流动性。

资金用途。气候投融资的资金渠道流向主要用于本节前文开头所述的减缓和适应的重点支持领域。不同融资渠道和来源的资金流向侧重点会有所不同。例如，中国政策性银行的募资流向中，国开行注重对低碳基础设施建设的支持、农发行重点支持低碳农业项目、进出口银行支持中国低碳企业"走出去"，尤其是"一带一路"的低碳投资。[①]

（四）气候投融资机制建设

匹配应对气候变化的资金需求和资金供给，建设高效灵活的气候投融资体系，需要建设以标准认证、信息披露和风险评级为核心的气候金融基础设施。

气候投融资标准。气候投融资标准是气候投融资体系发展的基石，是核定产业边界、监督市场规范运行的先决条件。气候投融资标准的目的在于确定"气候友好"的经济活动的范围和内容，界定"气候友好属性"的具体技术标准。目前，国际上还没有在各个国家和各种金融工具中通行的气候投融资标准。而范围更广、应用更多的绿色标准有两类：一类是由市场主导、国际组织制定的绿色债券标准；另一类是由政府主导出台的绿色标准。前者的代表包括由气候倡议组织（Climate Bonds Initiative，简称 CBI）制定的《气候债券标准（Climate Bonds Standard，CBS）》，该标准计划涵盖能源、运输、水、低碳建筑、通信技术、废弃物和污染物控制、自然资产、工业级能源密集型产业在内的 8 大领域的超过 30 大类技术（图 8—10），目前已经推出的标准包括太阳能、风能、低碳建筑、快速公交系统、低碳运输的低碳技术标准。后者的代表包括欧盟 2020 年 3 月推出的《欧盟可持续金融分类方案》，共涵盖 7 大类经济行业、67 项经济活动，服务于实现减缓气候

① 钱立华、鲁政委、方琦：《政策性银行：以独特优势创新引领绿色金融发展》，《兴业研究》2020 年 3 月 18 日。

变化、适应气候变化、水资源保护、发展循环经济、防治污染、保护生物多样性等目标。每个经济活动具有配套的技术性筛选标准。

气候信息披露。气候信息披露（climate—related disclosure）是指企业通过一定的方式，将气候变化对其影响、自身采取的应对措施等信息披露出来。完善的气候信息披露是气候金融产品投放决策的核心，是防范信息不对称风险的基石。完整的气候信息披露包含两个维度，即企业自身的气候信息披露，以及金融机构、股权投资机构等对所持资产气候信息的披露。目前，国际上主流的信息披露标准包括《TCFD 披露建议》《SASB 披露标准》《CDSB 披露框架》《GRI 披露标准》《CDP 披露问卷》《IIRC 披露框架》等。

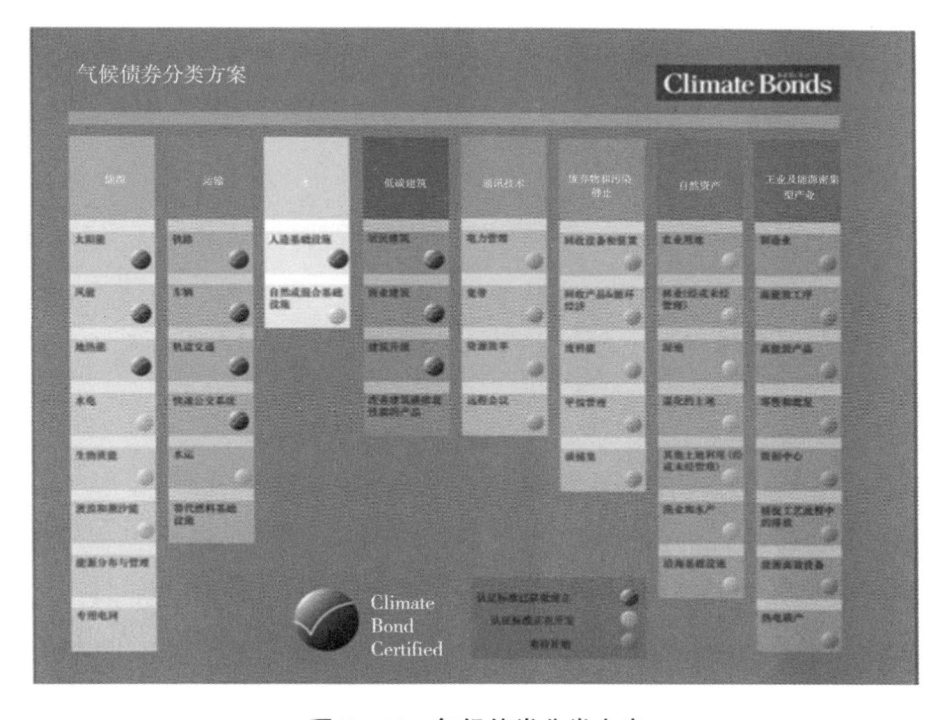

图 8—10　气候债券分类方案

资料来源：CBI《气候债券标准 2.1》。

气候信用评级。气候风险已成为传统信用评级体系中的重要考量。将环境、社会和治理等因素纳入评级方法，对于引导资本流向应对气候变化等可持续发展领域、对金融机构、企业和各地区的应对气候变化表现进行科学评价和社会监督有着重要的推动作用。目前，ESG 评级体系已经被资本市场重视，国内的关注也显著上升。国际主流的 ESG 评级体系包括道琼斯可持续发展指数（DJSI）、碳信息披露项目（CDP）、Sustainalytics 和 MSCI ESG 指数等。

二、实践

2018 年 3 月 8 日，欧盟委员会发布了欧盟《可持续发展融资行动计划》（下文简称《行动计划》），该计划详细说明了欧盟可持续发展金融行动的目标、行动、实施路线图和时间表。经过不到两年时间的执行，该计划稳步推进和落实，在可持续发展和应对气候变化的重点领域取得了突破，并促进了欧洲绿色新政的出台。

《行动计划》的目标有 3 个：将资本引向更具可持续性的经济活动、将可持续性纳入风险管理的主流和鼓励长期行为及透明度的提升。为了实现这一目标，行动计划出台了 10 项行动和对应的 22 项具体行动计划，其中最重要的 3 项行动是建立可持续活动的分类体系、为绿色金融产品建立标准与标签和开发可持续性基准。

建立《欧盟可持续金融分类方案》。《分类方案》在 7 大类经济行业中上识别出 67 项经济活动，并设定了相应的技术筛选标准；对于有助于气候变化适应目标，《分类方案》在 7 大类经济行业的基础上初步识别出 9 项经济活动，并设定相应技术筛选标准。《分类方案》认定的经济活动主要类型如表 8—7 所示。

表 8—7　《欧盟可持续金融分类方案》经济活动主要类型

主要类型	
对气候变化减缓有实质性贡献的经济活动	·低碳经济活动，包括固碳活动、零碳或近零碳活动 ·有助于实现 2050 年零碳经济转型但目前尚未接近零碳排放的活动 ·能够实现低碳性能或大幅度减排的活动
对气候变化适应有实质性贡献的经济活动	·尽可能并尽力减少重大物理性气候风险的经历活动 ·未对其他气候适应工作造成不利影响的经济活动 ·产生气候变化适应相关成果的经济活动，且成果可定义可衡量

资料来源：钱立华、方琦、鲁政委：《欧盟可持续金融战略与进展分析》，《兴业研究》2020 年 3 月 18 日。

该分类方案以应对气候变化为首要目标，支持从棕色到绿色的过渡，纳入了尚不属于绿色低碳但有潜力进行低碳转型的经济活动，但对这些活动的技术标准非常严格，并且随着时间的推移会不断增加严格程度，避免高碳锁定效应。

为绿色产品建立标准与标签。欧盟于 2019 年 6 月发布了《欧盟绿色债券标准》报告，旨在“增强绿色债券市场的有效性、透明度、可比性和可信度”，确定了《欧盟绿色债券》标准的四项原则：对绿色项目的分类标准与《分类方案》保持一致、制定绿色债券框架的范围和内容、要求对目击资金使用和环境影响进行定期报告、由授权机构（如欧盟委员会技术专家组、欧洲证券和市场管理局）对符合标准的绿色债券进行认证。

开发可持续性基准。2019 年 9 月，欧盟委员会技术专家组发布了关于气候基准和基准 ESG 披露指南，列出了与“巴黎协定一致”的最低要求技术清单（即气候基准），还建议了一套 ESG 披露要求。气候基准不仅涉及与气候有关的信息，还涉及各种 ESG 指标，考虑各种资产类别。

三、评价

根据不同口径的估计，中国实现 2060 年碳中和目标的投资需求在百万亿级左右[①]，而我国的气候投融资机制仍存在气候投融资匹配度不高、气候投融资标准体系不统一、缺少气候信息披露等问题，这使得我国面向碳中和的气候投融资机制面临着一定的挑战。

在机制设计上已出台顶层设计，但分类标准和信息披露制度还亟待补充。2020 年 10 月 21 日，生态环境部、国家发展改革委、人民银行、银保监会、证监会五部委联合发布《关于促进应对气候变化投融资的指导意见》，这是气候投融资领域的首份政策文件，首次从国家层面为气候变化领域的建设投资、资金筹措和风险管控进行了全面部署，明确了气候投融资的定义与支持范围，对气候投融资作出了顶层设计。碳中和愿景的实现，相比于以往的气候目标，所需的技术种类和技术水平要求都有较大提升，需要在出台清晰严格的、与碳中和目标相匹配的分类标准，并引入定期更新修订的制度，及时更新技术标准。在 2030 年以前实现从“棕色”金融向“绿色”金融的过渡，逐渐在分类标准中加强对化石燃料的技术要求；在 2030 年以后逐渐向“深绿”金融过渡，逐步提高可再生能源技术的技术标准，并加大对负碳技术的关注与界定。碳中和愿景的实现，其参与主体不再是部分行业的部分企业，需要全社会各个行业的生产主体和消费主体共同努力，因此在气候披露制定上也需要一定的创新，有效界定披露主体和披露范围。

在融资需求的匹配上，以市场为主体，并充分发挥气候金融的引导作用，考虑不同行业各类技术在时间尺度上的融资需求差异，为面向碳中和的低碳技术创新保驾护航。当前，不同行业实施减排的技术

---

① 何建坤：《中国低碳发展战略与转型路径研究》，清华大学气候变化研究院 2020 年。

难度并不相同：比如，轻型交通中电动汽车、充电桩的市场应用已经较为成熟，而航空中使用氢能的飞机，或者水泥行业中使用碳捕捉技术在成本和可行性上仍然面临较多障碍。而减排壁垒的不同，有可能会降低行业提前进行减排投资的动机，增加了未来投资需求累积的风险。相关研究报告总结了不同行业 2021—2030 年和 2031—2060 年完成碳中和绿色投资的比例关系（图 8—11）。

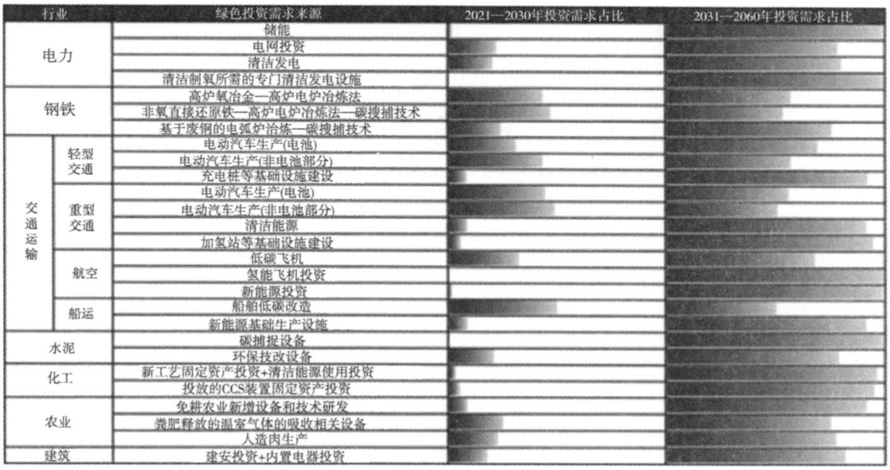

行业		绿色投资需求来源	2021—2030年投资需求占比	2031—2060年投资需求占比
电力		储能		
		电网投资		
		清洁发电		
		清洁制氧所需的专门清洁发电设施		
钢铁		高炉氧冶金—高炉电炉冶炼法		
		非氧直接还原铁—高炉电炉冶炼法—碳搜捕技术		
		基于废钢的电弧炉冶炼—碳搜捕技术		
交通运输	轻型交通	电动汽车生产(电池)		
		电动汽车生产(非电池部分)		
		充电桩等基础设施建设		
	重型交通	电动汽车生产(电池)		
		电动汽车生产(非电池部分)		
		清洁能源		
		加氢站等基础设施建设		
	航空	低碳飞机		
		氢能飞机投资		
		新能源投资		
	船运	船舶低碳改造		
		新能源基础生产设施		
水泥		碳捕捉设备		
		环保技改设备		
化工		新工艺固定资产投资+清洁能源使用投资		
		投放的CCS装置固定资产投资		
农业		免耕农业新增设备和技术研发		
		粪肥释放的温室气体的吸收相关设备		
		人造肉生产		
建筑		建安投资+内置电器投资		

图 8—11　不同行业的技术的“两阶段”碳中和投融资需求

可以看出减排技术壁垒越高，2021—2030 年所占投资比例越小，投资需求的后置行为越明显。这反映了部分行业希望碳达峰后，技术进步可以降低投资壁垒的预期，但投资需求大范围后置，有可能扩大未来绿色投融资的缺口。

为了更好地服务于碳中和目标的实现，中国应建设统一的气候投融资标准体系，健全气候信息披露机制，完善气候外部性内生化的政策激励，发展多元丰富的气候金融市场，将气候风险纳入政策监管范畴，实现气候金融从碳中和的边际性辅助向转化为支持碳中和建设的中坚力量的角色转变，化低碳挑战为可持续发展转型机遇。

第九章
展望

本章导读

2030 年碳达峰、2060 年前碳中和的目标及相关决策部署，彰显了我国积极应对气候变化的坚定决心，体现了推动构建人类命运共同体的责任担当，为疫后实现全球绿色复苏注入了新的活力，对全球气候行动起到了重要推动作用。碳中和愿景下的转型工作也将加速我国能源系统革命，推动产业结构转型升级，提升经济竞争力，加强能源安全，为我国实现长期经济增长和社会稳定繁荣提供基础。然而，也必须认识到，作为世界最大的发展中国家和全球第一碳排放大国，我国排放体量大，减排时间紧，低碳转型任务艰巨，需要在涵盖能源、建筑、工业、交通等关键部门的长期战略引导下，从政策体系、区域试点、技术支撑、金融创新和协同增效等多角度积极探索，围绕碳达峰碳中和“1+N”政策体系开展诸多重点工作，加快碳中和愿景下的科技创新，最终通过碳中和目标引领实现新发展路径。

第一节　碳中和愿景下的政府工作重点

中共中央政治局于 2021 年 4 月 30 日就新形势下加强我国生态文明建设进行第二十九次集体学习。习近平总书记在主持学习时指出，实现碳达峰碳中和是我国向世界作出的庄严承诺，也是一场广泛而深刻的经济社会变革，绝不是轻轻松松就能实现的。各级党委和政府要拿出抓铁有痕、踏石留印的劲头，明确时间表、路线图、施工图，推动经济社会发展建立在资源高效利用和绿色低碳发展的基础之上。不符合要求的高耗能、高排放项目要坚决拿下来。

“十四五”时期，我国生态文明建设进入了以降碳为重点战略方向、推动减污降碳协同增效、促进经济社会发展全面绿色转型、实现生态环境质量改善由量变到质变的关键时期。要把实现减污降碳协同增效作为促进经济社会发展全面绿色转型的总抓手，加快推动产业结构、能源结构、交通运输结构、用地结构调整；要抓住产业结构调整这个关键，推动战略性新兴产业、高技术产业、现代服务业加快发展，推动能源清洁低碳安全高效利用，持续降低碳排放强度；要支持绿色低碳技术创新成果转化，支持绿色技术创新。

加强生态文明建设，要提高生态环境治理体系和治理能力现代化水平，健全党委领导、政府主导、企业主体、社会组织和公众共同参与的环境治理体系，构建一体谋划、一体部署、一体推进、一体考核的制度机制；要深入推进生态文明体制改革，强化绿色发展法律和政策保障；要完善环境保护、节能减排约束性指标管理，建立健全稳定的财政资金投入机制；要全面实行排污许可制，推进排污权、用能权、用水权、碳排放权市场化交易，建立健全风险管控机制；要增强全民节约意识、环保意识、生态意识，倡导简约适度、绿色低碳的生活方式，把建设美丽中国转化为全体人民自觉行动。各级党委和政府要担负起生态文明建设的政治责任，坚决做到令行禁止，确保党中央关于生态文明建设各项决策部署落地见效。

实现碳达峰碳中和是一场广泛而深刻的经济社会系统性变革，需要完整、准确、全面贯彻新发展理念，保持战略定力，坚持系统观念，把碳达峰碳中和纳入经济社会发展和生态文明建设整体布局，以经济社会发展全面绿色转型为引领，以能源绿色低碳发展为关键，加快形成节约资源和保护环境的产业结构、生产方式、生活方式、空间格局，坚定不移走生态优先、绿色低碳的高质量发展道路。为此，我国需要围绕碳达峰碳中和“1＋N”政策体系，采取有力措施，扎实做好碳达峰、碳中和工作。①②

一是加强顶层设计和系统谋划。加强碳达峰碳中和顶层设计，制定2030年前碳达峰行动方案和能源、钢铁、石化化工、建筑、交通等行业和领域实施方案，完善价格、财税、金融、土地、政府采购、标准等保障措施，形成部门协同、上下联动的良好工作格局。

二是强力推进产业结构优化调整。大力淘汰落后产能，化解过剩产能，坚决遏制“两高”项目盲目发展，对不符合要求的“两高”项目要坚决拿下来。积极发展战略性新兴产业。加快工业绿色低碳改造和数字化转型。推动农业绿色发展，促进农业固碳增效。加快提升服务业绿色低碳发展水平。

三是加快构建清洁低碳安全高效能源体系。坚持节能优先，完善能耗双控制度，深化重点领域节能。严控煤电项目，“十四五”时期严控煤炭消费增长，“十五五”时期逐步减少。实施可再生能

① 解振华：《我国正在制定碳达峰碳中和“1＋N”的政策体系》，北极星风力发电网，https://news.bjx.com.cn/html/20210629/1161041.shtml.

② 刘德春：《清醒看到我国实现碳达峰、碳中和面临的严峻挑战》，长安街读书会，https://www.thepaper.cn/newsPetail forward _ 13150562.

源替代行动，加快发展风电、太阳能发电，积极稳妥发展水电、核电。大力提升储能和调峰能力，构建以新能源为主体的新型电力系统。

四是加强绿色低碳技术创新。加快建设一批国家科技创新平台，布局一批前瞻性、战略性低排放技术研发和创新项目，加强能效提升、智能电网、高效安全储能、氢能、碳捕集利用与封存等关键核心技术研发，加快低碳零碳负碳技术发展和规模化应用。

五是巩固提升生态系统碳汇能力。严格管控生态空间，严守生态保护红线，继续开展大规模国土绿化、退耕还林还草等行动，持续提升森林质量。深入推进京津风沙源区、黄土高原、西藏生态安全屏障、青海三江源、祁连山等重点区域综合治理，提升生态系统碳汇增量。加强海岸带保护，修复红树林、海草床、盐沼等海洋生态系统，不断提高海洋固碳能力。

六是加快推动经济社会发展全面绿色转型。将碳达峰碳中和目标要求全面融入经济社会发展全过程和各领域，大力推动节能减排，全面推行清洁生产，加快发展循环经济，加强资源综合利用，不断提升绿色低碳循环发展水平。在全社会大力推行绿色低碳生活方式，加快形成全民参与的良好氛围。

七是加强对企业碳达峰碳中和的支持。落实实现碳达峰碳中和的主体是企业，支持企业低碳绿色转型、提升产业竞争力是碳达峰、碳中和战略的题中应有之义，各级政府需要以低碳化引领产业升级为出发点和落脚点，加强政策供给引导企业低碳绿色转型，同时需要加强低碳零碳基础设施建设，为企业低碳转型提供现实支撑。

八是加强国际交流与合作。坚持共同但有区别的责任及各自能力原则和公平原则，加强应对气候变化国际合作，维护我国发展权益，坚决反对将应对气候变化作为地缘政治的筹码、攻击他人的靶子、贸易壁垒的借口。履行《联合国气候变化框架公约》及《巴黎协定》，积极参与和引导国际规则与标准制定，引领和推动建立公平合理、合作共赢的全球气候治理体系。加快完善绿色贸易体系，共同打造绿色“一带一路”，使绿色低碳发展成果惠及更多国家和人民。

第二节　碳中和愿景下的科技创新方向

碳达峰碳中和战略涉及深度社会经济发展转型，以期实现低碳甚至零碳排放和基于技术变革的增汇目标，是面向可持续发展的重大机遇，这既为我国低碳/脱碳发展明确了新方向，也对科技创新和技术发展提出了新要求。世界各国均将科技创新作为碳中和目标实现的重要保障。为满足国家实施碳中和战略对基础科学研究的需求，我国应全面加强相关脱碳、零碳技术发展的全局性部署，加快开展以实现碳中和为目标的零碳、负排放技术研发与示范。[①]

一是重点突破零碳电力技术。围绕能源生产消费方式深度脱碳转型需求，以一次能源结构非化石化为主线，研发推广大规模低成本储能、智能电网、虚拟电厂等技术，构建水风光等资源利用—可再生发电—终端用能优化匹配技术体系，发展支撑实现高比例可再生能源电网灵活稳定运行的相关技术，推动工业、交通、建筑电气化进程以及需求侧相应。

二是加快推进零碳非电能源技术的研发与商业化进程。加快化石能源制氢＋CCUS等“蓝氢”技术部署，积极推动可再生能源发电制氢规模化等“绿氢”技术研发，超前储备其他氢能制备技术，推动生物质能、氨能等其他零碳非电能源技术发展，探索以上能源形式与工业、交通、建筑等深度融合发展的新模式。

三是继续发展节能节材技术与资源产品循环利用技术。利用新材料、新技术升级现有节能技术和设备，持续挖掘节能潜力提升能效，提高能源精细化管理水平。推动钢铁、水泥等基础材料的高性能化、

---

① 张贤、郭偲悦、孔慧、赵伟辰、贾莉、刘家琰、仲平：《碳中和愿景的科技需求与技术路径》，《中国环境管理》2021年第1期。

减量化和绿色化转型，减少钢铁、水泥、化工等产品的需求量与提高材料利用效率。重点推进电能替代、氢基工业、生物燃料等工艺革新技术并推广应用，包括氢能炼钢、电炉炼钢、生物化工制品工艺等，强化和加速推进以 CO_2 为原料的化学品合成技术研发。

四是超前部署增汇技术和负排放技术。发展 CCUS 关键技术及其与工业、电力等领域的集成技术，重点部署 BECCS 以及直接空气捕集（DAC）技术，探索太阳辐射管理等地球工程技术并开展综合影响评估，发展农业、林业草原减排增汇技术，研究海洋、土壤等碳储技术，发展以红树林、海草床、盐藻为代表的海洋蓝碳等技术。

五是推动耦合集成与优化技术发展并开展工程示范。聚焦能源体系零碳转型升级、工业产品绿色低碳发展、各终端消费部门近零排放等，及时评估相应脱碳、零碳和负排放技术发展进程，促进不同技术单元集成耦合，最大限度地挖掘相应技术的减排潜力，协同温室气体与污染物减排，促进社会经济各部分全链条低碳/脱碳绿色转型。融合人工智能、互联网、信息通信等系统优化技术，开展技术融合优化的工程示范。

此外，还需通过建立跨部门协调机制强化顶层设计，完善国家碳市场、绿色金融、排放标准、成果转化等保障机制，拓宽气候技术创新合作平台，共同推动支撑碳中和目标下各领域科技创新及技术成果推广应用，推动资源、环境、能源、工业、建筑、交通、材料、海洋、农林等领域合作，发挥政策合力，以更大力度推进减排，与经济发展、环境治理协同增效。

第三节　迈向新发展之路

作为世界最大的发展中国家和全球第一碳排放大国，我国排放体量大，减排时间紧，低碳转型任务艰巨，需要在涵盖能源、建筑、工业、交通等关键部门的长期战略引导下，从政策体系、区域试点、技术支撑、金融创新和协同增效等多角度积极探索、不断推进，最终通过碳中和目标引领实现新发展路径。①

一是完善碳中和支撑政策体系。碳中和目标意味着我国将在经济、能源、技术等领域迎来重大变革和挑战，这需要自上而下的科学政策体系以形成系统有效的激励、保障和支持机制。首先，需要评估现有的政策及执行效果，研判低碳政策及行动的有效性，为下一阶段的低碳政策改进完善提供指导建议。其次，应加强长期低碳发展的阶段性目标和政策措施的相关研究，为制定长期减排路线图、行动方案和配套措施提供决策支持。同时，也需要进一步根据碳中和愿景的要求，强化政策体系创新研究，量化评估改变既存政策要素排列与组合的影响效果，创造性地探索新的社会经济机制和政策手段。

二是加强区域及城市探索。区域及城市是落实国家长期减排任务的责任主体，碳中和愿景的全面实现需要重点区域及城市先行先试，开展自下而上的探索与创新。一方面，碳中和愿景指引下的发展需要各地结合各自资源禀赋、发展阶段、产业结构等方面特点探索合适的转型路径。另一方面，区域及城市范围内的自主探索有利于促进产业、能源、交通、建筑、消费、生态等多领域前沿技术措施集成应用、政策制度和管理机制的创新实践，通过形成系统性、可复制、可推广的

---

① 王灿、张雅欣：《碳中和愿景的实现路径与政策体系》，《中国环境管理》2020年第6期。

示范经验，带动其他地区及全国实现碳中和。在实现碳中和的过程中，需要加强区域及城市碳中和、碳达峰典型路径研究，厘清减排阶段性特征，识别关键排放驱动因素，凝练总结区域典型路径与模式；同时，应加强区域及城市长期减排潜力量化研究，综合评估减排技术措施成本效益，为制定区域及城市碳中和、碳达峰行动方案提供决策参考和工作指导。

三是建立支撑技术及其创新体系。科技支撑是中国实现碳达峰目标、碳中和愿景、参与全球气候治理的关键和基础。一方面，碳中和目标对能实现深度减排的脱碳、零碳和负排放技术需求明显增强；另一方面，碳中和愿景下能源供给与消费的重塑需要科技支撑。同时，科技创新需要兼顾减排目标实现、能源资源安全和经济社会可持续发展等多重需求。因此，我国亟须加强研发、突破瓶颈，构建完善的面向碳中和愿景的低碳技术创新体系，加强国家碳中和技术战略制定，综合评估颠覆性前沿低碳技术的大规模应用影响，并且与区域经济社会发展规划相衔接，系统谋划“碳中和国家”建设创新方略和实施路线图。

四是加强金融支持与产业创新。实现碳中和需要大量的绿色、低碳投资，其中绝大部分需要通过金融体系动员社会资本来实现。金融投资往往只注重短期利益，忽视长期的环境及社会影响。碳中和愿景下，亟须激发资本市场对低碳转型的支持力度，引导金融机构将低碳、绿色投资的潜在社会收益纳入其投资和风险管理的考量范围之内，提前布局净零碳经济，为中国低碳产业发展解决融资缺口问题。目前，我国已发布《全国碳排放权交易管理办法（试行）》（征求意见稿）、《关于促进应对气候变化投融资的指导意见》等政策文件，旨在引导和促进更多资金投向应对气候变化领域的投资和融资活动。碳中和愿景下，我国绿色金融体系还面临着一些重要问题和挑战，包括目前的绿色金融标准体系与碳中和目标不完全匹配，绿色金融产品还不完全适应碳中和的需要，环境信息披露的水平尚未充分反映碳中和的要求，碳排放交易制度建设与脱贫攻坚、生态文明建设重大课题的协同攻关尚不明确等。

五是实现减污降碳协同增效。应对气候变化与环境治理、生态保护修复等协同是实现碳达峰目标和碳中和愿景的重要举措，有利于增强应对气候变化整体合力，推进生态环境治理体系和治理能力现代化，推动生态文明建设实现新进步。碳中和愿景下，需把降碳作为源头治理的“牛鼻子”，将碳中和目标任务全面融入生态环境保护规划，将碳中和行动融入国民经济和社会发展规划以及能源、产业、基础设施等重点领域规划，加强相关专项规划编制研究工作；探究应对气候变化协同增效的内涵与外延，如技术协同、规划协同、政策协同、法规协同、区域协同，其中重点包括厘清协同政策的推进思路，识别协同增效的方向与保障，绘制协同政策的实施路线图等。